2012 China Biotechnology Development Report

2012
中国生物技术
发展报告

中华人民共和国科学技术部 社会发展科技司
中国生物技术发展中心 编著

科学出版社
北京

内 容 简 介

　　本报告介绍了 2012 年生命科学前沿热点的国内外发展状况,以及我国生物技术与产业发展、园区建设的基本情况。本报告分为前沿生命技术、生物技术与产品、生物技术产业发展等 3 个章节,以数据、图表、文字相结合的方式,展示了 2012 年我国生物技术和产业发展的总体情况。

　　本报告可为生物技术领域的科学家、企业家、管理人员和关心支持生物技术与产业发展的各界人士提供参考。

图书在版编目 (CIP) 数据

2012 中国生物技术发展报告 / 中华人民共和国科学技术部社会发展科技司,中国生物技术发展中心编著 . —北京:科学出版社,2013. 10
　ISBN 978-7-03-038799-8

　Ⅰ. 中⋯　Ⅱ. ①中⋯ ②中⋯　Ⅲ. 生物技术-技术发展-研究报告-中国 - 2012　Ⅳ. Q81

　中国版本图书馆 CIP 数据核字(2013)第 237512 号

责任编辑:邹梦娜 / 责任校对:陈玉凤
责任印制:肖　兴 / 封面设计:范璧合

科 学 出 版 社 出版
北京东黄城根北街 16 号
邮政编码:100717
http://www.sciencep.com
中国科学院印刷厂印刷
科学出版社发行　各地新华书店经销

*

2013 年 10 月第 一 版　　开本:787×1092　1/16
2013 年 10 月第一次印刷　　印张:15
字数:341 000
定价:148. 00 元
(如有印装质量问题,我社负责调换)

《2012 中国生物技术发展报告》
编写人员名单

主　　编:马燕合　黄　晶

副 主 编:杨　哲　马宏建　安道昌　肖诗鹰　董志峰

参加人员:(按姓氏汉语拼音排序)

白凤武	程训佳	范　晓	高　振	华玉涛
黄岩谊	旷　苗	李冬雪	李萍萍	刘　杰
刘　静	刘　雷	刘明贤	刘　影	卢大儒
陆豪杰	邱宏伟	苏　月	孙燕荣	汤其群
唐惠儒	唐　郁	田金强	王　萍	王　莹
王　玥	夏宁邵	姚恒美	杨金水	杨　忠
张兆丰	赵饮虹	郑龙坡	郑　忠	钟　江
钟　扬	周东明	朱　敏	庄英萍	

前　　言

　　生命科学和生物技术的研究与开发已经成为当前国际科技发展的重点和热点。2012 年,《科学》(*Science*) 杂志评选出的年度十大科学突破中有 5 项是生命科学领域的重要发现,包括成功诱导小鼠的胚胎干细胞成为具有生育能力的卵细胞、X 线激光解开蛋白质的结构、可用于高等动植物细胞基因操作的转录激活子样效应因子核酸酶(TALENs) 工具的开发、"DNA 元素百科全书" 计划(ENCODE) 研究项目等。

　　近年来, 全球生物技术产业整体呈现出稳步增长的势头。据 MarketLine 咨询公司的 2012 年年度行业报告显示,2011 年全球生物技术市场规模达到 2817 亿美元, 较 2010 年增长了 7.7%。2012 年, 全球生物技术领域共募集资金 865 亿美元, 显示出生物技术产业较为活跃的投资景象。

　　2012 年是"十二五"规划全面推进的一年, 生物技术及产业发展继续受到我国政府高度重视, 生物技术产业成为我国重点培育发展的战略性新兴产业之一。中华人民共和国国务院(简称国务院)印发的《生物产业发展规划》明确了我国未来 5~10 年生物技术及产业发展的目标、重点和措施, 对于统筹指导我国生物技术及产业的发展具有十分重要的作用。2012 年, 我国生命科学和生物技术取得了多项重要成果:在国际上首次实现了利用基因修饰的单倍体胚胎干细胞获得成活的转基因小鼠;重组戊型肝炎疫苗(大肠埃希菌)已获得国家一类新药证书和生产文号,成为世界上第一个用于预防戊型肝炎的疫苗;完成了小麦、谷子、甜橙、双峰驼等多种生物的全基因组测序,并获得大量有价值的生物信息数据。

为了科学、全面地介绍我国生物技术及产业发展的现状和主要成就,交流总结发展生物技术及产业的经验,自2002年以来,中国生物技术发展中心每年出版发行相关年度的中国生物技术发展报告。本报告重点分析总结了2012年国内外前沿生命科学发展的热点,阐述了生物与医药领域的关键技术突破与重大产品开发,概括介绍了当前生物技术及产业发展的总体情况,以及特色生物园区的建设情况。报告以数据、图表、文字相结合的方式,展示了2012年我国生物技术及产业发展的总体情况。本报告力求数据翔实、分析科学,希望本报告能为生物技术领域的科学家、企业家、管理人员和关心支持生物技术与产业发展的各界人士提供参考。

编者

2013年9月1日

目　　录

第一章　前沿生命技术

生命科学是研究生命现象和生命活动的本质、特征和发生、发展规律，以及各种生物之间和生物与环境之间相互关系的科学，是生物技术发展的基础与支撑。当前生命科学基础研究与应用研究中最活跃的前沿主要包括分子生物学、细胞生物学、系统生物学等，这些活跃的前沿发展延伸出基因组学、蛋白质组学、代谢组学、生物信息学、分子影像学、合成生物学等重要领域。生命科学是 2012 年全球热点科学领域：2012 年美国《科学》杂志评选出的年度十大科学突破中有 5 项是生命科学领域，另有 1 项为医学信息工程领域的技术突破；由中华人民共和国科学技术部（简称科技部）基础研究管理中心组织实施评出的 2012 年中国科学十大进展中有 50% 为生命科学领域的成果。2012 年底，美国《科学》杂志提出 2013 年六大科研热点领域预测中，包括的细胞测序、脑神经图谱、癌症免疫法、基础植物研究等四大热点来自生命科学领域，预示了近期生命科学的主流方向。在后基因组时代，生命科学基础研究与应用研究紧密联系，推动跨机构、跨地区、跨国家的大规模联合研究成为主要研究方式，从而使生命科学研究内容趋向纵深和广泛，其涌现的技术新进展将会给农业、医学与保健带来根本性变化，并对工业、信息、材料、能源、环境与生态产生主要的影响。

一、合成生物学

合成生物学（synthetic biology）是综合了科学与工程的一个崭新的生物学和生物技术领域，它通过设计与构建新的生物学元件、器件和系统，或重新设计改造现有的生物系统，实现造福人类的目标。它以系统生物学的思想和知识为基础，结合生物化学与分子生物学、生物物理学、生物信息学的技术与知识，建立基于基因和基因组、蛋白质和蛋白质组等基本要素（模块）及其组合的工程化资源库和技术平台，并在此基础上设计、改造、重建或制造生物分子、生物部件、生物系统、代谢途径与发育分化过程，以及具有生命活力的生物体系、人造细胞和生物个体。作为多学科交叉综合的产物，合成生物学既可以加深人类对生物过程分子机制的认识，发现新的规律；也有可能制造出具有全新功能的生物元件和体系，为解决人类发展面临的若干重大挑战，提供新的途径。

合成生物学是生物技术发展的一次新机遇，是传统生物技术的跨越式发展。特别是引入了工程学的理念，突出了多学科的融合，使它有可能摆脱既有生物系统的种种束缚，创造新的生命系统，从而形成新一代的生物技术，并逐渐形成生产力，推动生物技术产业的跨越发展。

（一）国际研究进展

合成生物学在国际上的发展只有十来年的时间，但已经引起世界各国的高度重视，成为生命科学中最活跃的领域之一。美国奥巴马政府在 2012 年 4 月发布的《国家生物经济蓝图》（*National Bioeconomy Blueprint*）中把合成生物学列为各类新兴生物技术之首寄予厚望，并计划推出一系列政策措施，推动在这方面的投资，促进其快速发展并走向市场和应用。英国商业与技能部委任的协调小组于 2012 年 9 月发布了《英国合成生物学发展路线图》（*A Synthetic Biology Roadmap for UK*），展望了合成生物学对人类生活的深远影响和巨大市场价值，提出了今后 20 年英国发展合成生物学的重点、策略和具体政策，提出要加大资金投入，确保英国在这一新科学领域的优势。法国议会的一个评估委员会也于 2012 年 2 月发布了《合成生物学的挑战》（*Les Enjeuxde la Biologie de Synthèse*）的报告，强调了合成生物学的重要意义和发展策略，提出要营造适合合成生物学发展的社会氛围，构建全面的研究体系，合理控制合成生物学的潜在风险，促进全社会公开理智地探讨合成生物学带来的问题。其他发达国家和一些发展中国家也纷纷把合成生物学置于优先发展的位置，世界各国在这个领域的竞争态势已经显露无遗。

2012 年，国际上越来越多的研究机构和研究人员加入了合成生物学的研究。据初步统计（www.synbioproject.org），目前全球已有 500 多家公司、大学和研究机构投入到这个领域的研究。这些机构集中分布在美国加利福尼亚州、麻萨诸塞州，以及西欧和东亚地区。在学术研究方面，以合成生物学为主要领域的学术杂志越来越多，继 2007 年《系统与合成生物学》杂志创刊以后，《美国化学会合成生物学杂志》（*ACS Synthetic Biology*）也于 2012 年 1 月创刊。生命科学顶级期刊《细胞》（*Cell*）也把合成生物学作为期刊关注的主要领域之一。从 PubMed 收录的论文看，2012 年发表的合成生物学相关的论文达 570 篇，比 2011 年增加 40%，保持高速增长的势头。这些都生动地反映合成生物学蓬勃发展的势头。

当前，国际上合成生物学学科发展的重点主要集中在生物元件库的建立和标准化，信号控制回路的设计，DNA 高效操作方法。合成生物学在构建新的生物系统，应用于生命科学基础研究及新能源、生物医药等方面也取得了进展。

1. 元件和回路设计

回路和元件是合成生物学的基石。把天然的基因资源转化为可用于合成生物学构建新生物系统的基础元件，关键是要实现这些元件功能的稳定、可预期和可调控。现实的生物系统非常复杂，各种因素交错。即使对于研究已经很透彻的大肠埃希菌，一个简单的表达元件在表达不同目标基因时表现也可能完全不同。

2012 年，多项研究的研究人员设计研发了一些 RNA 元件，用于实现稳定和可预期的表达。美国麻省理工学院合成生物学中心的研究人员通过筛选，发现在启动子和报告基因之间插入一段 RiboJ 核酶（Ribozyme）序列，通过 RiboJ 对 mRNA 的自我加工，切除非编码区，就可以使蛋白质表达水平与转录水平之间呈现线性关系。而美国加州大学伯克利分校生物工程系的研究人员则利用了细菌成簇规律间隔的短回文重复序列（clustered regularly interspaced short palindromic repeat，CRISPR）途径，构建了一种 RNA 加工平台，可以实现对前体 RNA 进行适当的切割，同样有助于多基因操纵子的各个组成基因得到可靠和可预期的表达。这个方法也可以用于在古菌和真核细胞中去除干扰因素，能够有效地调控基因表达，为构建不受上下游序列影响的遗传元件提供了基础。

为了实现稳定和可预期的表达，美国劳伦斯·伯克利国家实验室物理生物科学部的研究人员采用了另一种途径，通过设计使待表达的目标基因具有相同的 mRNA 转录起始位点和一段相同的翻译前导序列，在这之后再加上需要表达的目标基因序列。这种方法可使目标基因表达的可靠性达到 90% 以上。作者发布了有关的序列和参数，为合成生物学领域的研究人员提供了免费而可靠的资源。

在控制回路的设计方面，美国麻省理工学院合成生物学中心的研究人员通过筛选和优化，在大肠埃希菌中构建了一系列分层的转录"与"门，每个"与"门包括两个可调控输入启动子，分别表达转录因子和对应的分子伴侣，两者同时表达，才能形成有效地转录、激活复合物，激活下游的输出启动子，产生信号输出。这些"与"门可以进一步连接成更复杂的控制系统，对每个"与"门进行表征就可以准确地反映整个系统的行为。实验数据显示这种分层的正交逻辑门可以用于在一个细胞中构建大的回路，对各种信号做出预期的反应。

相对原核细胞而言，真核细胞更加复杂，缺少有效和特异的调控元件。美国波士顿大学及霍华德·休斯医学研究院的研究人员利用真核细胞锌指结构蛋白能与特定 DNA 序列结合的特点，设计合成了一系列带有不同锌指结构的转录因子，并将它们用于在酵母细胞中构建转录调控回路，实现了许多复杂的功能，包括表达强度调节、转录协同等，为在真核系统中开展合成生物学的研究和应用奠定了可靠的技术基础。

美国斯坦福大学生物工程系的研究人员利用噬菌体整合酶和切除酶及相应的特异性识别位点，构建了一种可重写的记忆模块，能够可靠地在染色体上储存状态信息。这种记忆模块不需要异源基因的持续表达和其他宿主特异的辅助因子，没有额外的能量消耗，而可将记忆状态保持 100 代以上，这种记忆模块有可能在与衰老、癌症和发育有关的生物系统中发挥作用。

还有一些研究在构建具有通用性的元器件方面取得了进展，如美国哈佛大学医学院系统生物学系的研究者成功地获得了一个可在异源细胞形成中具有固定二氧化碳活性的羧酶体结构的基因模块。他们从 *Halothiobacillus neapolitanus* 中得到了构成羧酶体的 10 个基因，并在大肠埃希菌中进行了表达，产生的蛋白质在大肠埃希菌细胞内形成了二十面体状的结构，具有固定二氧化碳的活性。纯化的羧酶体在体外系统中也表现出固定二氧化碳的功能。

2. DNA 合成和操作技术

高通量、低成本的 DNA 合成技术是合成生物学的基础。与目前常规的寡核苷酸合成技术相比，基于芯片的 DNA 合成技术可以大大降低成本，提高效率，也可以在一定程度上提高合成的寡核苷酸的长度。但基于芯片的 DNA 合成方法产生的 DNA 错误率较高，严重影响了实际应用。提高 DNA 合成的准确率已经成为合成生物学急需解决的重要问题之一。一个解决方案是将芯片合成的 DNA 通过高通量测序，然后选择性地扩增出正确的 DNA 产物，有不少研究提出了实现这一方案的有效途径；另一个解决方案是对错误的核苷酸进行修正，美国杜克大学生物医学工程系的研究人员报道了利用 DNA 错配特异性内切核酸酶 Surveyor 来修正错误的核苷酸的方法。合成的产物退火形成双链后，错误的核苷酸位置会有错配，Surveyor 可以识别并切除错配的核苷酸，且具有 3′ 至 5′ 的外切酶活性，在最后的重叠延伸 PCR 中，不同的片段之间会互补从而形成完整而正确的基因。这个步骤还能重复进行，来进一步提高准确性。通过两次重复，研究人员使合成基因中的错误率降低到原来的 1/16，在 8700bp 中仅有 1 个错误。

DNA 合成的产物长度有限，需要通过拼接才能形成有生物学意义的基因片段。如何将 PCR 产物、酶切片段和 DNA 合成的片段高效而无缝地拼接在一起，而不依赖传统的限制性内切酶或其他特别的识别序列，也是近年发展较快的方向。美国阿尔伯特·爱因斯坦医学院细胞生物学系的研究人员报道了一种利用常用大肠埃希菌菌株的细胞裂解液催化 DNA 片段间无缝连接的方法，称为 SLiCE。这种方法只需要片段的两侧带有 15 ~ 52bp 同源序列即可，且载体部分的这种同源序列可以不在片段的末端，此方法适用广，简便易行，成本极低，可以在实验室操作。

在设计基因回路时，计算机辅助设计软件可以发挥重要的作用。2012 年，位于美国加利福尼亚州的联合生物能源研究所的研究者发表了第一个生物 CAD 软件 DeviceEditor。它可以辅助把各类 DNA 元件合理地安排在一起，来完成需要的功能。它提供图形化的用户界面，将基因回路和系统的设计可视化，同时自动设计多个 DNA 片段无缝拼接的方案，指导 DNA 操作，避免人为错误，将给合成生物学工作者带来便利。

酵母细胞由于其具有完善的 DNA 重组系统，是构建基因组的合适细胞。美国 J·克雷格·文特尔研究所的研究人员报道了一种将细菌基因组通过细胞间的传递直接转入酵母细胞的方法。通过诱导细菌与酵母原生质体融合，可以成功地将细菌的染色体 DNA 转移到酵母细胞中。这个方法不仅适用于无细胞壁的支原体，对有复杂细胞壁结构的革兰阴性菌流感嗜血杆菌，也能取得理想的效果，甚至不需要去除细菌细胞壁。而去除细菌胞质中的限制性内切酶，则有助于提高转移的效率。

3. 新的生物系统的构建和应用性研究

利用合成生物学的原理和方法，许多实验室开展了一系列新的生物系统的构建和实际应用。美国利用微生物合成青蒿素前体的工作取得了突破性进展，成为再次显示合成生物学巨大前景的新标志。

美国加州大学洛杉矶分校化学和生物分子工程系的研究者通过对光能自养微生物 *Ralstonia eutropha* H16 进行改造，使之能在电生物反应器中利用所产生的二氧化碳和电子形成异丁醇和 3-甲基-1-丁醇等醇类。这种细菌同时具备了将电能转化为化学能和固定二氧化碳的能力。美国加州大学伯克利分校和旧金山分校生物工程联合研究生项目的研究人员通过从下而上的构建方法，对 *Klebsiellaoxytoca* 的固氮系统进行了合成生物学改造，利用一些功能表征明确的部件重新构建其固氮系统，去除了天然的调控系统、非编码区等，并将它们组成操纵子，由人工合成的元件（启动子、核糖体结合序列和终止子）控制。重构的细菌虽然固氮活性尚不如野生型细菌，但与野生型细菌不同的是，它的固氮反应不受氨的反馈抑制。这个重构的固氮系统也为进一步优化和改造奠定了基础。

细菌生物被膜与许多疾病有关。美国德克萨斯农工大学化学工程系的研究者合成了一种带有生物被膜形成回路的细菌，它可以深入已经形成的生物膜，形成一种双菌种生物膜，并可进一步替代原来的菌种。随后，在外加化学信号作用下，后者的生物被膜可以被自动瓦解。这种设计有可能用来治疗与生物膜相关的疾病。

在真核生物方面，瑞士苏黎世联邦理工学院的一个研究小组构建了一种哺乳动物细胞间通讯的体系。他们对人胚肾细胞 HEK293 进行改造，得到 3 株不同的细胞，分别作为信号发送细胞、加工处理细胞和信号接收细胞。信号发送细胞表达色氨酸合成酶，能将培养基中的吲哚转化为色氨酸，合成的色氨酸作为信号分子作用于加工处理细胞，诱导后者表达乙醇脱氢酶，将乙醇转化为乙醛，而乙醛又可以诱导信号接收细胞表达一种报告基因，如碱性磷酸酯酶。这种细胞间的通讯在生物医学中也有潜在的应用。

在利用植物秸秆生产生物能源时，大量存在的木质纤维素难以降解，严重影响了生产效率的提高和生产成本的降低。但木质纤维素对于植物的形态和功能具有重要的作用。美国联合生物能源研究所的研究者通过改造相关基因的启动子，改变了木聚糖在植株中的分布，使之主要分布于木质部导管，得到的拟南芥植株虽然木质素含量比野生型降低 18%，但植株的生长情况和形态都与野生型相同。这种植物的糖化率比野生型提高了 42%，能更好地应用于生物能源生产。

在合成生物学的实际应用方面，目前从事合成生物学研发相关的公司数量已经是 2009 年的 3 倍, 传统的大公司积极投身于这个领域, 掌握新技术的公司纷纷成立。现阶段, 主要的应用领域集中在利用合成生物学制造重要的化合物或药物, 以及能源燃料。随着合成生物学技术和应用的发展, 可以预期合成生物学将为世界经济的发展提供新的动力。

(二) 国内研究进展

合成生物学在我国也得到了政府和科技界的高度重视。合成生物学研究早已成为国家多个研究计划的重点支持方向。2011 年底发布的国家 "十二五生物技术发展规划" 把与合成生物学有密切关系的 "工业生物科学" 列入前瞻性基础研究领域, 同时, 还将合成生物学技术列为需重点突破的核心关键技术之一, 提出要 "发展高通量、低成本 DNA 合成技术和基因片段高效组装技术, 蛋白质结构功能的分析、定向设计与合成技术, 标准化生物元件与功能模块的构建技术, 建立合成生物学在药物前体和中间体、生物能源、生物基化学品等的应用技术, 逐步探索合成生物学在医药和能源领域的应用。"

全国各地许多研究机构和重点大学都建立了以合成生物学为重点研究内容的实验室和研究团队, 积极投入到这个领域的研究中。目前, 国内从事合成生物学研究和应用的机构数量仅次于美国和欧洲, 在发展中国家居于领先。在研究内容方面, 国内的研究与国际高度接轨, 发展重点包括 DNA 合成和操作技术, 元件挖掘、设计和元件库建设, 代谢通路及底盘细胞的改造, 肿瘤治疗以及中药有效成分的微生物合成等方向, 其中的许多研究取得了明显的进展。

在新元件设计构造方面, 华东理工大学的研究人员构建了一种新的光控转录因子。他们利用一种经蓝光照射后会形成二聚体的光敏感蛋白 VVD, 将它与转录因子 Gal4 的 DNA 结合域, 以及转录因子 $p65$ 的反式激活域融合在一起, 得到的融合蛋白在蓝光下二聚化, 从而具有了结合启动子 DNA 和激活转录的活性。这种光控体系在哺乳动物细胞和小鼠中对蓝光照射做出快速的反应, 成功地启动外源目标基因的表达。该转基因系统为在时间和空间上控制基因表达提供了一个强大而方便的工具, 可以在对细胞扰动最小的情况下, 有效地对目标生命过程进行操纵。

清华大学研究人员将来自于极端耐辐射细菌耐辐射奇球菌的全局调控基因 $IrrE$ 接入大肠埃希菌, 进行了比较转录组和蛋白质组分析, 发现该基因可以改变 27% 的大肠埃希菌基因的表达, 尤其是硝酸盐、亚硝酸盐一氧化氮 (NO) 途径, 非编码

RNA 的基因，以及与细胞壁和细胞膜合成有关的基因的表达。这个结果提示可以应用异源的全局性调控蛋白来对细胞基因组进行重新布线，为合成生物学提供了新的调节元件。

中国科学院上海植物生理生态研究所合成生物学重点实验室的研究人员通过将不同强度的启动子融合，对硫解酶（thlA）基因和丁醇合成操纵子的启动子进行改造，发现在大肠埃希菌中以较强启动子转录硫解酶，而以较弱启动子转录丁醇合成操纵子的组合获得丁醇的产量最高（高于其他 3~5 倍）。他们还对产丁醇梭菌 *Clostridium beijerinckii* 进行了改造，破坏了一个可能的阻遏蛋白基因，从而明显提高了其对 D-木糖的利用。他们还发现了一个 D-木糖质子转运体，并使之高表达。所得到的双重改造菌株在发酵富含 D-木糖的基质时，丙酮、丁醇和乙醇的产量提高了 35%，表现出远好于野生型菌株的以木质纤维素为材料生产丁醇的能力。

中国科学院青岛生物能源与生物过程技术研究所建立了一种新的 DNA 拼接方法——连续杂交组装法（SHA）。在这种方法中，各 DNA 片段间设置重叠区域，只需要通过简单的变性-复性处理，这些片段就会串联在一起，这种方法不依赖于特定序列，也不需要限制性内切酶、连接酶和重组酶，在试管中就可以成功组装。研究人员用这个方法可以高效地将 4、6 或 8 个片段组装到一起。

在通过合成生物学原理进行代谢工程研究方面，江南大学的研究人员设计构建了一个 8 步的代谢通路，通过在大肠埃希菌中加入一系列基因，使之可以直接由葡萄糖产生对人类健康和营养有重要意义的黄酮类化合物前体（2S）- pinocembrin。此外，他们还利用了一种模块化代谢策略实现多个途径之间的最佳平衡，使该前体产量最优化。利用这一系统，人们就可以无需添加额外前体物质，直接利用微生物经济地生产黄酮类化合物。

南开大学的研究人员提出了优势小基因组的概念，通过合成生物学的思路和基因组无缝操作技术，减少基因组中的冗余序列，提高细胞的代谢效率，提升目标产物的生产效率。改造对象是能在细胞内积累中长链聚羟基脂肪酸酯，并向细胞外分泌褐藻寡糖的 *Pseudomonas mendocina* NK-01 和可由蔗糖合成 γ-聚谷氨酸的 *Bacillus amyloliquefaciens*。

人参皂苷是名贵药材人参和西洋参等人参属植物的主要有效成分，具有较好的抗肿瘤、抗炎、抗氧化和抑制细胞凋亡等药理活性。利用生物技术手段合成人参皂苷并提高其含量已成为研究热点。中国医学科学院等单位开展了人参皂苷生物合成的研究，目前，在人参皂苷生物合成途径解析及其反应机制研究方面，已从人参属植物中克隆到 20 多个与人参皂苷生物合成相关的基因并进行了功能验证，为深入认识人参皂苷生物合成途径及其调控机制提供了依据，也为通过合成生物学技术生产人参皂苷提供了基本的元件。同时，他们对人参属重要药用植物三七的主要活性成分三萜皂苷合成过程中的关键酶也进行了研究，获得两种类型的鲨烯环氧酶编码基因（$PnSE1$、$PnSE2$），对其进行生物信息学分析和表达模式及调控规律的研究，为实现中药合成生物学元件挖掘与开发奠定了基础。

香港大学的研究组利用合成生物学原理构建了一种新的鼠伤寒沙门菌菌株，用于抑制实体肿瘤的生长，取得了较为理想的效果。他们用低氧启动子控制细菌必需基因的表达，使其只能在厌氧的条件下生长，从而得到一株专性厌氧生长的鼠伤寒沙门菌菌株。该菌株的其他特性并没有明显的变化。在乳腺癌裸鼠模型中，该菌株侵入肿瘤组织并在其中繁殖，抑制肿瘤生长，但在健康组织中该菌株会很快被清除，显示了这一策略在肿瘤治疗中的应用前景。

（三）主要面临的科学问题与关键技术问题

目前，合成生物学尚处于逐渐发展成熟的阶段，迫切需要基础理论的创新和技术方法的拓展。从基础研究角度讲，合成生物学的发展依赖于对基因组构建原理和细胞生命活动规律的深刻认识，尤其是依赖于在系统生物学、定量生物学方面对基因（蛋白质）之间、细胞与环境之间各种相互作用的细致刻画。因此，合成生物学的发展与生命科学各学科的发展息息相关。在技术层面，合成生物学的发展涉及众多的关键技术，如元件、回路与网络的设计和重构原理，大片段 DNA 的精细合成与拼接方法，底盘细胞的构建和优化，新的生命系统的装配、调试方法等。

1. DNA 合成和操作

基因组规模 DNA 合成的微型化、高通量化是合成生物学发展的必需技术。目前 DNA 人工合成常采取的是将寡聚核苷酸片段逐渐拼接加长的办法。用微流芯片合成寡聚核苷酸片段，可以比一般常规合成方法降低两个数量级以上的成本，所需的时间也可以缩短到 1/10。芯片合成 DNA 的主要问题是错误率高，目前已有一些思路来提高准确性，但需要将这些技术整合，形成准确、高效、廉价和可规模化的长片段

DNA 合成技术。

在合成生物学的应用中，大片段 DNA 的拼接也是不可缺少的技术。现在已经有 Gibson 拼接等多种不依赖于特定序列的 DNA 无缝拼接方法问世，但其中大部分还只是个别实验的特有技术，未能广泛推广。需要对这些技术进一步优化和标准化，从而为合成生物学研究人员提供高效的实验工具。

随着合成生物学研究和应用的深入，需要构造的新生物系统越来越复杂，专用于合成生物学的计算机辅助设计软件也显得越来越重要。通过软件的图形界面可以帮助研究人员进行生物系统的设计，并指导实验室中的具体实验操作步骤，避免不必要的错误，大大地提高工作效率。国际上已有这方面的软件问世，但使其真正成为实用工具仍有很长的路要走。

2. 元器件的挖掘和设计

合成新的生命形式有赖于丰富的生物元器件资源积累。现有的资源多集中于原核生物，尤其以大肠埃希菌为主。要实现合成更复杂生物体的目标，需要研究人员从各种类型的生物中充分挖掘天然的生物元器件资源，并对它们进行表征和优化。同时，有些需要的功能未必能在自然界的生物中找到，需要研究人员根据分子生物学、结构生物学和生物信息学的知识进行设计和构建。

建立共享的生物学元件库有利于合成生物学的推广和普及。国际上已有一些公开的合成生物学元件共享资源库，如 BIOFAB、Encode、PartRegistry 等。国内也应该抓紧这方面的建设，特别是要收集和研发一批符合我国需求的生物技术和合成生物学元器件，建设元件信息库和实体库，建立统一的元器件标准，实现模块化，为我国合成生物学的发展提供保障。

3. 功能元件的适配调试和底盘细胞的开发

仅仅将元器件组合在一起，未必能构成具有功能的网络，尤其是随着基因网络变得越来越大和越来越复杂，网络的整合也更加困难。要保证网络按设计长期稳定运行，保证元件之间的适配性，以及元件构成的网络与细胞之间的适配性，需要发展新的理论和方法，建立高通量检测适配性的技术及在此基础上对系统进行调试、优化的方法。

合成的生物元件与底盘细胞的相互作用也是需要关注的问题。目前使用最多的底盘细胞是大肠埃希菌，它作为模式微生物研究得非常透彻，是理想的候选底盘细胞。国内外许多学者还在对它进行进一步的改造，去除各种非必需基因，减少对外来元件功能可能存在的干扰，提高目标产物合成的效率。为了实现不同的目标，研究人员需要更多其他类型的底盘细胞来完成。世界各国的实验室正在开发各种在工业上应用较多的微生物作为新的底盘细胞。

从长远看，为了实现合成生物学更加广泛的应用，人们还需要进一步将底盘细胞拓展到植物界、动物界包括哺乳动物和人细胞。这些真核细胞远比原核的大肠埃希菌复杂，影响基因表达的因素也更加多样，除了基因序列本身外，表观遗传学的因素也发挥着重要的作用。要在真核细胞中实现合成生物学的目标，对真核细胞认识的还有待不断深入。

人们对合成生物学寄予厚望，希望其能为解决人类面临的能源、健康、环境等重大挑战作出贡献。为此，研究人员需要有计划地对一些关键问题，如生物能源相关的生物学过程、重要生物化工原料和天然植物药物及中间体的合成机制、肿瘤发生和控制的理论等开展深入系统的基础研究，为合成生物学的成熟积累知识和资源基础。

4. 合成生物学的安全性和社会伦理问题

合成生物学从诞生之日起，其安全性和伦理问题就备受关注。如何在科研创新的过程中，确保生物安全性，维护社会伦理和法律、道德秩序，是各国高度重视的核心问题之一。国内外学者对有关问题已经开展了客观、深入的研讨。这些讨论是合成生物学健康发展的保证。

在安全性方面，美国伍德罗·威尔逊国际学者中心的学者提出必须对合成生物学制造的新型微生物的生态学风险做出充分的评估。潜在的风险包括：天然的和合成的生物在生理上的差异可能会影响它们与环境的相互作用，如合成生物可能会产生有毒物质或其他有害代谢产物；逃逸的合成生物有可能会在环境中长期存活下去，并在与天然微生物的竞争中占据优势，对环境、食物链和生物多样性产生影响；合成的生物可能会快速变异，进而改变其行为，适应环境，并在环境中持续存在和扩散；合成的微生物可能与其他微生物交换遗传物质，从而使风险扩散，影响环境和人类健康。对这些风险需要开展长期细致严谨的研究。在合成生物学的研发过程中，必须提前把相关的安全性研究整合在一起。

合成生物学的发展也有可能对社会、伦理、法律、道德等方面产生冲击。合成生物学研究的对象和目标，以及研究的过程应该有严格的规范和监控，针对最终可能出现的高等乃至智能合成生物的法律和伦理地位也需要提前有所思考。同时，建立适应合成生物学特点的知识产权保护体系对于合成生物学的顺利发展至关重要，需要尽快列入议程。

为了确保我国的合成生物学沿着健康的道路发展，造福人民，人们也应正视合成生物学的安全性和社会伦理问题，积极地展开研究和讨论，提出指导性意见，制定法规，规范合成生物学研究和应用实践。

（四）展望

国际上合成生物学虽然尚处于发展的早期，但已经显示出很强的生命力。在生物元件的挖掘、改造和表征，元件的标准化，元件库的构建和共享等方面已经有实质性的进展；同时，在新元件和基因调控回路的设计方面，在多种底盘细胞的优化方面，在与医药和化工产品、新能源、农业生产等相关的应用方面都取得了一些重要的成果，显示了合成生物学的巨大发展潜力，也表明合成生物学已经有了坚实的基础，为今后的快速发展提供了保证。

合成生物学领域也显示出很强的向心力，吸引了一大批物理学、化学、工程学和生命科学等不同学科的优秀科学家投身于这个新兴的多学科交叉的领域，也吸引了众多的青年学子参与学习和开展创新性研究。这也是今后合成生物学快速发展的保证。

今后几年，合成生物学的基础平台建设将得到进一步加强，使该技术能够进一步得到发展和应用。在实际应用领域，将有一批目前非常昂贵的药物和化工产品借助合成生物学技术高效而低成本地生产，生产过程也会更加绿色化；一批利用合成生物学思想和技术研发的新型药物、疫苗和治疗方法会出现，为人类与疾病抗争提供新的武器；合成生物学技术在生物能源领域将发挥重大的作用，会出现一批高效生产生物燃料的合成生物和生产方法，为解决能源问题作出宝贵的贡献；光能利用率提高的新型光合作用系统和高效固碳系统也将为改善世界粮食的供应、缓解温室效应提供新的途径。

除了可以针对性地解决各种与人类福利密切相关的问题以外，合成生物学也是揭示生命机制的重要途径。可以预期，随着合成生物学技术的进一步发展，合成生物学将帮助人们回答有关生命的本质、生物起源和进化、生命过程基本规律等生命科学的根本性问题，为生命科学进入新的时代提供思想方法和研究途径。

借助改革开放以来在生物技术领域积累的基础，我国的合成生物学已经顺利起步，并取得了长足的进步。一批具有国际视野和国际学术水准的科学家活跃在这个领域。但目前我国合成生物学发展的水平与国际上还有差距，有国际影响力的成果还很少，人员队伍的学科结构还不够合理。目前，必须抓住合成生物学发展的历史机遇，加大投入，跨学科整合研究队伍和力量，加强人才培养，加快合成生物学研究基地、平台的建设，尽快使我国合成生物学达到国际先进水平，为推动经济转型、建设创新型国家作出贡献。

二、基因组学

基因组学（genomics）是研究生物基因组，以及如何利用基因的一门学科，涉及基因组作图、测序和整个基因组功能分析，是伴随人类基因组计划实施而形成的一个全新的生命科学领域。基因组研究包括两方面的内容：以全基因组测序为目标的结构基因组学（structural genomics）和以基因功能鉴定为目标的功能基因组学（functional genomics），后者又被称为后基因组（postgenome）研究，是系统生物学的重要方法。

（一）国际研究进展

随着生物技术的不断发展，基因组学研究进入了一个快速发展的阶段。2012年，无论结构基因组学还是功能基因组学研究都取得了许多非常重要的科研成果，包括采用高通量测序技术对一些重要物种全基因组的测序与分析、外显子测序、转录组测序、基于高通量测序的表观遗传学研究应用于疾病相关的基因的筛选和疾病诊断、全基因组关联研究（GWAS）、功能基因的研究、基因组进化研究，以及针对海量基因组数据的算法开发等。基因组学的研究正在越来越多地应用于疾病的相关研究，并表现出多研究主体甚至跨国合作的趋势。

1. 高通量测序技术的发展

相比以 Sanger 测序法为代表的第一代测序技术，第二代测序技术能够一次并行对几十万到几百万个 DNA 分子进行序列测定，得到大量的序列数据，因此，被称为高通量测序（high-throughput sequencing），或者下一代测序（next-generation sequencing）。

目前，第二代测序中主要有 3 种主流测序技术及平台，分别为 2005 年罗氏公司（Roche）推出的应用焦磷酸测序原理的 454 测序技术及在 454 测序技术基础上的 GS FLX、GS Junior 测序平台；2006 年美国 Illumina 公司推出的基于合成测序原理的新一代 Solexa Genome Analyzer 测序平台；2007 年 ABI 公司推出其自主研发的使用连接技术的 SOLiD 测序平台。上述 3 种技术平台各有优点，454 FLX 的测序片段比较长，高质量的读长（read）能达到 400bp；Solexa Genome Analyzer 测序性价比最高，不仅机器的售价比其他两种低，而且运行成本也低，在数据量相同的情况下，成本只有 454FLx 测序的 1/10；SOLiD 测序的准确度高，原始碱基数据的准确度大于 99.94%，而在 15 倍覆盖率时准确度可以达到 99.999%，是目前第二代测序技术中准确度最高的。

2012 年 1 月初，在摩根大通保健大会上，测序方面的两大巨头 Illumina 公司和 Life Technologies 公司几乎同时推出新一代测序仪，都能实现"一天一个基因组"，让测序竞赛立即升级。随着测序通量不断提升，测序成本不断降低，全基因组测序进入了新的时代。

Illunima 公司继 2010 年和 2011 年推出 HiSeq 2000 和 MiSeq 平台以后，2012 年初，在原有的技术上又推出了新的 HiSeq 2500 测序平台，该平台在高产量和高准确度的基础上变得更灵活。仪器支持两种运行模式，既能在 7 小时内获得 10Gb 或 3 亿个单端读取，又能在 11 天内获得 600Gb 或 60 亿个末端配对读取。同时，MiSeq 平台也在不断升级。

Life Technologies 公司继 2010 年和 2011 年先后推出 Ion torrent、Ion 314 和 Ion 316 平台后，2012 年初，推出了基于半导体技术的 Ion Proton 测序仪，利用 Ion Proton 系统和 Ion PI 芯片，可在 2~4 小时内对外显子组和转录组进行测序。仪器的数据产量达 10Gb，读长为 100~200bp。它的原理不是捕获光线，而是检查化学信号并将其直接翻译成数字数据。Ion PI 芯片包括 1.65 亿个反应孔，较 Ion 314 芯片多 100 倍。Ion PII 芯片的规模进一步增至 6.6 亿个反应孔。

在第二代测序技术不断发展的同时，第三代测序技术开始出现。第三代基因测序技术是基于纳米孔的单分子读取技术。在该技术中，DNA 分子依靠核酸外切酶以一次 1 个碱基的速度通过纳米小孔。这个酶能清楚地区分出 4 个 DNA 碱基编码，也可以检测出该碱基是否被甲基化，一个单孔能在 70 天左右测定一个完整的基因序列。纳米孔单分子读取技术不需要荧光标志物并且很可能不需要进行扩增，能直接并快速读出 DNA，同时足够廉价，使进行大量重复实验成为可能。已有公司研发出包含几百个纳米孔的芯片，将该芯片用在一台机器上就可以实现快速且廉价地给大量 DNA 进行测序。第三代测序技术的大规模发展将为科研人员带来更加快速、成本更低的 DNA 测序。

在 2012 AGBT 会议上，迷你的纳米孔测序仪的出现，迅速吸引了大家的眼球。Oxford Nanopore 公司宣布推出 MinION 便携式纳米孔测序仪，只比 U 盘略大一些。正当大家对纳米孔测序仪寄予很大期望时，Oxford Nanopore 公司却沉默了，没有更新有关测序仪的任何消息。2012 年 11 月，纳米孔测序仪的真机亮相 ASHG，但未公布任何数据。

全球首个第三代测序平台——PacBio RS 单分子实时测序系统于 2012 年 4 月底由 Pacific Biosciences 公司推出，受到很多研究者的关注。2012 年 11 月，PacBio RS 单分子测序仪再次引发了人们的关注。随着超长测序试剂（XL 系列）的发布，PacBio RS 的平均读长将达到 5000bp，其中 5% 的读长将超过 13 000bp，最长超过 20 000bp。此系统的读长是对现有基因组测序技术的巨大突破，经典的第一代 Sanger 测序长度也就是 1200bp 左右，第二代测序长度与此系统读长相比更是望尘莫及。

2. 基因组学研究

随着测序技术的不断发展，测序的成本不断降低，通量不断提高，测序周期不断缩短，使得测序技术越来越广泛地应用于科学研究。自人类基因组计划完成后，越来越多物种的全基因组序列被解析。自 2012 年以来，约有 30 个新物种的全基因组发表，其中大多数是由中国或中国科研人员参与完成的。这些物种全基因组的解析，特别是一些重要的经济物种，为遗传育种和优良性状的选择与改良提供了重要的遗传学基础。

除了新物种的全基因组测序，基因组重测序的研究成果也不断地发表，特别是人类基因组的重测序，已经被广泛地应用于疾病的相关研究。例如，美国圣路易斯华盛顿大学医学院等利用千人基因组计划的数据寻找疾病根源；约翰霍普金斯大学的研究者通过对 82 个小细胞肺癌样本的外显子组测序分析找到了数个潜在靶标，等等。

高通量测序带来海量数据的同时也会造成不小的困扰，如何准确、充分的利用这些数据成为新的挑战。2012 年，出现了很多新的数据处理方法，如美国亚利桑那州立大学进化医学与信息学中心开发出的 EvoD（evolutionary diagnosis）技术，能够更好地检测人外显子组中进化上最为保守的位点。

除了对基因组重测序外，另一个在全基因组范围内进行研究的是基于单核苷酸多态性（SNP）的全基因组关联研究（GWAS）。自 2012 年以来，总共有超过 400 篇有关 GWAS 的研究报道，在这些研究中发现了超过 4000 个疾病/性状的易感位点。

通过基因组靶向修饰对基因组进行改造是 2012 年的又一个研究热点。目前，仅在模式生物小鼠（*Musmusculus*）和果蝇（*Drosophila melanogaster*）等少数物种中建立了较为成熟的基因敲除技术，而对绝大多数物种尚缺乏有效的技术手段，因而严重阻碍了对这些物种基因功能研究的深入。近些年，基因组靶向修饰技术突飞猛进，ZFN 和 TALEN 介导的基因组靶向修饰技术的出现已对传统转基因技术产生了变革，已经成功运用于斑马鱼、小鼠、果蝇等模式生物。相对来说，ZFN 的合成组装技术难度大，对靶点的特异性切割效率低；新出现的 TALEN 技术具有更广泛的 DNA 序列识别特性，特异性高，但也存在着重复序列多、结构冗长、蛋白质较大且不同片段需要合成不同的序列、过程烦琐、不易操作等缺点。2012 年下半年，来自麻省理工学院、Broad 研究所和洛克菲勒大学的研究人员开发了一项新技术，该技术基于 Cas9（CRISP-associated）核酸内切酶的 RNA-guided 基因编辑系统，可通过添加或删除基因，精确改变活细胞的基因组，为基因组改造提供了一种更加便捷的工具。

（二）国内研究进展

1. 采用高通量测序技术进行全基因组测序

随着高通量测序技术的发展和应用，我国 2012 年通过高通量测序取得了多项重要的科研成果，同时也进一步加强了与国际同行的合作。2012 年全球共发表了 24 个新物种的全基因组，其中我国科研工作者完成和参与完成的共有 18 个。随着更多物种基因组被解析，特别是经济物种和模式生物，分析其基因组信息，为更充分利用这些生物资源提供了有力的技术支持。

在粮食作物的研究中，深圳华大基因研究院分别与中国科学院遗传与发育生物学研究所植物细胞与染色体工程国家重点实验室小麦研究团队及中国农业科学院作物科学研究所合作，成功地绘制了小麦 A、D 基因组的草图，并于同一天发表在 *Nature* 杂志上，从而结束了小麦没有组装基因组序列的历史。该研究还鉴定出了与抗病、抗逆和增产相关的基因家族。这项工作成果有助于更好地了解小麦对环境的适应，帮助定义庞大而复杂的小麦种系，对小麦优良品种的选育及提高产量具有重要的作用。

另外一个被成功解析了全基因组的作物是谷子，由张家口市农业科学院和深圳华大基因研究院合作完成。该研究组不仅完成了谷子全基因组序列的测定，还构建了高密度的遗传连锁图谱，为揭示谷子抗旱节水、丰产、耐瘠和高光合作用效率等生理特性的机制提供了新的途径，并为高产优质、抗逆谷子新品种的培育奠定了坚实的基础。

水稻是我国一种重要的粮食作物，其基因组测序虽然已经完成，但其相关研究仍在继续进行。中国科学院昆明动物研究所遗传资源与进化国家重点实验室马普进化基因组学青年科学家小组与云南省农业科学院、深圳华大基因研究院、中国科学院植物研究所及上海肿瘤研究所等合作，构建了水稻及其野生近缘种的单碱基分辨率 DNA 甲基化图谱。

棉花是一种重要的经济作物，其基因组相关研究不多，2012 年连续有两篇关于棉花的全基因组研究发表在顶级杂志上。其一是 8 月由中国农科院棉花研究所与深圳华大基因研究院合作解析了雷蒙德氏棉花基因组序列，研究不仅发现大约 1300 万年前雷蒙德氏棉花基因组中发生了 1 次六倍体化事件，还发现了支持 1300 万~2000 万年前棉花特异性全基因组复制事件的证据，并对 DD 基因组的转录本和重要功能基因做了系统和全面的分析。其二是包括中国在内的 8 国联合研究，分别对不同国家种植的棉花基因组的多倍化及纤维的发育进行了系统分析。

甜橙是具有重大的经济价值和营养资源的水果。华中农业大学的研究人员通过研究，不仅解析了甜橙的基因组序列，还发现了甜橙来源于柚作为母本和橘杂交，其后代再与橘杂交而形成的杂种。2012 年，还完成了其他的水果如西瓜、砀山梨等相关的全基因组测序工作，砀山梨的组装数据已上传至"梨基因组计划"网站 peargenome. njau. edu. cn，并对外公开。这些相关的研究为水果的遗传改良，以培育出更加高产、优质和抗病力强等优良性状为目的的分子育种奠定了重要的遗传学基础。

番茄是全球广泛食用的一种蔬菜。中国、美国、荷兰、以色列等 14 个国家的 300 多位科学家共同合作完成了番茄全基因组精细序列的分析，研究结果以封面文章的形式发表在 Science 杂志上。我国科学家完成了测序总任务的 1/6。研究发现，番茄基因组经历的两次三倍化使其基因家族产生了特异控制果实发育及营养品质的新成员。该研究为培育具有高产、优质、抗病虫害、抗逆等优良性状的番茄新品种打下了良好基础，对推动全世界番茄生产具有重要意义。

盐芥生长于农田区的盐渍化土壤中，对于研究极端环境对生物的影响有重要的意义。中国科学院遗传与发育生物学研究所和深圳华大基因研究院等合作，用第二代测序技术测序，并采用分层组装策略对全基因组进行了成功拼装。研究人员分析出盐芥和拟南芥在 700 万~1200 万年前分化，分化后的盐芥基因组获得了大量的转座子序列，并且重复序列中绝大多数是以长末端重复序列（LTR）为代表的反转座子。他们的研究在基因组层面为解析盐芥极端环境耐受机制和探索适应性进化机制提供了非常有价值的线索。

另一个完成跟抗逆相关全基因组测序的物种是牡蛎，测序工作由中国科学院海洋研究所联合深圳华大基因研究院、美国新泽西州立大学等多家单位完成。研究发现，牡蛎基因组序列具有极高的多态性、较高比例的重复序列和活跃的转座子，并发现一系列与牡蛎抗逆能力相关的基因发生明显扩张，这可能是牡蛎适应潮间带逆境的主要分子基础。研究人员还揭示了在逆境适应中发挥重要作用的贝壳的复杂形成机制。该研究的发表在国际上填补了以牡蛎为代表的冠轮动物基因组研究和海洋生物潮间带逆境适应机制研究的空白，也是我国海洋生物及水产经济生物相关研究成果以研究论文形式第一次登上 Nature 杂志。

2012 年基因组学研究的重要成果还包括福建农林大学和深圳华大基因研究院领导的一个国际研究联盟完成了第一个高破坏性的芸苔属作物害虫小菜蛾（diamondback moth，DBM）的基因组序列图谱。该研究借助全基因组鸟枪法（whole genome shotgun，WGS）和 fosmid 克隆技术对小菜蛾基因组进行了测序，生成了约 343Mb 的基因组草图，预测有 18 071 个蛋白质编码基因和 1412 个独特的与感知和解除植物防御相关的基因。这项工作使研究人员对昆虫适应宿主植物有了更广泛的见解，为农田有害生物持续性治理开辟了新途径。

微生物的全基因组测序研究中，中国农业大学与深圳华大基因研究院等的研究人员合作，通过对 26 株属于中华根瘤菌属和慢生根瘤菌属的大豆根瘤菌进行基因组测序和比较基因组学分析，取得了大豆根瘤菌基因组研究新进展。研究发现，慢生根瘤菌属的大豆根瘤菌核心基因组随机地分布于脂代谢和次级代谢途径中，而中华根瘤菌属的大豆根瘤菌核心基因组中，有许多与适应碱性条件和渗透压相关的基因。这一研究发现与大豆根瘤菌的生物地理学分布规律相一致，但与其他根瘤菌相比，与大豆共生的根瘤菌中，没有发现只参与和大豆共生的特殊基因。此外，我国科研工作者还完成了大丽轮枝藻不同毒力菌株、多黏类芽孢杆菌 SC2、芽孢杆菌 Aloe-11 等微生物的全基因组测序工作。

除了利用已有测序平台的技术外，我国科研人员也开发了一些与高通量测序相结合的技术。北京大学生物动态光学成像中心、生命科学学院、北大-清华生命科学联合中心与哈佛大学合作，使用新近发明的 MALBAC 扩增技术对一个亚洲男性的 99 个精子进行了单细胞全基因组 DNA 扩增，并利用 HiSeq 高通量测序技术对每个精子分别进行了深度测序，首次实现了高覆盖度的单个精子全基因组测序，构建了迄今为止重组定位精度最高的个人遗传图谱，并说明了基因区附近重组率的降低是由于分子机制而非自然选择造成的。深圳华大基因研究院和中国科学院昆明动物研究所合作，利用 Whole Genome Mapping System 技术结合 HiSeq 2000 测序平台，完成了首个雌性云南黑山羊的高质量参考基因组测序工作，共注释了 22 175 个蛋白质编码基因，大多数基因在 10 个组织的 RNA-seq 数据中得到验证。该研究证明 Whole Genome Mapping System 技术在新物种的大基因组拼接中是可行的。

2. 高通量测序在疾病研究中的应用

高通量测序技术随着其成本进一步降低，通量进一步提高，越来越广泛地应用于人类疾病的研究，包括外显子测序、转录组测序、基于高通量测序的表观遗传学分析等。2012 年，我国科研工作者在这一领域也取得了多项成果，发现了一系列跟疾病相关的突变基因、新的甲基化调控机制、新的 RNA 类型，以及新的基因转录本等。

全基因组测序和外显子芯片捕获外显子进行测序已广泛地应用于疾病研究。深圳华大基因研究院和美国加利福尼亚大学等共同合作，采用全基因组测序对 10 对同卵双生的自闭症患者及其正常父母进行了测序，探讨了基因胚系 de novo 突变及其与自闭症之间的关联性。该研究证实了新生突变的发生与其父亲的年龄密切相关，但母亲年龄对突变的影响并不明显。进一步表明，胚系新生突变在基因组中表现出高度的非随机性，并且比预期更为聚集。这种区域突变率可能受到 DNA 序列内在特征和染色体结构等多种因素的共同影响。研究人员还对全基因组范围变异全貌进行了研究，发现存在大量的超突变性基因组区域，并惊奇地发现，超突变性和高度进化保守性之间存在相关性。

上海交大医学院附属瑞金医院、国家人类基因组南方研究中心肿瘤基因组课题组、上海生物芯片国家工程研究中心、复旦大学中山医院、无锡市人民医院等单位合作，对与乙型肝炎（简称乙肝）病毒感染相关的肝癌原发灶和侵犯肝脏门静脉转移灶的全部基因组外显子进行比对分析，发现 ARID1A 在 13% 的患者中发生突变。

安徽医科大学和深圳华大基因研究院等单位的研究人员合作，对播散型浅表性光敏性汗孔角化症（disseminated superficial actinic porokeratosis，DSAP）家系成员进行了外显子测序，发现 MVK 基因突变可导致 DSAP 的发生，从而为 DSAP 发病机制的研究及其分子诊断与治疗奠定了重要的遗传学基础。

中国科学院遗传与发育生物学研究所与首都医科大学附属北京同仁医院、深圳华大基因研究院合作，利用全外显子组测序方法，在一个非综合征型白化病家系中鉴定出一个与色素合成相关基因 SLC24A5 认为它是导致 OCA 的新致病基因，命名为 OCA6。这一发现对于白化病的基因诊断和产前诊断有重要意义，也有助于更深入了解色素产生的机制和人类肤色、毛色多样性的遗传基础。

除了基因组测序用于疾病研究外，转录组测序和基于高通量测序的表观遗传学研究也被广泛地采用。中国科学院上海生命科学研究院生物化学与细胞生物学研究所采用 RNA-seq 发现了一类全新内含子来源的长非编码 RNA（sno-lncRNAs），该 RNA 的两端由 snoRNA 加工，在外切酶的作用下，位于 snoRNA 中间的序列不降解，导致 lncRNAs 两侧的 snoRNA 序列积累，但缺乏 5′帽和 3′polyA 尾部。这些 sno-lncR-NAs 跟 Fox 家族剪切调节子强烈相关，并且可以改变剪切类型。研究还指出，在人类疾病 PWS 综合征（Prader-Willi syndrome，小胖威利征）紧密关联区域存在 5 个 sno-lncRNAs，并且这些 sno-lncRNAs 在 PWS 综合征病人中完全缺失，从而提示这些新的 RNA 分子可能与 PWS 综合征的病理发生相关。相关成果在 Molecular Cell 以封面文章发表。

中国科学院北京基因组研究所与美国芝加哥大学、挪威奥斯陆大学合作完成的

"RNA 甲基化表观遗传新机制研究项目"取得重要进展，该研究工作为可逆 RNA 甲基化作为一种新的表观遗传调控机制提供了直接的生物学证据，为代谢性疾病、生殖发育和恶性肿瘤的早期诊断与有效治疗提供了新的思路和研究方向。

中国科学院北京基因组研究所开展的另一项国际合作研究是研究多功能转录因子 CTCF（CCCTC 结合因子）在染色质 DNA 上的结合与 DNA 甲基化之间相互关系，他们采用 CHIP-seq 技术在全基因组范围内研究发现，CTCF 的结合跟不同的甲基化相关。该成果将有助于科研人员加深对 CTCF 转录因子调控机制的理解和认识。他们还进一步采用新一代高通量测序技术，在表观基因组水平上开展全基因组关联研究，通过分析人类 349 种细胞和组织样本的全基因组 DNase Ⅰ 图谱与已有的 GWAS SNPs 数据，发现约 93% 的与疾病和性状相关的 SNP 位于非编码序列内，并且集中在 DNase Ⅰ 高敏感位点区域；88% 含有 SNP 的 DHSs 存在于胎儿发育阶段，并且在这些 DHSs 内的 SNPs 与妊娠暴露相关表型有关。该研究结果揭示了人类常见疾病中普遍参与调控 DNA 的变异，并提出了不同的疾病致病见解。

3. 全基因组关联研究

在全基因组关联研究（GWAS）提出以前，人们主要利用连锁研究方法开展复杂疾病/性状遗传易感性研究，发现了一些疾病和性状的易感基因/位点。但是复杂疾病/表型具有明显的遗传异质性、表型复杂性等特点，使得以家系为基础的全基因组连锁分析在搜寻复杂疾病易感基因上受到了限制。由此全基因组关联研究技术应运而生，这种技术主要基于"常见疾病，常见变异（common disease，common variant）"原理，可同时针对全基因组范围内的遗传变异进行基因分型，克服复杂疾病的遗传异质性和表型复杂性等，可以较好地避免实验结果的假阳性，因此，发现疾病相关基因/位点的效力也显著强于以往的遗传研究方法。

2012 年，我国科学家主要在肿瘤（前列腺癌、肝癌、肺癌，非吸烟女性肺癌、食管鳞状细胞癌）、代谢类疾病［2 型糖尿病、多囊卵巢综合征（PCOS）］、皮肤复杂性疾病（红斑狼疮）、心血管疾病（冠心病）、性状（血清 IgG 水平、维生素 B_{12} 的水平、身高体重指数 BMI 和血压相关性状）等方面进行研究。这一年中，我国科研工作者共发表文章 29 篇，报道了 136 个疾病/性状的易感位点/基因。

（1）肿瘤 GWAS 研究

肺癌在我国是发病率最高的恶性肿瘤，也是研究比较多的肿瘤之一。南京医科大学公共卫生学院流行病与卫生统计学系和教育部现代毒理学重点实验室在原有肺癌GWAS数据的基础上进行了验证，发现了3个新的易感位点（rs1663689、rs2895680和rs4809957），一致的2个关联位点（rs247008和rs9439519），其中4个跟吸烟剂量显著相关（rs2895680、rs4809957、rs247008和rs9439519）。该研究促进了对肺癌易感性的理解，并且整合了遗传变异位点与吸烟在肺癌发展中潜在影响的通路。

肝癌是一种发病率和死亡率都很高的恶性肿瘤，相关的发病原因目前还不是很清楚。复旦大学遗传工程国家重点实验室的研究者与国内外30个课题组共同合作，收集了国内7个地区，总计11 799例乙肝患者的血细胞DNA样本，包括5480例有乙肝病变的肝癌病例和6319例有乙肝病史但无肝癌的对照者。运用全基因组关联研究技术比对分析了这两组人群的全基因组序列中单核苷酸多态位点的等位基因频率，最终在 STAT4 基因和 HLA-DQ 基因簇上发现了与乙肝癌变风险显著关联的易感基因位点，这在国际学术界属首次报道。

前列腺癌的遗传流行病学在欧美国家的研究比较成熟，国内研究相对比较少。复旦大学和第二军医大学等40多家机构合作对中国人群前列腺癌进行了GWAS研究，发现2个新的易感位点 rs817826 和 rs103294，有助于更好地了解前列腺癌的遗传易感性。

中国医学科学院肿瘤研究所、哈佛大学公共卫生学院等10多家机构的研究人员通过全基因组关联研究鉴别了多个全新的中国人群食管鳞状细胞癌易感位点，并分析了基因与饮酒之间的相互作用，共发现9个新的易感位点，其中7个（4q23、16q12.1、17q21、22q12、3q27、17p13和18p11）有显著的边际效应，2个只在基因-饮酒分析中差异显著。4q23区域包含 ADH 基因簇跟饮酒显著相关。

由中国、美国和韩国等合作，在亚洲非吸烟女性肺癌的GWAS的研究中，发现了3个新的易感位点（10q25.2、6q22.2和6p21.32），并且还发现15q25跟非吸烟女性肺癌无显著关联，证明该区域跟非依赖于吸烟的肺癌无关。该研究成果发表在 Nature Genetics 杂志上。

（2）代谢类疾病 GWAS 研究

中国科学院上海生科院营养所、中国科学院系统生物学重点实验室、北京大学人民医院、复旦大学附属华山医院、中国医学科学院基础医学研究所、中南大学、华中科技大学、上海交通大学附属第六人民医院和卫生部北京老年医学研究所合作开展了迄今为止在中国汉族人群中最大规模的2型糖尿病全基因组关联研究。结果发现，除了原来的 52 个位点外，还存在 2 个新的位点（RASGRP1-rs7403531 和 GRK5-rs10886471），而且后者为东亚人群所特有。研究显示，GRK5-rs10886471 的危险等位基因可能通过改变 *GRK5* 基因的转录水平，进而影响 2 型糖尿病的发病风险。

上海交通大学 Bio-X 研究院、山东大学、中山大学等国内多所研究机构组成的研究组通过全基因组关联研究，发现了与多囊卵巢综合征有关的 8 个新易感位点 [9q22.32、11q22.1、12q13.2、12q14.3、16q12.1、19p13.3、20q13.2 和 2p16.3（FSHR 基因）]。这些相关的位点指向了与胰岛素信号、性激素功能和 2 型糖尿病有关的候选基因，对于未来 PCOS 疾病病理分析和治疗意义重大。

（3）皮肤复杂性疾病 GWAS 研究

安徽医科大学和香港大学合作，发现了 5 个新的红斑狼疮易感基因（*CDKN1B*、*TET3*、*CD80*、*DRAM1* 和 *ARID5B*）。该研究不仅发现了红斑狼疮发病机制中的遗传危险因素在不同人种间具有遗传异质性，而且揭示了疾病新的发病通路，为揭示疾病病因和发病机制提供了新的科学依据。

（4）心血管疾病 GWAS 研究

中国医学科学院北京协和医学院、国家人类基因组北方研究中心、上海交通大学、生物芯片国家工程研究中心等 40 多家机构的研究人员通过全基因组关联研究发现了 4 个全新的冠状动脉疾病易感位点（rs2123536、rs1842896、rs9268402 和 rs7136259），对中国汉族人群冠状动脉疾病的易感性和发病途径提出了新的见解。

（5）多疾病共有易感位点的分析

山东省皮肤病、性病防治研究所在来自中国人群的 4 个独立麻风样本研究中发现，*IL18RAP/IL18R1* 和 IL12B 是麻风病与炎症性肠病（IBD）共有的 2 个新易感基因，并证明这 2 个基因在这 2 种疾病中的风险效应相反。

南京医科大学公共卫生学院流行病与卫生统计学系和教育部现代毒理学重点实验室将原有的肺癌、非贲门胃癌、食管鳞状细胞癌的 GWAS 数据进行进一步挖掘分析，发现 2 个位点（rs2494938 和 rs2285947）在 3 种癌症的 GWAS 和验证中一致，合并分析后结果更显著，并且可以显著影响癌症的患病风险。这一研究成果提示了 6p21.1 和 7p15.3 区域在多种癌症中的重要性。

（6）性状 GWAS 研究

在进行 GWAS 研究的同时，利用 GWAS 数据进行相关的性状分析成为进一步挖掘数据的一个重要的方面。

复旦大学生科院和华山医院通过研究鉴定出 4 个新的区域与中国汉族人群血清中维生素 B_{12} 的水平达到 GWAS 水平有关。这 4 个区域是 MS4A3、CLYBL、FUT6 和 5q32。这些新鉴定的区域为血清水平检测维生素 B_{12} 提供了新的视野,并且为更好地描述健康与疾病间维生素 B_{12} 的作用提供了机会。

中国、美国和日本等国家合作开展了亚洲人身体质量指数(BMI)的 GWAS 研究,鉴定出 10 个与 BMI 相关的位点达到 GWAS 水平($P<5.0×10^{-8}$)。其中 3 个位点是新发现的,分别位于 *CDKAL1*、*PCSK1* 和 *GP2* 基因中,另外 3 个位点在 $P<5.0×10^{-7}$ 范围内,一个新的位点在 PAX6 附近。该研究揭示了新的参与肥胖的通路,并展示了基因研究在亚洲人群中的价值。

香港大学精神病学系脑与认知科学国家重点实验室采用了基于家庭的 GWAS 研究,鉴定出一个与高血压显著相关的位点(5q31.1)。研究还指出,2q22 与收缩压显著相关,5p13 与舒张压显著相关。基于家庭的 GWAS 研究还发现 5 号染色体的 rs1605685 与 DBP 显著相关。这是第一次报道中国人群高血压及其相关数量性状,这些常见变异区域可能为稀有突变的扫描提供新的靶点。

广西医科大学第一附属医院泌尿外科和肾脏病研究所通过两个阶段的 GWAS 研究,鉴定出 17p11.2 位点的 *TNFRSF13B* 基因内及附近的 3 个 SNP 位点跟正常人血清 IgG 的水平显著相关。另外,吸烟在两个阶段中都跟 IgG 水平显著相关。但是在吸烟与易感位点的交互作用中并没有发现显著的关联性。*TNFRSF13B* 基因位点多态性与 IgG 水平的显著关联可能有助于进一步探索 *TNFRSF13B* 编码的跨膜激活、钙调制器和亲环素配体相互作用因子的生物机制。

4. 功能基因的研究

(1) 免疫相关研究

第二军医大学免疫学研究所、浙江大学医学院免疫学研究所和中国医学科学院的科研人员报道了免疫学中的重要典型分子主要组织相容性复合物(MHC)Ⅱ类分子具有新的非典型功能,即能够通过维持激酶 Btk 持续激活的方式,增强抗感染天然免疫应答反应。该成果以封面标题论文的形式发表在 *Nature Immunology* 杂志上。

中国科学院上海生科院研究人员通过研究证明,致病性大肠埃希菌(EPEC)中 Tir 蛋白能通过Ⅲ型分泌系统进入宿主细胞后,依赖 ITIM 的磷酸化和细胞内的酪氨酸磷酸酶 SHP-1 相互作用。其中 Tir 蛋白和 SHP-1 的结合促进了 SHP-1 与细胞内具有激活免疫作用的 TRAF6 蛋白的结合，且能够有效抑制 TRAF6 蛋白的泛素化。该研究揭示了细菌中含有的 ITIM 蛋白在免疫反应中的机制。

浙江大学生命科学学院研究人员经过多年的研究发现，喷他脒可以有效切断一种在艾滋病病毒（HIV）复制过程中起决定性作用的 FEN-1 分子，从而阻断病毒的复制，减少对人体免疫系统造成致命伤害。

（2）同源重组的相关研究

浙江大学生命科学研究院的研究人员发现一种在同源重组修复中起重要作用的蛋白质 SPIDR/KIAA014，该蛋白质可以将 BLM 和 HR 连接到一起，SPIDR 与 BLM 和 RAD51 互作，促进了具有重要生物作用的 BLM/RAD51 复合体生成，其充当了 BLM 和 RAD51 组装的支架蛋白。该研究还证实在细胞中耗尽 SPIDR，可导致姐妹染色单体交换率增高，同源重组缺陷，致使基因组不稳定，对 DNA 损伤剂超敏感。

中国科学院遗传与发育生物学研究所在水稻中鉴定出 HEI10 基因，它在减数分裂的同源重组中具有重要的作用。该研究发现，在水稻中 HEI10 突变会导致交叉频率显著下降，并且存在的交叉在细胞中随机分布，表明 HEI10 可能在干扰敏感的交叉形成中起重要作用。但是 HEI10 的突变并不影响重组早期蛋白质的定位及联会复合体的形成。HEI10 蛋白在减数分裂染色体动态定位中具有重要作用，最初呈现为明显的点状，而且与重组蛋白 MER3 高度共定位，随着减数分裂联会的进行，HEI10 沿着染色体轴逐渐连成线状信号，在联会复合体解体之后，线状信号逐渐消失，只有大的点状信号维持在染色体上，而这些点状信号恰好对应交叉结的位置。

（3）其他功能基因研究

华中农业大学的研究成果揭示了水稻籼粳亚种间生殖隔离的机制。该研究指出，2 个紧密连锁的基因（3 号和 4 号基因）与 5 号基因协同作用控制杂种不育及广亲和现象。在籼稻中，3 号和 5 号基因有功能，4 号基因没有功能；粳稻则相反，4 号基因有功能，3 号、5 号没有功能。有功能的 5 号基因与 4 号基因一起，构成杀手，而 3 号基因则行使保护者作用。在雌配子形成过程中，4 号基因和 5 号基因共同作用杀死配子，籼型配子由于 3 号基因的保护，正常存活，粳型配子无 3 号基因的保护而死亡。其结果为籼粳杂种表现为半不育。广亲和品种没有杀死配子的功能，故与籼、粳稻均能产生正常可育杂种。这项研究对水稻的遗传改良具有重要的辅助作用。

复旦大学现代人类学教育部重点实验室与哈佛大学合作发现，*EDAR370A* 是东亚人特有的变异基因，该变异出现在 3 万多年前的东亚，并且改变了东亚人祖先的汗腺和毛发密度、毛发粗细及牙齿特征。由于这个变异具备与环境适应的生存优势，它在人群中的比例迅速增加。该研究成果作为封面论文发表在 *Cell* 杂志上。

北京生命科学研究所的研究人员从树鼩入手进行了乙肝病毒受体的研究，发现肝脏胆酸转运蛋白（NTCP，钠离子-牛磺胆酸钠共转运多肽）会与乙肝病毒表面包膜大蛋白的关键受体结合区发生特异性相互作用，并证明了 NTCP 可以导致细胞感染乙肝病毒。

5. 基因组学新技术和新算法的开发

深圳华大基因研究院公开了一种基因融合检测算法——SOAPfuse，模拟数据和真实验证数据的综合测评表明，该算法具有准确率高、敏感性强、精度高、资源消耗少等优点。该算法主要采用局部穷举算法和一系列精细的过滤策略，从而对基因融合进行快速、精确的检测。深圳华大基因研究院还公开了另外一种有效的检测插入/缺失的算法——SOAPindel，与其他算法比较，在小于 10bp 小片段的检测中相似，但是在长片段的检测中具有更高的灵敏性和特异性。验证实验表明，虽然在长片段的检测中 SOAPindel 有大约 10% 的假阳性，但是与其他的方法相比仍然可以检测出更多的插入/缺失片段。

上海生命科学研究院计算生物学所与复旦大学、国家人类基因组南方研究中心、哈佛大学合作，建立了新的方法，不仅用于研究群体混合历史和形成机制，丰富了人们对混合人群历史的新认识，同时对在混合人群中进行复杂疾病研究的实验设计、数据分析及结果解释有理论指导意义。同时，上海生科院计算生物学所还与德国马普学会、荷兰鹿特丹伊拉斯姆斯大学、复旦大学及其他近 10 个国家的著名研究单位合作，巧妙利用人群迁移过程中由于基因交流（遗传混合）产生的特殊遗传结构，首次利用基因组范围的重组信息，研究了现代人类在亚太地区影响最大的一次人口扩张事件——南岛人群的基因交流和扩张。

中国农业科学院油料作物研究所将基于 CEL-I 酶切异源双链核酸分子策略的定向诱导基因组突变技术运用于高通量检测叶绿体和线粒体基因组遗传变异，建立了新的方法——ORG-EcoTILLING。该方法攻克了阻碍检测大量个体叶绿体和线粒体基因组变异分析的技术瓶颈，不仅能用于研究植物叶绿体和线粒体基因遗传与功能变异，还能用于鉴定人类与动物线粒体基因 DNA 多态性，鉴定与疾病相关的线粒体基因突变，具有广泛应用前景。

6. 基因组学研究成果用于疾病诊断

传统的产前检查，如孕妇外周血检测和超声波扫描，分辨率和精度都比较有限。深圳华大基因研究院开发了一种基于大规模并行测序的无创性产前诊断方法——无创性胎儿三体综合征（NIFTY）测试。在检测的 903 个孕妇中，16 个 21 三体、12 个 18 三体、2 个 13 三体、1 个 XYY、2 个 XXY 全部被检测出来，但是在 45，X 中存在 1 个假阴性，在 18 三体的检测中有 1 个假阳性。该方法对常染色体非整倍体有 100% 的敏感性和 99.9% 的特异性，对性染色体非整倍体有 85.7% 的敏感性和 99.9% 的特异性。与以往的 z-score 相比，本方法准确性更高。

上海儿童医学研究中心采用 Affymetrix 公司的 CNV 检测芯片 CytoScan HD 用于儿童遗传病罕见病的分子诊断，如智力落后、孤独症、多发畸形、肥胖、矮小等，通过检测拷贝数的变化寻找疾病的遗传病因，已经发现了很多疾病的致病基因。

7. 基因组编辑技术

（1）TALEN 靶向基因敲除技术研究和应用

转录激活因子样效应物核酸酶（transcription activator-like effector nucleases，TALEN）靶向基因敲除技术（简称 TALEN 技术）是一种崭新的分子生物学工具，能够对动植物细胞的基因组进行高度特异和高效的修饰，并且已在各种动植物包括人的细胞中得到了应用。

清华大学医学院和生命科学学院的两个课题组与美国普渡大学研究人员合作，报道了转录激活因子样效应蛋白（TALE）特异识别 DNA 的分子机制，这提供了 TALE 的改造基础，极大地拓宽了 TALE 在生物技术应用上的前景。同年 9 月，他们继续对 TALE 识别结构进行研究，在 *Cell Research* 上发表了一篇 TALE 对于甲基化 DNA 的识别机制的文章。而同时，清华大学这两个课题组和北京大学研究人员合作在 *Cell Reports* 上在线发表论文，报道了 TALE 能够特异识别 DNA-RNA 杂合链，并且能够保护 DNA-RNA 杂合链不被核酸酶降解，这一发现展示了 TALE 在 DNA 复制和逆转录病毒感染方面应用的可能性。进行 TALE 对核苷酸识别机制的研究，为 TALE 应用的深入研究提供了理论基础和可能。

不仅在其蛋白质结构上有突破性进展，对于 TALE 的应用研究也有不少的成果。北京大学生命科学学院与美国加州大学洛杉矶分校的研究人员合作，以斑马鱼为实验模型，运用 TALEN 技术进行研究，于 2012 年 8 月在 *Nature Biotechnology* 上发表了研究文章，实现了 TALEN 技术首次在脊椎动物中的应用，并且证明了 TALEN 造成的突变能够通过种系稳定遗传给后代。同时，该文章的另一个亮点是发明了一种叫做 Unit Assembly 的简便方法来构建 TALE 重复序列。这简化了 TALE 的构建，为其应用提供了更为高效的可能。

中国科学院广州生物医药与健康研究院、香港中文大学和美国国立卫生研究院研究人员共同合作，在 *PNAS* 上发表了关于利用 TALEN 技术对爪蟾胚胎进行高效的靶向基因破坏的文章，文章指出破坏，效率高达 95.7%，并证明通过这种方法获得的突变可以非常高效地通过种系传递至子代爪蟾。他们还利用 TALEN 技术在模式生物果蝇、经济动物蚕等动物中做了精确高效的定点突变。

中国科学院生物物理研究所和佛罗里达州立大学课题组利用 Unit Assembly 构建方法，对果蝇性染色体上的 yellow gene 和常染色体进行了高效的基因敲除，并且证明可以将其传至子代。该研究结果为利用精确的基因编辑系统对模式生物进行反向遗传学研究提供了重要的技术工具。

西南大学家蚕基因组生物学国家重点实验室利用 TALEN 技术对家蚕油蚕的突变基因 *BmBlos*2 进行了分析，并且首次在个体水平上利用核酸酶进行可遗传的基因组大片段敲除。常规的基因敲除是对某个基因位点实现的定点破坏，这种破坏一般都是几个碱基的缺失或者插入，而在遗传操作中，往往需要大片段基因组的变异以实现基因簇删除、多基因删除、调控区域删除、外源标记基因删除等。在西南大学研究人员的研究中，首次探索和利用 TALEN 技术实现了可遗传的大片段基因组敲除，并获得了成功。

（2）CRISPR/Cas9 系统的研究和应用

在 TALEN 技术的研究还刚刚兴起的时候，一种新的基因编辑技术就横空出世。CRISPR（clustered regularly interspaced short palindromic repeats）是一种细菌的免疫系统，这种免疫系统用来抵抗外来的噬菌体、质粒等入侵，当这些遗传物质进入细菌之后，细菌将启用以 CRISPR 为核心的免疫系统，以 crRNA（CRISPR-derived RNA）为识别序列介导 Cas9 核酸内切酶对外来核酸进行剪切，从而阻止这些外来遗传物质的转录和表达。同时，这些遗传物质的片段也会被剪切，整合到细菌自身的 DNA 中，之后细菌合成相应的 RNA 片段，用于结合病毒等并抑制其活性。在该系统中，因为 crRNA 有一段序列与靶序列同源，所以能够通过碱基配对识别目标序列并且进行结合，同时 crRNA 上的序列能够与 tracrRNA（trans-activating RNA）结合，形成双链 RNA。这种 crRNA 是 tracrRNA 的二元复合体，能够指导 Cas9 蛋白在目标靶序列的特定位点剪切双链 DNA。

北京大学生物医学工程系和分子医学研究所的两个课题组合作，利用 RNA 导向的 Cas9 核酸内切酶基因编辑技术在哺乳动物的细胞和斑马鱼胚胎中对固定位点进行了特异性突变，效率超过了 35%，他们还有效诱导了生成的体细胞中 etsrp 或 gata5 的双等位基因转换，并在斑马鱼中导致了与其对应遗传变异体 etsrpy11 或 fautm236a 的相似表型。研究人员还通过该系统在斑马鱼胚胎中成功诱导获得了位点特异性的 mloxP 序列插入。

南京大学模式动物研究所、苏州大学附属第一医院和贝勒医学院合作，分别在斑马鱼和小鼠当中，验证了 Cas9 系统的打靶活性，结果表明该系统可以特异性地切割 DNA。

2012 年，基因组学虽然取得了很多重大的成果，但是仍然存在一些问题，需要进一步解决。其中最主要的问题就是产生了大量未完全处理的数据，特别是高通量测序和 GWAS 产生的海量数据，如何充分利用这些数据是摆在科研工作者面前的一个严峻的问题。虽然现在已经开发出了一些算法，但是还远远不够，需要建立新的分析方法，对现有的数据进行深度挖掘，同时需要向国际化看齐，对数据进一步公开，实现资源共享，这样才可以大大提高数据的使用效率，保证数据被充分挖掘。另外，随着基因组的快速发展，其他组学也取得了很多成果，组学间的研究结合，进行广度和深度的研究合作是发展的必然趋势。此外，目前绝大部分的仪器和试剂耗材都来源于国外，这成为科研中一项很大的支出，如果能够实现试剂的国产化，将大大降低科研成本。

三、蛋白质组学

蛋白质组学（proteomics）一词，源于蛋白质（protein）与基因组学（genomics）两个词的组合，意指一种基因组所表达的全套蛋白质，即包括一种细胞乃至一种生物所表达的全部蛋白质。蛋白质组学本质上指的是在大规模水平上研究蛋白质的特征，包括蛋白质的表达水平、翻译后修饰、蛋白质与蛋白质相互作用等，由此获得蛋白质水平上关于疾病发生、细胞代谢等过程的整体而全面的认识。近年来，蛋白质组研究技术已被应用到生命科学各个领域，涉及各种重要的生物学现象，如信号转导、细胞分化、蛋白质折叠等。特别是在寻找疾病分子标记和药物靶标方面，蛋白质组学研究手段已逐渐成为最有效的方法之一，其在肿瘤等人类重大疾病的临床诊断和治疗方面也有着十分诱人的前景。

（一）国际研究进展

1. 蛋白质组研究新方法

高通量的蛋白质组研究以质谱分析为核心技术，在样品预处理、色谱质谱分析和数据处理这三大主要模块不断涌现出大量新技术新方法，推动着蛋白质组研究向更深入、更系统的方向发展。

（1）样品预处理方法

选择合适的样品预处理方法是蛋白质组研究获得成功的前提。随着蛋白质组研究方向和领域的不断拓展，对样品预处理技术也提出了新的挑战。针对 middle-down 技术路线采用传统酶解方法难以产生分析所要求的较高分子量的酶解肽段的困难，美国东北大学发展了一种 outer membrane protease T（OmpT）产生大片段肽段（> 6.3kDa）的方法，从 HeLa 细胞中一共鉴定到了对应 1038 个蛋白质的 3697 个肽段，从而有助于区分蛋白质异构体和加强翻译后修饰位点的鉴定。

（2）色谱-质谱分析方法

由于蛋白质组所具有的高度复杂性和较宽的丰度范围，要求色谱-质谱联用技术不断向高分辨率、高灵敏度、高通量的方向发展。荷兰乌特勒支大学的研究者详细探讨了色谱柱填充材料、填充方式和色谱分离条件等参数对后续质谱鉴定的影响，建立了一种 ZIC-cHILIC（两性离子亲水色谱）结合 RPLC（反相色谱）的在线二维液相色谱分离系统和质谱联用系统，用于高灵敏度、高通量的蛋白质组分析。他们用上述系统分析了小鼠 10 000 个成体干细胞的全蛋白质组，一共鉴定到对应 3775 个蛋白质的 15 775 个肽段，相对于传统方法，灵敏度提高了 10 倍以上。

采用超长色谱梯度进行分离成为了二维色谱分离方法的一种补充手段。现有的大多数蛋白质组学研究所采用的二维色谱分离、串联质谱分析方法通常要与前期的蛋白质预分离方法相结合。为了减少整个分析所需的时间和样品量，奥地利维也纳分子病理学研究所的研究人员在色谱、质谱仪器快速发展的基础上，研发了一种采用超长色谱梯度分离分析全细胞蛋白质的方法，仅一次 LC-MS/MS 实验即可从 HeLa

细胞中鉴定到 2761 个蛋白质。

在质谱分析方法的开发上，苏黎世联邦理工学院研究团队研发了一种被称为 SWATH 的分析技术，该技术为蛋白质组学研究带来了一种全新的工作流程。该工作于 2011 年 6 月的 ASMS 会议上首次发布，整个流程的全文随后公布于 2012 年。SWATH 首次采用具有非数据依赖（data-independent）的串级质谱采集方式，把所有的母离子质量范围划分成分段的 25amu 宽的窗口，可以采集液相流出的所有组分的碎片，从而系统性地生成完全的、高特异性的碎片离子全貌图，通过使用目标数据分析法可以查询任何感兴趣的蛋白质是否存在，并对其进行定量分析。

美国威斯康辛大学的研究人员基于最新一代的高分辨率、高准确度质谱仪 Q Exactive 发展了一种名为平行离子监测（parallel reaction monitoring，PRM）的分析方法。它的操作和 SRM 类似，同样关注于目标肽段和它所产生的碎片，但最大的不同在于它不像 SRM 只监测该肽段的目标碎片，而是扫描肽段的所有碎片。在 Q Exactive 质谱仪中进行定量分析的第三个四级杆被分辨率和准确度更高的 orbi 质量分析器所取代，PRM 提供了比 SRM 更为准确的定量结果及更宽的定量动态范围。由于 PRM 是对所有碎片进行扫描，不再需要预先设定 transition 离子对，从而大大简化了分析流程。

（3）数据处理方法

大量的蛋白质组学实验被用来定性和定量分析来自于生物和临床的样本，从中寻找关键的蛋白质。目前，各个质谱仪生产厂家的数据格式没有统一标准，相互之间的转换非常麻烦；科研人员在进行如蛋白理论酶切、电荷确定之类的常规计算方面消耗了大量时间，效率也不高；比较和验证算法尚有诸多不足。如何解析质谱分析过程中所产生的大量数据成为目前面临的重要挑战。

来自范德堡大学、华盛顿大学和南加州大学的合作团队推出了一个交叉平台工具包——ProteoWizardToolkit，此工具包由 Analysis、Data、Utility 等一系列模块组成，完全免费。运用此工具包，可以不借助质谱仪生产厂家的软件，把各种质谱数据文件稳定地转化成通用格式，为各种数据比较提供保障；由于模块化的巨大优势，该软件包可以用在代谢组学、糖组学等多种组学数据的分析中，提供了一个系统化的数据分析平台；研发人员还可以自己编写程序和 ProteoWizardToolkit 对接，应对一些非常规分析。

欧洲生物信息学中心（EBI）的研究人员开发了 PRIDE Inspector，可用来浏览、检查和分析来自于 PRIDE 数据库或其他以标准形式提交的蛋白质组学数据。

蛋白质翻译后修饰（PTMs）在各种生物进程和细胞功能中起着至关重要的作

用，在蛋白质质谱鉴定中，在同一张谱图中鉴定两类不同的翻译后修饰难度极高。美国哈佛大学基于最强谱峰信号谱峰对建立了一套数据集（PPS），找到它们之间的相互关系，提出一系列从 MS/MS 谱图中检测 PTMs 的逻辑关系状态，建立了一种新的检测两种未知翻译后修饰的算法。

2. 蛋白质组表达谱研究

基因组测序计划的实施，完成了人类基因组 30 亿碱基对的第一次完整测序，还成功实现了对于酵母菌（*Saccharomyces*）、大肠埃希菌（*Escherichia coli*）、小鼠（*Musmusculus*）、果蝇（*Drosophila*）、水稻（*Oryza sativa*）等一批重要模式生物的基因组测序，也进一步推动了科学家绘制蛋白质组表达谱的计划。科学家们希望能够像基因组测序那样，完成对某种生物或细胞所表达的全部蛋白质的测序，被称为蛋白质组的深度覆盖（in-depth proteomics）。然而，由于人体存在的 2 万多个基因编码着数百万种不同的蛋白质分子，其复杂性使得目前全面绘制人类蛋白质组图谱成为了一项非常艰巨的任务。

（1）酵母模式生物

酵母是蛋白质组研究最常用的模式生物，由于其对应的蛋白质组规模较小，常被用于评价现有的蛋白质组深度覆盖技术。2012 年，德国马普所的研究者采用最先进的高通量、高灵敏度的 Q Exactive 质谱仪及超滤辅助的样品预处理方法，在一次实验中鉴定了 4000 多个酵母蛋白质，几乎包括了该生长状态下酵母所表达的全部蛋白质，并首次将分析时间由过去的长达数天缩短到 4 小时左右，有望进一步推广成为实验室常规可用的成熟蛋白质深度覆盖技术。

（2）非模式生物

串联质谱对蛋白质进行鉴定分析需要参考相对应的理论蛋白质数据库，因此，仅适用于模式生物。而对于非模式生物，英国布里斯托大学的研究小组及其合作者提出了一种将高通量测序与蛋白质鉴定技术相结合的方法（测序表达的 mRNA 生成蛋白质数据库再进行质谱分析），并用感染了人类腺病毒的细胞作为复杂的动态模型，证明了该方法的有效性。该方法可用于直接观察生成的基因和所有蛋白质，检测存在于动物、植物中的遗传信息，将能使人们掌握的动物遗传信息增加 70%~80%。

（3）哺乳动物

哺乳动物的基因组更加复杂，对于其蛋白质组的深度覆盖研究直至 2011 年才真正开始。德国马普所的研究人员分别以最常用的两种人肿瘤细胞（HeLa 细胞和 U2OS）为样品，在一次实验中从这两种细胞中均鉴定到超过 10 000 种蛋白质，并和基因组数据进行了比较，认为这样的数据规模已经很接近细胞所表达的全部蛋白质组。在 2012 年的工作中，他们又将研究拓展到了 11 种常见的人细胞样品，从每种细胞中所鉴定到的蛋白质组数据规模普遍达到 10 000 种以上。

上述研究都是以细胞为样本的，以组织为样本的全蛋白质组表达谱的研究更加困难，迄今为止的报道也较少。2011 年启动的人类染色体蛋白质组计划（chromosome based human proteome project，Ch-HPP），以蛋白质组技术鉴定每条染色体上编码的所有基因产物，将蛋白质组学的数据整合到基因组框架当中，极大地促进了人类基因组的完整注释和功能解释，并将对人类生理学/病理学研究作出贡献图 1-1。该计划历时近 2 年，参与国包括中国、美国、韩国等近 20 个国家，中国科学家负责其中的 1 号（军事医学科学院），4 号（中国台湾中央研究院），8 号（复旦大学）等染色体的研究。该计划的成果于 2012 年底集结为专刊发表于蛋白组学领域国际权威期刊 *Journal Proteome Research*。

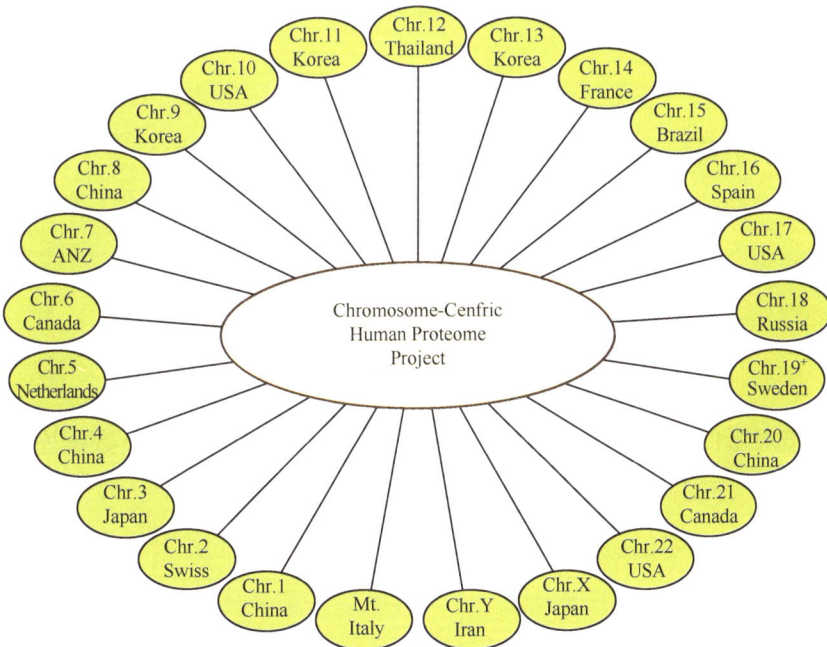

图 1-1　人类染色体蛋白质组参加国分工图（http：//www.c-hpp.org/working_ groups）

3. 蛋白质组定量研究

作为生物体生命活动的执行者，蛋白质的生理作用在很大程度上受到蛋白质数量的调节。对生物样品中蛋白质进行绝对或相对含量分析的定量蛋白质组学，是目前蛋白质组学研究的热点和快速发展的领域之一。各类高通量、高灵敏度和高准确度的绝对和相对定量技术的不断涌现，为寻找和筛选引起不同样本之间差异的因素，揭示细胞生理和病理状态的进程与本质、对外界环境刺激的反应途径及细胞调控机制提供了解决方案（表1-1）。

表 1-1 基于质谱分析的蛋白质组定量技术

分类		相关技术	特点
相对定量	MS1	代谢标记 SILAC，^{15}N	样品混合最早，定量最准确；增加一级质谱复杂度，最多仅能定量3组样本
	MS2	等重标记 TMT/iTRAQ/IPTL	一次可分析2~12组样本，一级谱图强度增加；低端质量标签信号易受抑制
	MS3	TMT/iTRAQ	定量精度高；灵敏度低
	复合型	一级二级同时定量 SILAC+TMT	通量高，可一次分析多于15组样本；操作步骤复杂，数据处理复杂
绝对定量	MRM	多反应监测	灵敏度、准确性和特异性高，可作为抗体替代物；通量低，优化步骤复杂

为了扩大单次实验能够同时比较的样本数，科学家们做了许多尝试。美国哈佛大学医学院将一级质谱定量的 SILAC 与串级质谱定量的 TMT 标记技术相结合，在一次实验中实现了 18 个样本的同时定量。他们用该方法研究了 3 组独立培养的酵母样本，经雷帕霉素（雷帕霉素作为激酶 TOR 的抑制剂具有抗癌的效能）处理后，在 6 个时间点上的蛋白质表达量发生变化。这个技术可以促进定量蛋白质组学技术在分析细胞内部动态变化中的应用。

高分辨率质谱可以识别等重同位素标签间的微小质量差异。利用这一优势，荷兰乌特勒支大学的研究者通过改变 TMT 标签中 ^{15}N 和 ^{13}C 的组合，成功添加了 2 个具有 6mDa 分子质量差异的新同位素标签，从而将 TMT 标记从 6 标变成了 8 标。在达沙替尼或十字孢碱对 K562 细胞的激酶抑制实验中，采用这两个新报告离子得到的定量结果和具有 1Da 差异的报告离子所得到的定量精度和准确度相仿。

结合深度覆盖技术，如与多维分离等技术的联用可以大大增加所能定量到的蛋白质数量。德国马普所采用 SAX-RPLC 联用并对第二维反相色谱的分离选取 230 分钟的长梯度，获得了迄今为止最大规模的石蜡切片显微切割组织的定量数据集。该研究小组对显微切割的腺癌组织、癌旁组织以及转移结节样品进行分析，得到了7500 个蛋白质的定量信息，其中 1808 个蛋白质在癌症组织样本中发生了明显的变化。此外，他们所构建的 TPA 定量算法可以在不添加内标的情况下，直接运用归一化的谱图肽段强度除以总谱峰强度进行蛋白质拷贝数的计算，简化了实验流程。

与富集技术或示踪技术的结合可以降低样品的复杂度，从而增加定量技术的灵敏度和准确度。德国海德堡大学的研究者构建了串联荧光标记蛋白质时间指针，用于蛋白质含量的体内原位分析：将两个单色的荧光蛋白质在体内与其他蛋白质融合，从而计算出该蛋白质的寿命、运动轨迹、空间分布；测定得到蛋白质的降解动力学参数；并高通量地筛查蛋白质周转效率中的调控因子。

分泌蛋白在细胞通讯、黏附和移动过程具备重要功能，然而从有血清培养的背景中鉴定分离到低丰度的分泌蛋白十分困难。Eichelbaum 采用叠氮标记的甲硫氨酸、重标精氨酸和重标赖氨酸代谢标记细胞，借助点击化学法选择性地富集分泌蛋白并对其定量，从而避免了血清饥饿法对于分泌蛋白组成造成的影响，增加了定量分析准确性。

除了上述大规模的蛋白质组相对定量分析，在 2011 年中以多反应监测（MRM）为代表的质谱技术在定量速度、灵敏度和定量准确度上也得到了较大提升。美国西北太平洋国家实验室在研究中采用 MRM 技术，可以精确定量出血清中低至 pmol/L 的蛋白质表达量。而瑞士苏黎世大学的研究者系统地优化了 MRM 用于生物标志物定量的工作流程。针对血清中的 N-糖蛋白卢森堡临床蛋白组中心采用肼腙法富集糖链从而得到目标糖肽来降低背景的复杂度，对 SRM 的检测限和定量限进行了优化。目前，该技术已广泛应用于学术研究和制药等生物技术产业中，高灵敏度地定量检测蛋白质及其翻译后修饰信息。

4. 蛋白质翻译后修饰研究

蛋白质翻译后修饰（PTMs）不仅会影响蛋白结构和化学性质，还可能改变蛋白质的活性与功能。PTMs 的异常极有可能导致蛋白质的功能变化，进而影响细胞的正常生理活动。PTMs 的种类、修饰程度、修饰位点甚至是修饰基团的结构均会随着时间和空间变化，给 PTMs 的研究带来很大的难度。在 2011 年中，研究者们从新的翻译后修饰类型的鉴定，翻译后修饰基团之间的交互作用，翻译后修饰位点的大规模鉴定，以及疾病的翻译后修饰调控机制研究等方向推进了 PTMs 研究进程。

研究者们利用蛋白质组技术发现了许多新的翻译后修饰类型。组蛋白的翻译后修饰对于基因表达和基因修复具有重要的作用，美国芝加哥大学一研究小组报道了其所鉴定到的组蛋白上的新修饰——琥珀酰化。这类修饰被发现在人宫颈癌 HeLa 细胞、小鼠胚胎成纤维细胞、果蝇 S2 细胞和酿酒酵母细胞等真核生物细胞中广泛存在。通过人工合成带有琥珀酰化修饰的组蛋白肽段，用质谱分析验证了这些修饰的真实存在。同时，他们还在组蛋白上发现了丙二酰化的存在，指示了组蛋白后修饰水平上的潜在组合多样性。酪氨酸的硫酸化作为真核生物中的常见翻译后修饰在原核生物中尚未见报道，UV 光解离质谱发现了 RaxST 可以催化黄单胞菌属革兰氏阴性细菌中 XA21 的第 22 位酪氨酸的硫酸化，这揭示了之前所不为人知的原核生物中的宿主免疫应答和细菌细胞间通讯系统。另外，研究人员还发现精氨酸的磷酸化在细菌中广泛存在，而其对应的激酶此前曾被错认为酪氨酸激酶。

鉴于原核生物中 PTMs 交互作用研究手段缺失的现状，欧洲分子生物学实验室（EMBL）研究了肺癌支原体中磷酸化和乙酰化的交互作用。该体系只含有 1 个磷酸酶，2 个苏氨酸丝氨酸激酶及 2 个赖氨酸乙酰转移酶。采用定量蛋白质组分析手段，比较了野生型和敲除了磷酸酶或激酶的细菌中磷酸化和乙酰化位点的变化，展示了一个复杂的调控网络。该研究表明，乙酰化和磷酸化一样普遍，敲除磷酸酶或激酶之后有 81 个乙酰化位点受到影响，而敲除乙酰转移酶则影响了 20% 的磷酸化位点。

翻译后修饰蛋白质组研究同样在往大规模的方向发展，科学家利用最先进的样品预处理方法和质谱分析方法挖掘到了更多的新修饰位点，为阐明这些修饰的生物学功能提供了基础。研究者们采用多酶酶切、酶解反应器促进酶切效率或者采用多种富集手段的结合来增加后修饰组和蛋白质组的检测深度。美国西北太平洋国家实验室的研究人员建立了一种大规模的 O 连接的 N-乙酰葡萄糖胺（O-GlcNAc）蛋白质分析方法。利用该方法，他们分析了健康小鼠大脑组织及疾病小鼠大脑组织，在健康组织中共找到了 274 种带有 O-GlcNAc 修饰的不同蛋白质的 458 个修饰位点，其中包含 168 种新检测到的蛋白质。此外，这些带有 O-GlcNAc 修饰的蛋白质被发现具有多种功能，包括形成细胞骨架或者参与神经生长等相关活动，如学习或记忆，并提供可能的新药靶点。信号转导通路的调节是疾病发生的标志性事件，而组织中的磷酸化蛋白质则是揭示调节机制的关键所在，研究人员采用 TiO_2/DHB 富集方法在 14 个大鼠器官中发现了 7280 个磷酸化蛋白质的 31 480 个磷酸化位点。

癌症、心血管疾病、糖尿病和代谢综合征等许多疾病的发生都与蛋白质的 PTMs 相关，PTMs 的调控可以作为有效的疾病治疗手段。由于棕色脂肪组织可以将储存的能量转化成热能，因此，将白色脂肪组织转化为棕色脂肪组织是肥胖流行病的可能治疗手段之一。美国哥伦比亚大学的研究者发现，NAD 依赖的去乙酰化酶 SirT1 的激活或者其内源性抑制剂 Dbc1 的去除可以促进白色脂肪细胞向棕色脂肪细胞的转化，这主要是通过 Ppary 的 Lys268 和 Lys293 的去乙酰化达成的。SirT1 依赖性的 Ppary 去乙酰化作用可以作为肥胖的一种潜在治疗手段。美国纽约大学医学院的研究人员用鸟枪法鉴定了胚胎干细胞（ESC）分化和诱导多能性过程中的泛素化蛋白质，并分析了去泛素酶 Psmd14 和 E3 连接酶 Fbxw7 在 ESC 多能性和细胞重编程调控过程中的重要性。

5. 蛋白质相互作用

构建细胞内蛋白质相互作用网络图谱有助于人类更深刻认识蛋白质组学在功能性器官中的价值。德国海德堡的科学家报道了蛋白质相互作用的最新进展，在 1705 种蛋白质之间确定了 3186 种新的相互作用关系，这一研究成果不仅为今后大规模研究不同的亚细胞组分（如线粒体、细胞膜、细胞核等）的蛋白质间相互作用提供了技术支持，也提供了可参照模型，大大地推动了人类对蛋白质组学网络的认识。

通常用于分析生物体中蛋白质-蛋白质相互作用的方法有亲和纯化-质谱法或酵母双杂交法，但这些方法不能提供化学计量或者时态信息。因此，加拿大英属哥伦比亚大学的研究人员发展了一种基于定量蛋白质组学高通量分析随时间变化的相互作用组的方法——体积排阻色谱结合蛋白质相关性分析-细胞培养稳定同位素标记技术（SEC-PCP-SILAC），并系统分析了表皮生长因子（EGF）刺激前后 HeLa 细胞中的相互作用蛋白质组，共鉴定了 291 个蛋白质复合物中的 7209 个二元蛋白质相互作用。

蛋白质的相互作用对于细胞信号级联放大和转录调节中信号的感知与传输是必不可少的。荷兰国际植物研究所的研究人员利用亲和纯化的方法先从植物组织中分离内源性表达并带荧光标签的蛋白质，再用质谱非标记定量的方法分析其相互作用的蛋白质，提供了一种定量分析转录调节因子和膜结合受体蛋白质的研究策略。

蛋白质-RNA 相互作用对核心生物过程如 mRNA 拼接、定位、降解和翻译具有重要意义。德国柏林医学系统生物学研究所等机构的研究人员发展了一种鉴定哺乳动物细胞中 mRNA 结合蛋白质组和蛋白质-mRNA 相互作用位点的光反应核苷增强 UV 交联和寡核苷酸（dT）亲和纯化方法，结合定量蛋白质组学方法，在人类胚胎肾细胞系中鉴定到约 800 个 mRNA 结合蛋白，其中，近 1/3 的蛋白质以前没有被注释为 RNA 结合，约 15% 没有被计算方法预测为与 RNA 相互作用。

许多细胞反应是由蛋白质、药物或病原体结合到细胞表面受体上而触发的，但要鉴定出一个给定的配体具体结合到哪一个受体上是有很大挑战性的。为此，瑞士苏黎世联邦理工学院的研究人员报道了一种基于定量蛋白质组学的直接鉴定活细胞或者组织上配体-受体相互作用的方法，该法的核心是一个具有 3 个特殊基团的化学蛋白质组学试剂（TRICEPS）：一个基团用来结合含氨基的配体，一个用来结合活细胞表面的糖基化受体，还有一个用于纯化受体肽段的生物素标签。研究人员用胰岛素、转铁蛋白等对该技术进行了验证。同时，鉴定了 HeLa CCL2 细胞中牛痘病毒（vaccinia virus，VACV）的 7 个细胞结合因子（AXL、M6PR、DAG1、CSPG4、CDH13、CD109 和 VASN）。

亨廷顿病是一种最常见的显性遗传性神经退行性疾病。美国加州大学洛杉矶分校的研究人员及其合作者研究了亨廷顿蛋白（Htt）的相互作用蛋白质组，鉴定到 747 个候选蛋白质，发现该蛋白质组高度富集了参与 14-3-3 信号通路蛋白、微管运输相关蛋白质和蛋白质稳态相关蛋白。

AMPA 型谷氨酸受体（AMPARs）在哺乳动物大脑许多生理过程中如兴奋性神经递质、突触可塑性、突触发育等都起着重要的作用。德国弗莱堡大学的研究人员用高通量的定量蛋白质组学方法分析发现，天然的 AMPARs 是一个由许多亚基以不同的丰度和稳定性整合到一起而构成的具有分子多样性的大分子复合物。

6. 重大疾病相关的蛋白质组研究

蛋白质是细胞生命活动的主要执行者，规模化、定量化研究人类重要生理功能与重大疾病的发生、发展过程中蛋白质变化及其调控机制具有非常重要的意义。随着高分辨率质谱和高性能计算技术的进步，该方面的研究取得了一系列的重要进展。

蛋白质在内质网中如果不能被正确折叠或装配成寡聚复合物，那么它就会被泛素化-蛋白酶体-依赖的过程降解，这个过程被称之为内质网相关的蛋白质降解机制（ERAD），虽然 ERAD 系统的许多组成成分都已得到鉴定，但这些蛋白质是如何形成这样一个调节底物的识别、泛素化和错位功能网络的，仍不是很清楚。美国斯坦福大学的研究人员用蛋白质组学、功能基因组学等方法系统地研究了哺乳动物 ERAD 系统的功能组织及其对 ER 应激的转录反应，揭示了一些以前没有关联到 ERAD 的后生生物的特定基因。

研究肽酶的底物特异性对理解其在体内平衡和疾病中的生理作用具有重要意义。美国加州大学的科学家们发展了一种基于色谱-串联质谱分析肽链内切酶和外肽酶底物的分析方法，确认了负责多肽链加工的 klassevirus3C 蛋白活性，并用肽酶特定的抑制剂以差减策略分析了血吸虫尾蚴和胰腺癌细胞系中可以溶解蛋白质的分泌物。

Fbw7 是一个泛素连接酶，介导癌基因蛋白水解，但全套的 Fbw7 底物是不清楚的。瑞典卡罗林斯卡研究所等机构的研究人员用定量蛋白质组学结合降解决定子模块搜索分析法，鉴定了 89 个潜在的 Fbw7 底物，如转录因子 NF-κB2（p100/p52）等。

纤毛是一种以细胞微管为主形成的突出于细胞表面的结构，分布于哺乳动物体内的大多数细胞，在细胞生命活动的很多方面都起着重要的作用。为理解 B9D1 在纤毛生物学中作用，美国 Genentech 公司的研究人员利用蛋白质组学方法鉴定到 9 个与 B9D1 相互作用的蛋白质，并结合细胞生物学等方法发现该复合物对正常的纤毛功能是必要的。

RubisCO 可催化卡尔文本森循环中的关键反应。鉴于 RubisCO 在碳循环中的重要作用，美国伊利诺伊大学香槟分校的研究人员结合蛋白质组学、转录组学和代谢组学等手段研究了深红红螺菌中 RubisCO 样蛋白潜在的生理作用，发现在细菌中心碳代谢中 S-腺苷甲硫氨酸依赖多胺代谢与类异戊二烯生物合成之间有着意想不到的关系，同时也为在机体水平上研究酶的功能提供了一种方法。

EIN2 蛋白在乙烯信号转导中起至关重要的作用，但其功能仍不清楚。美国加州萨克生物研究学院等机构的研究人员结合蛋白质组学等手段发现内质网中 EIN2 蛋白加工的一种机制，以及信号分子移动到细胞核中是激活乙烯反应的必要条件。该研究中他们利用质谱分析了 EIN2 蛋白的切割位点及黄化苗中的磷酸化蛋白质组。

尽管激酶抑制剂类抗癌药物是有效的，但大多数癌症最终还是会产生耐药性。美国北卡罗莱纳大学的科学家介绍了一种蛋白激酶测试技术用于研究癌症抗药性的机制，该研究中，他们用定量蛋白质组学方法评估了三阴性乳腺癌细胞和遗传工程小鼠中激酶活性对 MEK 抑制剂的反应。

在心血管疾病研究方面，心脏的泵血能力来自于肌动球蛋白分子马达高度调节的相互作用，潜在调节因子 cMyBP-C 的基因突变会导致肥厚型心肌病。然而，对于 cMyBP-C 调节心肌收缩力的机制仍有待进一步研究。美国佛蒙特大学的研究人员结合单粒子荧光成像、蛋白质组学和造模等手段，发现天然心粗肌丝中的 cMyBP-C 减慢了肌动球蛋白运动的产生，并且是通过磷酸化和位点特异的蛋白质降解调节的。

血管内皮细胞生长因子及其受体 FLK1/KDR 和 FLT1 是血管生成的关键调节因子，但 FLT1 的作用仍有待进一步研究。加拿大的研究人员结合细胞成像、蛋白质组学和脂质组学方法研究发现，可溶性 FLT1 连接足细胞的脂质膜微区可控制细胞形态和肾小球屏障功能。

奥地利的科学家将转录组学、磷酸化蛋白质组学与化学蛋白质组学三者相结合，发现 danusertib 和 bosutinib 这两种 BCR-ABL 抑制药物的结合能够对发生阳性管家（BCR-ABLT315I gatekeeper）突变的白血病产生选择性疗效。

（二）国内研究进展

以染色体为中心的人类蛋白质组计划的实施为深入了解人类蛋白质组提供了一个机会。由贺福初、杨芃原教授领衔，国内多家蛋白质组学研究机构参与的中国人类染色体蛋白质组组织，对人类染色体 1 号、8 号和 20 号进行了蛋白质组学蛋白质编码基因的探索。从来源于人肝脏、胃、结肠的 13 个正常和癌症细胞株中，一共成功鉴定到 12 101 个蛋白质（占 Swissprot 人类蛋白质库的 59.8%）。1 号染色体上发现有 1252 个蛋白质，映射到 1227 个基因，而 805 个 1 号染色体编码蛋白没有被鉴定到。未鉴定到的蛋白质编码基因主要集中在 7 个位置，即 P36、Q12-21、Q42-44，相关基因与肝脏、胃、结肠癌症的发生存在相关性。结合转录组信息，蛋白质组分析证实了 23 个共表达集合，含 165 个基因。8 号染色体是一个中等长度的常染色体单元，但却有着非常高的突变率。这些基因组的不稳定性不仅反映在大尺度的进化过程中，而且也是多种基因突变相关疾病（如肿瘤的发生及进一步的侵袭和转移）的肇因。研究人员在胃、结肠、肝脏的染色体蛋白鉴定中分别确定了 271 个（38.7%）、330 个（47.1%）和 325 个（46.4%）蛋白质，共 701 个 8 号染色体编码的蛋白质。3 个脏器总共鉴定到了 413 个蛋白质，覆盖率高达 58.9%。此外，通过非标记蛋白质组定量方法找到了一些 8p 缺失，如在消化器官中存在 8p21—p23 与肿瘤发生相关的缺失，这与以前的研究发现非常一致。该研究首次在蛋白质水平验证了 8p 缺失，补充了蛋白质组水平上的基因组和转录组数据。20 号染色体一共鉴定到 323 个蛋白质，覆盖了 60% 的编码蛋白。在转录组和蛋白质组鉴定结果的比对分析中，研究人员发现在 mRNA 表达水平上，相关细胞和组织的表达量基本一致，而蛋白质组水平上细胞与组织的表达量差异很大，尤其在 20q13.33 区域。

北京生命科学研究所与中国科学院计算技术研究所合作发展了一套基于高精度质谱鉴定完整化学交联肽段的策略。基于生物质谱的化学交联多肽鉴定技术（CXMS）能够为蛋白质折叠及蛋白质-蛋白质相互作用研究提供丰富的实验信息，但由于 CXMS 产生的图谱复杂、目标 inter-linked 肽段丰度低、交联剂的共碎裂等问题导致传统数据搜索引擎无法分析，使得该技术难以被广泛运用。该团队合作开发的化学交联多肽鉴定软件 pLink 可以处理全蛋白质组化学交联的样品，能够有效估算数据的假阳性率，并且对谱图进行自动标注。在大肠埃希菌全蛋白质组交联样品中，一共鉴定到 394 对 inter-linked 交联多肽，数量是之前发表的最好鉴定结果的 5 倍，有效地区分了直接与间接的蛋白质相互作用。

随着质谱技术的不断改进和完善，质谱已成为现代生命科学研究中非常重要的工具。清华大学生命科学学院课题组及其合作者利用质谱方法鉴定了自噬蛋白 Atg3 的乙酰化位点 K19、K48 和 K183；厦门大学和台湾长庚大学等单位的科学家也借助质谱分析了 Tip60 的磷酸化位点和 ULK1 的乙酰化位点，并结合遗传学和生化手段研究了蛋白质乙酰化修饰对细胞自噬调控的分子机制，这两个研究成果发表在同一期 *Science* 杂志上。

四、代谢组学

代谢组学诞生于 1999 年，主要研究生物代谢物组成（代谢组）及其依赖内因与外因的变化规律。代谢组学已成为系统生物学的一个组成部分。完整的代谢组学研究包括代谢物检测、代谢物结构确定、浓度变化规律的发现及其生物学意义的诠释等部分。目前已有成型的代谢组分析方法，但远不够成熟。其中，检测与定性及定量测量技术依然是代谢组学深入发展的关键。因此，无论是在国际上还是在国内，代谢组学研究仍然包括分析技术的发展与相关应用研究的发展两部分。应用方面包括病理生理、营养代谢、药物与环境毒理、植物代谢等方面。

（一）国际研究进展

代谢组学领域的主要进展多集中在疾病发生发展的代谢基础方面。比较突出的几个工作要么与肿瘤发生发展的机制有关，要么与炎症和非酒精性脂肪肝发生的机制相关。应激机制和肠道微生物与宿主的相互作用依然是热点科学问题。特别值得指出的是，这些研究多采用代谢组学与其他组学或数据相结合的分析思路。

新加坡基因组研究所的科学家采用基于 UPLC-MS 的代谢组学检测技术结合蛋白质组学方法研究发现，甘氨酸脱羧酶（GLDC）对非小细胞肺癌（NSCLC）的起始细胞（TIC）生长和肿瘤形成至关重要。该研究显示，原发性 NSCLC 的 TIC 高水平表达的致癌干细胞因子 LIN28B 和 GLDC 是 TIC 生长和肿瘤生成必需的。GLDC 和其他甘氨酸/丝氨酸酶的过度表达可促进细胞转化和肿瘤生成。研究还发现，GLDC 诱导糖酵解和甘氨酸/丝氨酸代谢发生急剧变化，引起嘧啶代谢改变，从而调节癌症细胞的增殖。研究还对临床方面进行了评估，结果显示 GLDC 活性异常的肺癌患者预后较差，而且在其他多种类型的癌症中都出现 GLDC 的异常表达。这一结果表明，甘氨酸代谢与肿瘤发生之间的联系可能为抗肿瘤提供新的靶点。

美国哈佛大学医学院 Dana-Farber 癌症研究所的研究人员结合代谢与转录分析，提出了致癌基因 Kras 突变与癌细胞增殖、与生存有关的葡萄糖合成代谢及 O 型糖基化之间的一个分子关联，这在胰腺导管腺癌中表现得尤为突出。这个发现将为癌症的治疗提出一种可能更有效的治疗靶点。

台湾国家卫生研究院细胞及系统医学研究所的科学家通过代谢组与酶免疫的结合分析发现，正常成纤维细胞会生成并向外环境释放 5-甲氧基色氨醇（5-MTP），而 A549 和其他肿瘤细胞中 5-MTP 的生物合成有天然缺陷。5-MTP 会阻碍癌细胞中环氧化酶-2（COX-2）的过表达，抑制 A549 的转移。在荷瘤小鼠模型中进一步还发现，注射 5-MTP 可以减缓肿瘤生长和转移。该研究对抗肿瘤和抗炎症的药物研究有一定的价值。

美国内布拉斯加州医学中心的研究人员通过代谢组和免疫组的结合分析发现，I 型膜转运蛋白 MUC1 在胰腺癌等很多肿瘤中过表达，可以调节癌细胞代谢从而促进其生长。在胰腺癌肿瘤移植模型中，MUC1 的表达可以增强体内葡萄糖的吸收和相关的基因表达。MUC1 还可以通过调节缺氧诱导因子-1（HIF-1）的表达和活性而作为胰腺癌中低含氧环境的调节因子。这些研究都说明 MUC1 有利于肿瘤细胞的生存和增殖。

ATP 结合蛋白家族 4 基因敲除小鼠（Abcb4-/-小鼠）是一个炎症诱导慢性胆汁淤积性肝损伤、肝纤维化和肝癌模型。奥地利格拉茨医科大学的科学家使用芯片及代谢组学方法分析了该模型的系统和肝脏脂质代谢改变，发现 Abcb4-/-小鼠中调控脂质合成、存储和氧化的基因出现下调，导致血浆胆固醇和磷脂水平降低、肝脏长链脂肪酸酰基辅酶 A（LCA-CoA）减少。进一步研究发现，侧链修饰胆汁酸 24-nor 去氧熊胆酸（nor UDCA）饲养 Abcb4-/-小鼠能够减少其肝损伤及纤维化程度，增加血浆脂质水平，降低磷脂和甘油三酯水解酶活性，恢复肝脏 LCA-CoA 和甘油三酯水平。这些发现显示，脂质代谢参与了慢性胆汁淤积性肝损伤，脂质代谢的改变促进了小鼠体内胆汁淤积性肝病的发生和发展。

美国国家癌症研究所研究人员基于 UPLC-QTOF-MS 技术的代谢组学分析发现，甲硫氨酸和胆碱缺乏诱导的非酒精性脂肪性肝炎（NASH）会引起小鼠血清代谢组的显著变化，NASH 有可能伴随着磷脂和胆汁酸代谢异常影响肝脏的炎症信号通路。

美国国立卫生研究院的科学家通过血清代谢组学研究发现 2，3，7，8-四氯二苯二氧芑（TCDD）暴露会导致小鼠血清中壬二酸单酯的显著增加，导致肝酯酶 3（CES3）下调且引起 TGFβ-SMAD3 和 IL6-STAT3 传导的变化。甲硫氨酸和胆碱缺乏也会引起正常小鼠血清中壬二酸单酯的显著增加，但 *db/db* 小鼠并不发生类似现象。这些说明壬二酸单酯很可能是 TCDD 暴露和脂肪性肝硬化的生物标志物，也说明 CES3、TGFβ 和脂肪性肝硬化之间有一定的内在联系。

美国贝勒医学院研究人员通过代谢组和蛋白组的结合分析发现 ppGpp 是介导细菌细胞对环境胁迫产生应激反应的重要细胞内信号，细菌在饥饿环境下，细胞内的 GTP 可以通过调节 ppGpp 而得以控制，保障细菌得以生存。

德国麦斯宾克海洋微生物学院的生物学家使用宏蛋白质组学和代谢组学分析方法研究了一种海洋寡毛纲小蠕虫 *Olavius algarvensis* 和体内微生物的共代谢网络，发现了一些未曾报道过的共生关系。具体而言，微生物可以吸收、使用宿主产生的乙酸、丙酸、琥珀酸和苹果酸等。微生物对一氧化碳与氢的利用说明它们很可能是海底无脊椎动物的主要能量来源。该共生关系也可能广泛存在于正常环境下的生物和微生物之间，值得深入研究。

（二）国内研究进展

在国内，代谢组学分析方法的研究取得了一些重要进展。

在磁共振分析方面，中国科学院武汉物数所的研究团队基于系统的理论研究彻底解决了动物尿液代谢组 NMR 中谱峰位移这个长期以来的最大困扰。他们使用扩散加权磁共振谱技术，实现了对血浆中各种脂肪酸的含量及相对比率的定量测定，同时发展了各种动物组织代谢组定量分析的样品制备与数据分析方法。中国科学院大连化物所分离分析化学重点实验室的研究人员在色谱-质谱技术方面，发展了微波辅助（MA）的肟化和硅烷化预处理血浆样品的方法，与传统的技术相比这种技术更加高效和省时。多个研究也对色谱质谱联用技术及相关的数据处理进行了改进和优化，提高了灵敏度、线性度及数据质量。此外，北京大学药学院和第二军医大学药学院还对胆汁酸和脂肪酸进行了针对性分析，为临床分析和代谢组学研究提供了有用信息。

在植物代谢的相关应用研究中，GC-MS 方法被用来分析转基因水稻及杀虫剂处理后的代谢变化规律，以获知由于基因插入、组织培养和外界干扰而导致的代谢变化。西北农林科技大学研究者采用 GS-MS 和分子细胞生物学的手段研究了野生型和 FgHog1 缺失变异株的代谢差异，以及 FgHog1 通路的功能，证实了 FgSsk2-FgPbs2-FgHog1 MAPK 通路在菌丝的生长和分支过程中的重要作用。此外，中国科学院遗传与发育生物学研究所研究人员比较了两种茄属植物 Solanum nigrum 和 S. torvum 在镉耐受方面机制的不同，发现柠檬酸和氨基酸的合成有助于镉的耐受和累积。

在环境对动物代谢的影响规律研究中，中国军事医学科学院放射与辐射医学研究所的研究人员对大鼠暴露在微波时其尿样代谢组变化进行了研究，发现微波处理的 7 天、21 天、2 个月后，多种小分子代谢物产生显著差异，恢复 6 个月后差异消失。此外，尿液中与三羧酸循环、氨基酸、单胺及胆碱代谢相关的小分子代谢物可以作为微波损伤的检测指标。南京大学环境学院研究人员研究分析了暴露于饮用水 90 天的小鼠的代谢组和转录组改变，揭示了代谢组学和转录组学在评估饮用水和其他危险材料风险的有效性。中国科学院动物研究所科学家对杀虫剂残杀威急性刺激的大鼠血样和尿样代谢物进行了 NMR 检测分析，发现即使是在低剂量的暴露下，残杀威仍然会导致氧化应激和肝损伤，同时增强糖酵解作用、生酮作用和脂肪酸的 β 氧化。特别值得一提的是，代谢组学分析发现肉碱是蝗虫发育过程的重要调控代谢物。

营养代谢组学依然是一个受到关注的方面。上海交通大学药学院的研究人员分析了中国普洱茶中多酚类物质在人体正常生理状态下的代谢物组成动态变化，发现经过代谢吸收的具有生物活性的植物小分子与人体的代谢应答之间有着紧密联系。上海中医药大学研究人员通过分析给高脂肪膳食小鼠补充槲皮素和白藜芦醇的转录组和代谢组学数据，发现槲皮素和白藜芦醇会增强糖酵解和脂肪酸氧化过程，并抑制糖异生，揭示多酚类膳食对健康的重要意义。

药物代谢组学一直是研究的热点之一。我国科学工作者，如黑龙江中医药大学中药血清药物化学重点实验室、中国药科大学天然药物活性组分与药效国家重点实验室等多个实验室的研究人员特别关注了中药的毒理学机制方面的研究。多项研究采用代谢组学检测技术并结合模式识别分析方法，对乌头、千里光药材、川乌、甘草、雷公藤内酯、寒水、雷公藤甲素、吗啡的代谢组成，以及它们对机体的影响进行了分析，为药物活性和其潜在的临床毒性提供了有用信息。此外，有研究还针对药物的治疗干预效果进行了分析，包括人参多糖对糖尿病，知柏地黄丸对糖尿病、肾病，酸枣仁皂苷对失眠症，款冬花对咳嗽，益肾蠲痹丸对关节炎以及人参皂甙对抑郁等，为药物的作用机制研究提供了帮助。这些研究亟待深入加强。

病理生理机制的研究是国际代谢组学领域的研究重点之一。在毒理研究方面，中国科学院武汉物数所研究人员在菌血症与兽药毒理代谢组学等方面取得了可喜进展。多个研究采用代谢组学检测技术并结合模式识别分析方法，对乙酰甲喹、双环辛烷及三聚氰胺暴露下机体的体液和组织的代谢物组成进行了系统分析，分析结果为动物和人类食品安全提供了有用信息。另外，大量研究以代谢组学为研究手段分析了肝郁脾虚、过敏、抑郁、痛风、黄疸、癫痫、焦虑症、性早熟、认知障碍、流行性感冒、神经管损伤、类风湿关节炎、重症肌无力、骨质疏松、高海拔肺水肿、多囊卵巢综合征、结肠炎、肝硬化、暴发性肝衰竭、肝移植后慢性移植物失效、膜性肾病、肾间质纤维化、肾衰、肾移植后的急性排斥、中风、心肌梗死、心绞痛、动脉粥样硬化、高脂血症等多种疾病对机体的代谢影响，为了解疾病的发病机制及早期诊断提供了有用的代谢组基础数据。中国科学院武汉物数所研究者还针对糖尿病发生发展过程中动物的异质性，热应激对大肠埃希菌系统代谢的影响规律，大鼠肠道内容物代谢物组成的肠道区域，以及动物发育的依赖性等方面进行了研究并取得了良好进展。上述研究也表明，代谢组学方法学的深入发展势在必行。

重大疾病的诊断和预后是代谢组学的又一关注点。肿瘤和癌症的检测诊断便是其中一个重要方面。在癌症相关研究方面，多个研究采用以 NMR、LC-MS 及 GC-MS 为基础的代谢组学检测技术并结合多变量统计分析方法，分析了肺癌、肝癌、胃癌、卵巢癌、大肠癌及鳞状细胞癌等多个癌症对机体代谢的影响，并对相关药物疗效作了评估，为理解癌症发生发展、早期的诊断鉴定，以及癌症分级提供了重要信息。

五、生物信息学

美国在人类基因组计划实施 5 年后的总结报告中，对生物信息学作了以下定义：生物信息学是一门交叉科学，它包含了生物信息的获取、处理、存储、分发、分析和解释等在内的所有方面，它综合运用数学、计算机科学和生物学的各种工具，来阐明和理解大量数据所包含的生物学意义。生物学是生物信息学的核心和灵魂，数学与计算机则是它的基本工具。生物信息学的研究领域很广泛，如 DNA 语言研究、基因表达谱分析、代谢网络分析，以及与生物信息学密切相关的数学和计算机技术等。

自从 1990 年美国启动人类基因组计划以来，迄今已完成了 40 多种生物的全基因组测序工作。生物学数据在 DNA 序列和氨基酸序列两方面的积累在人类的科学研究历史中是空前的，而在这些数据基础上派生、整理出来的数据库已达 500 余个。生物信息技术的重要性越来越突出。

（一）国际研究进展

2012 年，生物信息学在各研究领域都取得了重大进展，主要体现在第二代测序技术的发展、基因组学的研究、RNA 分析、三维结构和分子模拟，以及算法和软件的开发等方面。

1. 测序技术的发展

随着第二代测序技术的普及，单细胞测序迎来了迅猛发展的时代。2012 年，美国斯坦福大学研究人员完成了单个精子的测序工作；哈佛大学研究者提出了一个新的单细胞测序技术；冷泉港的研究者开展了对乳腺癌的单细胞 CNV 研究。

全外显子测序在寻找未知致病基因方面开始发挥威力。由美国耶鲁大学科学家带领的国际研究小组使用全外显子测序技术，分析数个患罕见高血压的病人的所有基因，发现了一种调节血压的新机制。

埃默里大学医学院和桑福德-伯纳姆医学研究所的研究人员使用全外显子组测序法在一个 2004 年出生的男孩身上寻找到导致其糖基化作用紊乱的突变，发现了致病基因 *DDOST*，在以前其他糖基化作用紊乱病例中还没有观察到过此基因的突变。

大批量小细胞肺癌外显子组测序工作的完成，也为小细胞肺癌干预治疗找到了数个潜在靶标。

2012 年，新的测序技术涌现。应用 SSAGA（半结构化遗传学评估）全基因组测序技术仅在 2 天内就可诊断新生儿的遗传性疾病，快速启动任何可得到的治疗。为了进一步提高检测能力，美国哥伦比亚大学和美国国家标准与技术研究院的研究人员研究和开发出一种单分子电子 DNA 测序技术。这种基于纳米孔的边合成边测序技术通过检测 4 种不同大小的标记，在单分子水平上区分 4 种 DNA 碱基，利用纳米孔进行电子 DNA 测序。

美国华盛顿大学的研究者使用称为 tagmentation 的文库构建方法，开发出一种新的亚硫酸氢盐测序方法，需要的起始 DNA 很少，但仍能提供全基因组 DNA 甲基化模式的全面分析，为样品量有限的表观遗传学研究人员提供了一个新选择。

来自美国伊利诺伊大学的研究人员开发出了一种新方法，能在没有任何已有物理或遗传图谱的情况下，预测出物种染色体的相应组装，这种方法被称为辅助染色体组装（reference-assisted chromosome assembly，RACA），其工作原理是比较基因组信息和双末端序列信息。

2. 基因组学的研究

2012 年，很多新的基因组完成测序。英国 Sanger 研究院和 Illumina Cambridge 公司等机构的研究人员完成了一种传染性癌症——袋獾面部肿瘤的基因组测序，并解析了该癌症来源及其具有传染性的原因。

英国和美国研究人员合作完成了一个黑猩猩的精细比例的基因图谱，揭示了猿类经历与人类类似比率的基因重组。科学家们首次绘制出倭黑猩猩基因图谱，这是继人（智人）、黑猩猩、猩猩和大猩猩之后，人类绘制出的第五种类人猿物种基因图谱。

美国凯斯西储大学和克利夫兰诊所勒纳研究所首次完成导致疟疾的间日疟原虫的基因组测序，分析发现这种疟原虫即便是从不同大陆分离到的，也拥有相同的基因变异。

国际桃树基因组计划的研究人员解析了桃树基因组，通过比较基因组学分析，发现桃树和杨树的亲缘关系很明显，而且桃树的基因组特点使其可能成为生物能源研究领域的理想植物。

美国密苏里大学的研究团队运用开创性的计算方法研究发现，在多种植物基因组完全不同的区域中有相同的 DNA 序列，植物种类间就像动物种族一样有相同序列，但是这些序列的演化过程不同。该团队的研究有助于解释动植物进化的一些谜团，为研究动植物不同的遗传机制奠定了基础，同时植物基因组的基础研究为药物及农作物开发提供了原材料。

基因组中表观遗传变化是能遗传的。来自 Salk 生物学研究所等机构的研究人员完成了一项野生拟南芥表观基因组学全范围的研究分析，从中发现了表观遗传修饰与遗传信息相互作用的共同模式。

美国加州大学 Davis 分校和加拿大英属哥伦比亚大学的研究人员揭示了人类胎盘甲基化组，发现 37% 的胎盘基因组具有低甲基化区域。

美国伊利诺伊大学研究人员利用比较表观基因组学的新方法，进行 DNA 和组蛋白修饰的种间比较，对起调节作用的基因组序列进行标注，以确定基因的作用。研究人员集中研究人类、小鼠和猪 3 个物种，通过分析多能型干细胞中的 9 个表观基因组标记，为每个物种构建一张表观基因组图谱。

宏基因组学有助于评估给定环境的生物多样性，但是却不能对测得数据进行解析，无法区别每种物种的基因组序列。但是，美国华盛顿大学提出了一种新的计算方法，允许研究人员从宏基因组数据中对单个物种的基因组测序，为整个微生物群落如何工作打开了一扇窗户。研究人员将他们的方法应用到从普吉湾水面获得的水样品上，能够从 14 种不同生物组成的 DNA 混合物中解析出 2 个完整的基因组序列。

美国亚利桑那州立大学开发出一种新技术 EvoD，利用比较基因组学来分析特定人基因变异体可能存在的意义，便于科学家和临床医生从他们发现的众多突变中筛选有意义的变异体。该技术被证实在人基因组的蛋白质编码区中进化上最为保守的位点能够发挥更好的作用。

3. RNA 分析

RNA 能参与多种生物过程，包括合成蛋白质、控制基因表达和细胞信号转导。

而组成 RNA 的基序，即组成 RNA 的亚单元，像长手风琴那样折叠，结构可变。美国弗罗里达大学开发了一种新计算方法分析 RNA 基序。这种快速自动化的方法发现了很多新的 RNA 结构基序，给医学界提供了一种精确计算蛋白质如何形成和发挥功能的新方法，有助于开发出治疗某些疾病的新药。

4. 三维结构和分子模拟

西班牙 IMIM 研究所及庞培法布拉大学的生物信息学家利用分子模拟技术，首次成功模拟 HIV 成熟过程的关键步骤，如新形成的惰性病毒颗粒如何成为感染性病毒等，这对于了解病毒复制和对未来抗逆转录病毒药物的设计至关重要。利用 ACEMD 的一个分子模拟软件及技术，该研究小组证明，首个 HIV 蛋白酶可从内聚蛋白链的中间切断自身，这是整个 HIV 成熟过程的初始步骤。如果 HIV 蛋白酶能在成熟过程中被中止，将能够阻止病毒颗粒的成熟使其不具有传染性。

美国波士顿儿童医院和免疫疾病研究所的研究人员将高通量全基因组易位测序法与 Hi-C 方法结合，将染色体的断裂规律带入基因组三维结构，提供了一个观察许多不同类型的癌症基因组的新透镜。

美国西雅图艾伦脑科学研究所的研究人员将来自大约 900 个精确切割的大脑切片的转录数据组装在一起，然后将转录数据与在切片之前对捐献的大脑的磁共振成像扫描结果进行叠加，从而构建出人类大脑三维基因表达图谱。

5. 算法和软件开发

细胞在转录和翻译遗传信息时会产生一定的随机性，这种随机波动被称为噪声，遗传回路中的噪声可造成细胞功能和表型之间的差别。美国德克萨斯州立大学的研究表明，细胞噪声可能来自于蛋白质与蛋白质间强烈的相互作用，并揭示出这种内部相互作用最终导致细胞信号通路的建立。蛋白质的多聚化或者复合体的形成，蛋白质浓度的变换，以及对复杂信号的整合过程都可能产生噪声。而噪声之所以能被监测到，是因为细胞内喜好转导的过程更偏向于一系列概率事件的组合，而不是直线形传播。

美国加州大学圣地亚哥分校和一个国际协会大学的研究人员在早期开拓性工作的基础上，制作出如同谷歌地图一样的迄今为止最全面的虚拟重建人体新陈代谢模型——侦察 2。侦察 2 可鉴定疾病的成因，并对诸如癌症、糖尿病、甚至精神和神经退行性疾病等提出新的具有针对性的治疗方法。侦察 2 有能力将复杂的细节合并成一张单一的、互动的地图。例如，研究人员观察癌肿瘤的生长代谢如何进展时，可以在该地图上放大个人代谢反应的细致图像，也可以缩小来看看与其他代谢间的关系。该模型汇编了大量公开发表的文献资料和既有的代谢过程模式。借助侦察 2 研究人员能够使用现有的基因数据库和整个代谢网络图，从而找到影响癌细胞生长的特定代谢途径，然后通过虚拟实验，验证哪些药物能够修复代谢失衡类疾病。

（二）国内研究进展

2012 年，国内生物信息技术研发领域也取得了一些重要进展，主要体现在基因组学研究、蛋白质组学研究、网络结构分析、算法和软件开发等方面。

1. 基因组学研究

2012 年，国内完成了很多基因组的测序工作。中国科学院上海生命科学研究院等科研机构合作完成了世界首例双峰驼全基因组序列图谱绘制和破译工作。双峰驼全基因组图谱的成功绘制和破译，为了解骆驼特殊生活习性和生理特性，解释骆驼在极端环境下生存的分子机制提供了重要参考。此外，中国科学院领衔完成小麦 A 基因组测序和草图绘制，对未来深入和系统研究麦类植物结构与功能基因组学，以及进一步推动栽培小麦的遗传改良具有重要意义。中国科学院遗传与发育生物学研究所课题组通过与深圳华大基因研究院、美国亚利桑那大学等机构合作，完成了短花药野生稻全基因组测序，并开展了稻属比较基因组学和基因组进化的研究。

中国科学院昆明动物研究所研究人员构建了第一个秀丽线虫脂代谢基因数据库，绘制了第一张秀丽线虫脂代谢途径网络图。该研究第一次从基因组的角度分析了秀丽线虫脂代谢基因和代谢途径，为未来该领域的研究提供了大量资源。

深圳大学生命科学学院的团队自主开发了一种硒蛋白基因生物信息学识别系统，与国际上其他方法相比，该方法能够更简便地应用于多个不同物种的识别，并且能够降低识别过程的假阴性结果。使用该系统，他们对海生哺乳动物瓶鼻海豚的基因组进行了全数据分析，从中获得了 16 个硒蛋白（含 SECIS 结构）和 4 个潜在硒蛋白（未检测到 SECIS 结构）。

2. 蛋白质组学研究

来自国家纳米科学中心的研究人员利用 STM 技术结合分子动力学模拟技术，研究了氨基酸残基序列对嵌段模型多肽在固体表面的吸附构象稳定性的影响，发现 STM 图像中的衬度差异与模型多肽中的序列具有关联性。同时，分子动力学模拟发现，不同氨基酸残基与石墨表面的结合能差异与衬度差异也具有一致性，说明了多肽序列对组装构象和组装特性的影响，暗示了利用 STM 进行多肽序列识别的可能性。

军事医学科学院等机构研究人员揭示了多物种间蛋白质丰度的整体分布与蛋白质的进化、结构和功能存在规律性的关联。该团队选取了在整个生物进化史中具有代表性的 6 个物种（大肠埃希菌、酵母、线虫、果蝇、小鼠、人）为研究对象，综合它们的定量蛋白质组数据，最终发现了存在于蛋白质丰度整体分布上的 3 个普适性规律：①在进化上，蛋白质丰度与其起源时间和序列保守性呈正相关；②在结构上，蛋白质丰度与其结构域数目呈负相关，而与其结构域的覆盖度呈正相关；③蛋白质的功能决定其丰度，参与基础物质流的蛋白质其丰度高于调控精细信息流的蛋白质。

3. 网络结构分析

哈尔滨医科大学等单位的研究人员首次利用生物信息学方法，高通量识别人类癌症中小分子化合物与 miRNA 间的关联关系。基于小分子扰动的基因芯片数据、癌症中的差异表达基因，以及 miRNA 所调控的靶基因等信息，在 17 种人类癌症中构建了小分子和 miRNA 的关联网络。之后，通过对网络的进一步分析，确定了小分子模块和 miRNA 模块的功能特点，并成功应用于候选药物的筛选及药物的重新定位。

西安电子科技大学的研究人员开发出一种新的生物网络模体算法来解开复杂生物网络，如各种蛋白质在人体细胞中相互作用的方式。针对某个待检测网络，该算法首先搜索在随机网络中不常见的特定非树形亚结构，然后将这些亚结构分类，按照层次进行归群，揭示网络中存在的重复性模体。研究人员已经将此算法应用到大肠埃希菌和酿酒酵母之间蛋白质相互作用网络的研究。

4. 算法和软件开发

深圳华大基因研究院成功开发出一种基因融合检测算法 SOAPfuse。该算法具有准确率高、敏感性强、精度高、资源消耗少等优点，主要采用局部穷举算法和一系列精细的过滤策略来对基因融合进行快速、精确的检测。该算法首先通过比对基因

组和转录本中双末端关系的序列寻找候选的基因融合，然后采用局部穷举算法和一系列精细的过滤策略，在尽量保留真实融合的情况下过滤掉其中假阳性的基因融合。

中国科学院遗传与发育生物学研究所研究人员开发了一套在线的小分子 RNA 整合分析软件 psRobot。该软件仅需要用户提交小分子 RNA 的成熟体序列，就可以借助多种预存的高通量数据系统来鉴定这些小分子 RNA 是否为 microRNA（或具有发夹结构前体的小分子 RNA），以及它们的靶基因情况。该在线工具主要分为 2 个功能模块，第一个功能模块提供与小分子 RNA 本身相关的信息；第二个功能模块进行小分子 RNA 的靶基因预测，提供包括参考序列库中的所有靶基因位点的列表、靶位点的多重性、靶位点的保守性，以及降解组数据等生物实验数据信息。

北京大学医学部免疫学系的研究人员和美国贝勒医学院合作，首先采用生物信息学策略筛选肿瘤特异抗原，通过分析在临床上已经得到认可的肿瘤特异抗原的表达谱特点，开发出一套独特的算法——HEPA（heterogeneous expression profile analysis），能有效地从基因组中筛选出肿瘤中高表达的基因，并用实验方法进行验证。随后，研究人员又开发了一种新的筛选血清中抗体的方法——PARSE（protein A/G based reverse serum ELISA）检测肿瘤患者血清中针对肿瘤特异抗原的自身特异性抗体。从分析肿瘤特异抗原表达谱特点入手，到开发信息学算法快速筛选肿瘤特异抗原，到表达谱验证检测肿瘤患者体液免疫反应阳性率，再到肿瘤标志物联合诊断，该项研究对肿瘤的早期诊断和肿瘤疫苗的研制都具有重要参考价值。

中国科学院北京基因组研究所成功设计开发出检测密码子使用偏好的新算法——密码子偏差系数模型。此项工作原创性地将概率论中的交、并、补操作应用到组分分析，用 GC 含量（S）和嘌呤含量（R）来表示 4 个核苷酸组分，并在此基础上推导出密码子和氨基酸的组分，从而设计出基于 S 和 R 的组分模型，应用该模型考察基因的密码子使用偏好，进而提出了密码子偏差系数模型。

（三）展望

在当今的科学研究背景下，大数据时代已经悄然而至。生命科学领域经过了几个具有重大意义的理论突破和技术革新，如基因的第一代测序、第二代测序、基因组的研究、蛋白质测序工程等。目前，生物学数据的积累，已经跃居各类科学研究的第一位。进入后基因组时代的生物学研究越来越依靠信息科学领域的相关工具，同时生物学研究对于数据的依赖，也将达到一个前所未有的高度。

在后基因组时代，生物信息学的主要研究内容已经从对 DNA 和蛋白质序列进行比较、编码区分析、分子进化分析转移到大规模的数据整合、可视化，以及比较基因组学研究、代谢网络分析、基因表达谱网络分析、蛋白质组技术数据分析处理、蛋白质结构与功能分析、药物靶点筛选等。

在生物信息学的研究方法方面，依然需要发展和开发有效的能支持大尺度作图与测序需要的软件、数据库及工具，改进现有的理论分析方法，创建适用于生物信息分析的新方法、新技术。

对大数据的系统研究与挖掘，必将成为发展的趋势，将来的赢家必然是以大数据为核心的技术。

六、干细胞

干细胞是能自我更新（self-renewal）并具有分化潜能的多种细胞类型的总称。传统上将干细胞分为胚胎干细胞（embryonic stem cell，简称 ES 细胞）和成体干细胞（adult stem cell）两大类。近年来的研究扩展了干细胞的概念，将胚胎干细胞、诱导多能干细胞（induced pluripotent stem cell，简称 iPs 细胞）和上胚层干细胞（epiblast stem cell）统称为多能干细胞（pluripotent stem cell）。

从 20 世纪 80 年代初期小鼠胚胎干细胞系的建立至今，干细胞研究的新技术及其衍生的新理论对生命科学及相关学科产生了巨大的推动作用。例如，基于胚胎干细胞的基因打靶技术获得了 2007 年的诺贝尔生理学/医学奖；基于核移植和 iPS 技术的体细胞重编程获得了 2012 年的诺贝尔生理学/医学奖。此外，由于干细胞能够分化成为血液细胞、神经细胞、心肌细胞、肝脏细胞、胰腺细胞等多种具有重要临床意义的细胞类型，因此它在再生医学、药物筛选等领域具有广阔的应用前景。

（一）国际研究进展

1. 胚胎干细胞

胚胎干细胞是被研究得最多的干细胞类型。近年来的研究认为，ES 细胞并不是一种均一类型的细胞，而是由功能及分子特征迥异的多种细胞类型构成。著名干细胞生物学家 Austin Smith 博士提出的多能干细胞基态（ground state）理论最具代表性：该理论认为干细胞的多能性分为不同的能级，其中在 2i 培养条件下得到的 ES 细胞处于原初（naive）状态，具有发育全能性；而类似于上胚层干细胞的细胞则处于准备状态（primed state），能够分化成为 3 胚层，但不具发育全能性。美国 Salk 研究所的研究进一步支持了 ES 细胞存在异质性的理论，他们在培养的 ES 细胞中鉴定出一类具有更高分化潜能（可分化成为 3 胚层和滋养外胚层）的细胞类群，这些细胞不表达 Oct4、Nanog 和 Sox2 等多能性标记，但是表达胚胎 2 细胞时期的特异性基因，因此，被称为 2C 样胚胎干细胞。它们与典型的 ES 细胞可互相转化，组蛋白修饰酶在此过程中起着部分调控作用。更为有趣的是，2C 样胚胎干细胞具有较高的 LTR 逆转录重复元件的活性，提示来自于病毒的序列有助于哺乳动物的命运决定调控。

干细胞的基态理论对于动物克隆具有重要的指导意义。有研究组通过 2i 条件培养的大鼠 ES 细胞获得了第一例转基因大鼠，但是其他物种仍不能通过 ES 细胞进行克隆。美国俄勒冈健康与科学大学的研究者把胚胎 4 细胞期的细胞植入恒河猴囊胚获得第一例灵长类嵌合体，但是用 ES 细胞却不能获得嵌合体，这表明基于 ES 细胞的克隆策略可能不适用于灵长类动物。

2011 年，日本京都大学的研究人员利用来源于干细胞的精子获得了正常幼鼠。2012 年，同一研究小组又通过类似途径利用人造卵子获得了健康的小鼠。这一研究成果被 Science 评为 2012 年度十大科学突破之一。研究者将 ES 或 iPS 细胞诱导分化为类原生殖细胞后与小鼠胎儿的卵巢细胞混合，再将混合细胞移植到正常小鼠的卵巢中。随后，将类原生殖细胞发育来的卵母细胞进行体外授精，并移植入代孕母鼠体内，最终获得了正常小鼠。

胚胎干细胞的定向分化是其运用于临床治疗的基础，相关研究始终是干细胞应用研究的热点。美国哈佛大学的研究人员在人多能干细胞分化获得的间质前体细胞中，诱导表达脂肪相关基因 CEBPB 和 PRDM16，将其高效地分化成为白色及棕色脂肪细胞。美国麻省理工学院的两个研究组将胚胎干细胞和从囊性纤维化病人细胞获得的 iPS 细胞分化成为肺祖细胞，植入小鼠后能够形成类似于呼吸上皮的肺细胞，为肺部疾病的细胞治疗打下了基础。英国谢菲尔德大学的研究小组将人胚胎干细胞诱导分化为耳前体细胞，并在体外进一步分化为毛细胞样细胞及类耳神经细胞，之后将这些分化细胞移植入耳聋沙鼠使其恢复了听力。这一成果将极大促进细胞移植治疗耳聋的研究。瑞士布鲁塞尔自由大学的研究组通过基因敲入在小鼠 ES 细胞中同时过表达甲状腺特异基因 *Nkx*2.1 和 *Pax*8，并使用甲状腺素诱导，使小鼠胚胎干细胞分化为三维的甲状腺囊泡组织，这些分化组织移植入模型小鼠体内可恢复其受损的甲状腺功能。

2. 体细胞重编程

2011 年以后，国际上 iPS 细胞和转分化研究逐渐从系统优化走向应用基础研究，开始探索 iPS 技术在疾病模型、再生医学等方面的运用。

美国加州大学圣地亚哥分校的研究者把阿尔茨海默病（AD）患者及对照者的皮肤细胞诱导成为 iPS 细胞，随后分化成为神经细胞，发现 AD 患者的神经细胞具有与体内类似的分子特征，从而为 AD 的病因学研究、药物开发、治疗方案的研究提供了体外细胞疾病模型，即所谓的 disease-in-a-dish 模型。

2012 年 5 月，*Nature* 发表了两组美国研究者关于成纤维细胞重编程为心肌细胞的论文。研究人员将心肌细胞特异的转录因子 GHMT（GATA4，HAND2，MEF2C，TBX5）或 GMT 导入小鼠尾尖或心脏成纤维细胞，可以将其直接转变为可跳动的心肌细胞。其中 GMT 因子的导入可以在小鼠体内直接完成，这一诱导转化可以帮助心脏受损的小鼠改善其心脏功能。

3. 成体干细胞

成体干细胞具有来源广泛、易于获取、无免疫原性等特点，在再生医学中有着广阔的应用前景，其基础研究也一直比较活跃。

美国科学家从人视网膜中分离出一种称为视网膜色素上皮干细胞（RPESC）的细胞类群，该种细胞具有神经干细胞和间充质干细胞的双重特性，能稳定生成视网膜上皮细胞，还能分化成为骨骼、脂肪等中胚层细胞类型，拓宽了成体干细胞的来源。日本的研究人员将小鼠皮肤细胞和人毛囊干细胞注入裸鼠获得更加完全的毛囊结构和毛发，这是首次利用人类细胞重构毛囊，将有助于男性秃头的细胞治疗。英国伦敦大学眼科研究院的科研人员把前体视杆细胞植入先天性夜盲症小鼠，虽然最终仅有 10%~15% 的细胞整合到视网膜，但还是帮助这些小鼠部分恢复了视力。日本东京医科齿科大学的研究人员在体外将 LGR5 表达阳性的结肠干细胞培养和扩增后，植入急性结肠炎小鼠，在结肠受损部位形成功能正常的单层上皮结构，成功修复了小鼠的大肠溃疡。

4. 干细胞命运调控机制研究新热点

表观遗传是分子机制研究重点。美国哥伦比亚大学的研究组发现在体细胞重编程的起始阶段，表观遗传调控因子 Parp1 和 Tet2 对于激活多能因子的内源表达起着关键作用。

此外，代谢、免疫调节、微环境与干细胞命运决定的关系成为新的研究热点。美国德州西南医学中心研究者发现血管内皮及血管周边细胞的微环境对于造血干细胞的维持至关重要。美国的两组研究人员分别研究发现低热量饮食能增强小鼠体内肠干细胞和肌肉干细胞的功能，其机制是通过限制 mTOR 等信号通路改变干细胞周围的微环境。英国 MRC 分子生物学实验室的科学家发现乙醛脱氢酶 2（ALDH2）的缺失会特异性地导致小鼠造血干细胞 DNA 不可逆转的损伤。在亚洲约有 1/3 人群缺乏乙醛脱氢酶 2，导致酒精代谢能力较低，该研究结果提示这部分人群过多的酒精摄取可能会增加白血病发病风险。瑞士苏黎世大学的研究人员发现成人神经干细胞通过提高其脂质代谢水平来实现新神经元的生长与再生，其过程依赖于脂肪酸合成酶 Fasn。

5. 肿瘤干细胞

肿瘤干细胞是指肿瘤中具有自我更新能力并能产生异质性肿瘤细胞的细胞类群。肿瘤干细胞除了与干细胞具有类似的自我更新和多向分化的潜能外，还有自稳能力差，缺乏分化成熟的能力，并倾向于累积复制的错误等特点。肿瘤干细胞理论为人们重新认识肿瘤的起源和本质，以及临床肿瘤治疗提供了新的方向和视角，不仅有助于认识和理解肿瘤发生和发展的机制，而且对肿瘤的临床治疗具有重要的指导作用。

（1）肿瘤干细胞存在的直接证据

2012 年，关于肿瘤干细胞研究最重要的进展是找到了肿瘤干细胞存在的直接证据，相应的研究成果分别发表在 *Nature* 和 *Science* 上，其中一项研究成果的通讯作者被戏称为细胞示踪者（cell tracker），被 *Nature* 评选为十大科技人物之一。作者利用对单个肿瘤细胞进行遗传标记追踪肿瘤生长过程的不同阶段，发现了一部分具有长期生长能力的细胞，它们产生的子代细胞占据肿瘤的大部分，这部分细胞具有干细胞的特征。这是科学家第一次在实验中证实实体瘤生长过程中有肿瘤干细胞的存在。同时发表在 *Science* 上的一篇文章也证实原发性肠腺癌中存在于腺瘤基部的 LGR5 阳性细胞属于肿瘤干细胞。

（2）肿瘤干细胞的细胞生物学特性研究与靶向治疗

肿瘤干细胞倾向于命名为肿瘤源细胞（tumor initiating cell，TIC），确定肿瘤源细胞的细胞生物学特征有助于寻找特异性杀灭肿瘤干细胞的新靶点，为癌症治疗开辟新途径。新加坡研究人员发现，代谢酶 GLDC 在非小细胞肺癌的肿瘤干细胞发生过程中至关重要，LIN28B 和 GLDC 是肿瘤干细胞生长和肿瘤发生的两个必须因子，因此，GLDC 可能成为癌症治疗的新靶点。

肿瘤干细胞研究的另一个重要内容是寻找选择性靶向肿瘤干细胞的化疗药物，为彻底根治肿瘤打下良好的基础。加拿大研究者发现一种镇静剂类药品甲硫哒嗪（thioridazine）在体内能够通过多巴胺受体选择性地靶向杀灭白血病干细胞，而对正常的造血干细胞没有作用，其在乳腺癌干细胞中同样有效。

（3）肿瘤干细胞微环境与肿瘤转移

肿瘤微环境与肿瘤发生发展密切相关。德国科学家的一项研究发现 NF-kB 可以激活 Wnt 通路诱导肿瘤细胞的去分化，从而形成肿瘤源细胞。另一项美国学者的研究发现，BMP 抑制因子 Coco 能够重新激活肺转移位点的乳腺癌细胞。在小鼠模型中显示，这些肿瘤转移的器官包含缺失生物活性 BMP 龛（niche），而 Coco 的这种激活特性与肿瘤干细胞有关，揭示肿瘤源细胞需要克服器官特异的抗转移途径才能重新被激活。

（4）肿瘤干细胞的表观遗传学特征研究

表观遗传学在肿瘤干细胞的研究中具有重要地位。美国国家癌症研究中心的一项研究发现 Wnt 途径靶基因，包括 *ASCL2* 和 *LGR*5，在肿瘤发生时由于启动子区 CpG 岛被甲基化而沉默，而重新表达能够抑制肿瘤的生长。该研究结果表明，Wnt 途径靶基因启动子的甲基化可能是肿瘤干细胞基因的特征，可以作为结直肠癌复发预测标记。

（二）国内研究进展

我国在干细胞领域的研究起步较早，发展迅速。凭借较为宽松的政策优势，我国干细胞研究总体跻身世界先进水平，2012年也取得了诸多进展，其中不乏国际领先的亮点成果。

1. 胚胎干细胞单倍体胚胎干细胞系的建立

2012年，中国科学院上海生命科学研究院生物化学与细胞生物学研究所和中国科学院动物研究所的两组科学家分别成功地利用核移植和干细胞技术建立了小鼠孤雄胚胎干细胞系，并在国际上首次利用基因修饰的单倍体胚胎干细胞获得成活的转基因哺乳动物。该单倍体胚胎干细胞系具有典型的小鼠胚胎干细胞特征和分化潜能，注入囊胚能够获得嵌合体；注入卵母细胞能够代替精子完成受精并产生小鼠；由于其为单倍体，可以更快捷地进行相关基因修饰。这是2012年我国在干细胞和生殖发育领域的重大突破，相关研究成果分别发表于国际著名学术期刊 *Cell* 和 *Nature* 杂志上，并凭借其重要的学术价值和应用前景入选2012年度中国科学十大进展。

胚胎干细胞能够分化为三胚胎的几乎所有细胞类型，是细胞移植治疗的重要来源。由于受到体外分化效率低及纯化技术的限制，胚胎干细胞移植存在很大的成瘤风险，即移植细胞中如存在未分化的干细胞则会在受体体内形成肿瘤。中国科学院健康科学研究所的研究小组在小鼠胚胎干细胞中通过诱导过量表达自杀基因 *caspase-1*，可以在不影响其分化潜能的基础上杀死移植细胞中未分化的胚胎干细胞，为解决干细胞移植中的成瘤问题提供了一条途径。

2. iPS技术与应用研究

iPS技术诞生于2006年，由于其在临床应用中的巨大潜力，近年来成为干细胞研究中发展最快的领域。随着iPS技术不断成熟，研究热点已从技术改进逐渐过渡到iPS技术诱导重编程的机制上，研究同时，iPS细胞也正在成为除胚胎干细胞外另一个发育及疾病机制研究的良好模型。我国的iPS细胞研究水平一直处于国际前列。2012年，我国在iPS技术领域获得了一系列的成果，在iPS细胞重编程条件的优化及相关机制研究、iPS细胞的定向分化、大动物iPS细胞的运用等方面取得了重大进展。

（1）iPS细胞重编程条件的优化及相关机制研究

中国科学院广州生物医药与健康研究院的研究组发现，血清中的BMP蛋白对重编程过程起抑制作用，使iPS细胞诱导过程中大量出现表型类似干细胞，但没有iPS

细胞应有的基因表达和功能的细胞类型。但这类克隆在某些诱导条件下也能被继续诱导为真正的 iPS 细胞。

同济大学生命科学与技术学院的研究小组从 miRNA 的角度研究了 iPS 细胞形成的分子调控机制。他们发现，小鼠成纤维细胞中的 miR-138 可以在 iPS 细胞诱导过程中特异性降低 $p53$ 的表达，从而提高 iPS 细胞诱导效率，提示 miR-138 可能是体细胞重编程过程中 $p53$ 的内源调节者。同时他们发现，另一个小非编码 RNA 内源的 miRNA-29b 可以通过在诱导早期介导关键重编程因子 Sox2 的功能，直接作用于 DNA 甲基转移酶（DNMT3a/3b）的 3′UTR 区域，降低其表达，提高诱导多能干细胞形成的效率。上述研究成果分别发表于 *Stem Cells* 和 *Cell Research*。

中国科学院上海药物所研究人员发现，渗透压的提高可以提高 iPS 细胞诱导效率至原先的 10 倍。其机制可能是高渗条件激活了 $p38$，使细胞处于一种表观不稳定的中间状态，从而更容易被重编程。

中国科学院上海生科院生化与细胞所和南开大学的研究人员发现，将核移植过程中的重要因子 Zscan4 与 Yamanaka 因子共同使用，可以在显著提高 iPS 细胞的产生效率的同时降低 iPS 细胞形成过程中 DNA 的损伤，从而明显改善所获得的 iPS 细胞的质量。

（2）iPS 细胞的定向分化

多能干细胞的定向分化是其运用于细胞治疗的基础。中国科学院健康科学研究所的研究团队采用我国多单位建立的 11 株不同的 iPS 细胞系筛选了 16 种心肌细胞分化诱导物，发现抗坏血酸（ascorbic acid，AA）表现出一致和高效的心肌细胞诱导分化作用，同时 AA 还能提高所诱导的心肌细胞的成熟度。其机制可能是 AA 通过增强细胞外胶原的分泌激活 MEK-ERK1/2 信号通路，从而促进了心肌前体细胞的增殖。

（3）大动物 iPS 细胞的运用

由于猪的生理特征、组织器官结构和人类十分类似，有望成为人类器官移植的重要来源，因此猪等大动物的多能干细胞研究受到世界各国科学家的重视。中国科学院广州生物医药与健康研究院、浙江大学和深圳华大基因研究院的研究团队发现，外源基因的表达和表观遗传学可能是影响胚胎发育中 iPS 细胞克隆的主要原因。他们使用经过 4~6 天分化的猪 iPS 细胞，在世界上第一次获得成活的 iPS 细胞克隆猪，这表明我国在大动物 iPS 细胞研究方面取得了标志性的成果。

3. 成体干细胞研究

近年来，由于多种组织的成体干细胞被大量地发掘出来，成体干细胞跨组织的横向分化能力不断被发现，成体干细胞的研究日益受到科学家们的重视。

造血干细胞具有自我更新、多向分化、来源广泛、采集和体外处理容易等特点，是首先被应用于临床治疗的干细胞种类。军事医学科学院的研究人员首次证实胚胎头部是一种造血干细胞发生的新位点。

人骨髓间充质干/基质细胞（MSC）是在机体内广泛存在的一种具有多向分化潜能的组织干细胞。由于其来源广泛、取材简便，成为成体干细胞研究和治疗应用的热点。上海交大医学院健康所的研究小组发现，MSC 在调节免疫反应时受到炎症反应状态和一氧化氮/IDO 产生量的影响，具有抑制和促进的双重调节作用。此外，非正常的肿瘤组织分离获得的 MSC 高表达包括 CCR2 家族在内的多种趋化因子，通过促进新血管生成及免疫抑制达到促进肿瘤生长的目的。四川大学华西口腔医学院发现，在骨髓间充质干细胞向成骨细胞分化的决定性过程中发挥重要作用。

骨骼肌干细胞参与正常骨骼肌的生长、因损伤引起的肌肉再生等，是一种重要的成体干细胞。Pax7 是骨骼肌干细胞特异的蛋白质分子。香港科技大学的研究小组首次发现一种新型蛋白质分子 Pax7 及 Pax3 结合蛋白质（Pax3/7BP），可以促进 Pax7 和 H3K4 甲基转移酶复合物结合，调控众多 Pax7 靶基因的表达，参与调控骨骼肌干细胞的分裂生长。

4. 转分化技术

随着转分化研究热潮的掀起，2012 年我国科研人员同样获得了一系列突破性成果，使我国在这一领域处于国际领先水平。

中国科学院广州生物医药与健康研究院的研究小组通过一种简单的方法将人体尿液排出的细胞诱导生成神经祖细胞。研究人员使用非整合的诱导系统仅用 12 天时间就将来自尿液的细胞重编程为圆形克隆，进一步培养后，细胞呈现了神经干细胞特异的玫瑰花环状（rosette）结构。

精原干细胞和卵母细胞在正常发育过程中具有共同的前体细胞。上海交通大学医学院的研究小组发现在一定的培养条件下，精原干细胞可以被诱导形成卵细胞。获得的卵细胞与正常的卵细胞在大小和标记基因表达方面都很相似。相关研究成果

发表于 *Cell&Bioscience*。

5. 肿瘤干细胞

肿瘤干细胞一直是国内学者研究的热点之一。

（1）肿瘤干细胞的表面标记

北京大学医学院研究组用体外实验证明，上皮间充质转化能够诱导甲状腺癌干细胞的产生和分裂。香港大学的一项研究证明，鼻咽癌中带有 CD44$^+$ 标记的细胞群，具有肿瘤干细胞的特性。

有些学者对肿瘤干细胞的表面标记提出质疑。上海第二军医大学的研究发现细胞表面标记并不能准确分辨肿瘤干细胞，他们通过细胞追踪的方法证明带有和不带有肿瘤干细胞标记的细胞同时移植到小鼠模型中后具有相似的细胞生长和肿瘤发生过程。

（2）肿瘤干细胞微环境与肿瘤转移

重庆第三军医大学的研究发现，血管内皮生长因子受体 2（VEGFR2）在血管生成拟态、血管生成以及胶质瘤干细胞转化为胶质瘤的过程中发挥重要作用。中山大学医学院的研究人员在 *Cancer Research* 发表论文，通过研究胶质瘤细胞与正常神经细胞中 miRNA 的差异表达发现，mir-204 的低表达能够促进胶质瘤的转移和肿瘤干细胞的表型分化。南方医科大学癌症研究所的相关研究表明，乙醛脱氢酶（ALDH1）是肿瘤干细胞非常重要的标记。

（3）针对肿瘤干细胞的癌症治疗

北京大学肿瘤医院的研究人员发现人类肝癌（HCC）的单克隆抗体 1B50-1，通过与电位门钙离子通道 α2δ1 相结合，可以有效地消除移植的肿瘤起始细胞。南方医科大学发表于 *Cancer Research* 的论文称，他们利用标记技术在鼻咽癌中鉴定出一群具有肿瘤干细胞特征的细胞 PKH26$^+$，并发现原癌基因 *c-MYC* 可以激活周期检查点的 CHK-1 和 CHK-2 激酶来抵抗放射治疗。

（三）展望

阐明干细胞自我更新、定向分化、重编程等过程的分子机制将为干细胞的临床应用奠定基础，表观遗传调控在其中起着重要的作用。研究人员针对 DNA 甲基化、组蛋白修饰、microRNA 等表观遗传标记已经进行了很多研究，但是其表观遗传机制仍不完全清楚。近年来，长非编码 RNA、DNA 羟甲基化、高级结构染色质等方面的突破性进展为更全面、深入地阐释干细胞命运调控的分子机制提供了新的契机。此外，能量代谢、微环境等方面对干细胞命运的影响及其与表观遗传调控网络的相互作用有望成为干细胞机制研究新的切入点。

基于多能干细胞的转基因小鼠模型对整个生物医学领域研究产生了巨大的推动作用，若能在大动物上取得成功将极大地扩宽模式动物的应用范围。我国科学家成功建立 iPS 细胞转基因猪的工作鼓舞了相关领域的研究。阐释并筛选供体细胞的表观遗传状态等分子特征可能是动物克隆取得成功的关键环节。

2012 年，研究人员在干细胞分化、重编程、干细胞疾病模拟等方面取得了长足进步。利用干细胞疾病模型进行病理研究、药物筛选甚至治疗方案探索已经成为可能，相信会有更多的研究证明干细胞在这些方面的巨大作用。虽然基于干细胞的损伤修复在小鼠等模式动物体内得到了初步应用，但是由于潜在的安全原因，干细胞在人类疾病治疗中的实际应用仍有一段路要走。随着国内外干细胞研究者的共同努力，相信路途已不再遥远。

七、分子影像

成像是传统的生物研究手段。图像可以提供丰富的信息，特别是形貌和特定成分的空间分布。现代成像技术通过相关技术的进步，大大推动了生物学的发展。这些技术已经在多个层面上拓展了人们对生命科学基础知识的理解及医学诊断与治疗的应用。荧光、拉曼，以及质谱等方法的应用，使现代成像获得了极高的化学特异性。单分子检测与成像成为研究分子水平生化过程的重要方法。超高分辨率成像可以通过多种方法获得超过光学衍射极限的分辨率，许多新的结果随着分辨率的提高而被发现。与此同时，许多生化过程都可以被动态的记录下来。可以说，现代分子影像在空间分辨率、时间分辨率、灵敏度和特异性上都达到了前所未有的高度。值得注意的是，一些新的技术特征也逐渐表现出来。首先是高分辨率的大尺度成像，比如对小动物进行达到细胞分辨率的全脑成像。其次是数据量的急剧增加、数据含义的多样化，这对图像的分析处理提出了新的要求。多种成像方式联用的多模态方法已经传播开来。

2012 年，国内外在分子影像的各个分支都涌现出了大量成果。下面从国际和国内两个方面进行总结。

（一）国际研究进展

1. 新的成像模态

不同的成像方式通过不同的物理、化学和生物学手段获取信号与图像，具有各自不同的特点，因而适用的对象和范围也不同。利用各个模态的不同优势，通过互相补充实现的多模态成像方式，已经成为分子显微成像的趋势。

（1）无标记拉曼成像

拉曼成像，由于可以无需特别标记而能特异性地获取化学组成在活细胞甚至活生物体内的三维分布信息，成为活体生物成像及医疗诊断等领域飞速发展的新模态。美国哈佛大学继发明了实用型的受激拉曼散射显微术后，最近进一步在多个方面取得了重要进展。早期的受激拉曼散射系统只能在一次实验中采集来自一个化学基团的信号，新的方法借助飞秒激光脉冲的宽光谱性质，利用声光可调滤波器或者光栅对飞秒激光进行调控，使仅满足特定条件的频率成分通过系统，以匹配多个化学基团。之后，再对图像进行处理，去除光谱重叠的影响。通过这一方法，多色受激拉曼散射得以实现。利用受激拉曼散射，他们还实现了活细胞中核酸的无标记成像，并且识别出细胞是否处在分裂状态，成功观察到了有丝分裂的动态过程，这在细胞动态活动的研究中具有重要的潜在应用价值。

作为癌症诊断的最重要依据，传统的苏木精-伊红（HE）染色方法虽然是金标准，却无法应用到活体样品上，限制了它在许多情况下的作用，在手术过程中也由于实验流程而导致时间延长并增加难度、复杂性及患者痛苦。美国哈佛大学的研究组将新鲜组织切片中主要来自脂质和蛋白质的受激拉曼信号进行有效地重组，构建出与 HE 染色方法具有高度一致性的组织切片图像。这一方法有希望直接应用在活体上，以获取类似 HE 染色的非标记组织成像。

日本大阪大学的研究人员则利用高光谱（hyperspectral）成像方式与受激拉曼散射结合，实现了高速的无标记活体观察。他们利用掺镱保偏光纤放大器来实现 1030nm 附近的宽谱放大，可以做到 300δ，精度达到了 3δ 数。

（2）多色双光子组织成像

双光子显微镜技术由于其传统深度大、背景荧光干扰小等特点，已经被生物医学领域广泛利用。最近，法国光学与生命科学实验室将飞秒激光器与光学参量振荡器结合，通过 2 束不同波长的飞秒光束，同时激发 3 种具有不同吸收光谱的发色团，从而简单地实现了多色双光子组织成像。他们还利用这一方法同时进行了三光子荧光显微成像，拓展了多光子成像的使用方式。

（3）质谱成像

质谱技术的飞速发展，为以蛋白质组学为代表的许多生命科学研究提供了基础数据与海量信息。质谱成像技术显然是进一步深入研究生物体功能的关键技术，最近得到了重视。多同位素质谱成像方法的出现是分子成像方法的重大发展，这一方法在二次离子质谱的基础上，采用稳定同位素标记手段，并改进了成像方法和图像处理手段，是研究细胞命运与代谢过程的新的有力工具。美国哈佛大学医学院利用多同位素质谱成像技术，对哺乳动物小肠细胞分裂、人类淋巴细胞增殖、果蝇的脂代谢等问题进行了研究。他们还利用这一方法对小鼠活体中毛细胞硬纤毛中蛋白质分子的周转过程进行了定量研究。

（4）光学相位成像

美国波士顿大学的研究人员利用位于微型物镜外侧的 LED 波导光源进行非共线的斜背照方式照明，通过对反射方向的图像收集，实现无需标记的相位梯度显微成像。这一方式非常适合传统的内窥观察，摆脱了传统相位相关的成像方式只能用于薄层样品的限制。瑞士先进光子实验室利用准 2pi 全息检测方法和复杂的反卷积处理，摆脱传统全息成像受到光学衍射极限的制约，实现 90nm 的横向分辨率。这一技术称为 2pi 数字全息显微镜，可以不需要标记，而通过对相位的检测来实现无损的生物超高分辨率成像（70nm），并作动态观察。该技术还存在一些技术上的限制，包括特异性不强、使用 405nm 激光带来的光毒性，以及系统的易用性——系统中需要使用两个相对放置的油镜，有待进一步改进。

（5）光学成像

建立于 2011 年的时间反演超声编码光学成像方法（time reversal of ultrasonically encoded light，TRUE），其空间分辨率由于超声焦点内大量光学模的存在而受到限制。而 2012 年发展的时间反演变量编码光学成像方法（time reversal of variance-encoded light，TROVE），则通过随机波前与统计学手段，实现超声频移光波在散射介质内的微区聚焦，实现了对若干毫米深组织的进行荧光成像。最近，经过进一步的改进，分辨率已经达到5μm量级。

（6）瞬态吸收成像

瞬态吸收方法是建立在短脉冲激光器发展基础上的一种研究电子态的演化动力学的有效手段，长期应用于化学、材料科学及生物物理学的研究中。美国普渡大学的研究人员利用碳纳米管的瞬态吸收现象，采用两束近红外激光，通过同轴激发方式，无需标记即可观察到衍射极限分辨率的碳纳米管图像，同时可以区分金属型和半导体型的碳管。并且他们还实现了碳纳米管在活体动物循环系统中的观察。

2. 超高分辨率光学显微成像

光学衍射极限的存在是一个物理现象，它给出了一个常规光学成像系统所能实现的最高分辨率。近年来，已有多种技术可以通过一些特定的手段，实现超过衍射极限的分辨率。这些成像方式正在非常迅速地发展。

（1）随机光学重建显微镜带来的新发现

随着分辨率的提高，一些新的现象得以被观察并开始显现出在生物医学研究与应用中的重要性。肌动蛋白和血影蛋白一直是神经细胞的重要组成部分，但是它们的具体组织结构一直不为所知。美国哈佛大学的研究人员改进了他们在2006年发明的随机光学重建显微镜（STORM），最近利用该技术对轴突和树突上这两种蛋白质的具体结构形式进行了观察，发现在轴突上它们可以与其他蛋白质分子一起形成周期性的骨架结构，而这样的结构在树突上则不存在。这一结果充分表明了光学显微成像分辨率提高后带来的优势，使得人们对生命现象的理解进入了一个新的层次。美国加州大学伯克利分校的研究人员利用STORM，结合共聚焦显微技术，对活的生物被膜（biofilm）进行了细致观察，展示其细节结构，这对进一步增进感染性疾病及耐药性的了解十分重要。

（2）单分子定位超高分辨率成像的算法进展

基于单分子定位原理的超高分辨率成像，包括随机光学重建显微镜和PALM等，都依赖于高效精确的定位拟合算法与程序实现。英国研究人员发展了贝叶斯定位显微学，可以利用荧光功能分子的随机漂白和闪烁性质，获得超高分辨率图像，但是这一方法与其他算法相比，对计算能力提出了更高的要求。云计算的引入有望解决这一问题。德国维尔茨堡大学开发了 rapidSTORM 软件，这是一个开源的快速图像重构软件，可以用于超高分辨率显微技术的快速普及与拓展。传统的单分子定位方法需要每个发光点之间的距离足够大，使得点扩散函数拟合可以不互相干扰。这样，对于每一帧图像都限制了发光分子的数目，导致实现预期分辨率所需帧数的增加，也就限制了时间分辨率，给动态过程的观察带来困难。美国佐治亚理工学院与加州大学旧金山分校的科学家利用压缩感知算法，实现了从重叠的单分子发光图像中对稀疏信号的提取，减少了重构图像所需的帧数，使得时间分辨率达到 3 秒。

（3）标记方法的进步

STORM 等成像方法能够达到的极限分辨率与具有光敏荧光发射性能的荧光基团可以产生的光子数目相关。在同一个定位点内，荧光基团产生的光子数目越多，定位精度和分辨率就越高。通常用于该方法的荧光基团只能产生大约几千个光子。美国哈佛大学的研究新进展表明，通过还原剂将荧光分子转换到稳定的可以光敏激发的荧光暗态，大大增加了发光基团产生的光子数目，可以达到上万甚至百万个光子，从而将空间分辨率推进到大约几个纳米的量级。美国加州理工学院的科学家利用多种荧光发色图，设计特定的核酸探针序列，通过单分子荧光原位杂交方法和超高分辨率显微成像方法，对单个细胞内多达 32 个基因的表达量及分布进行精确测量。这一组合标记手段很好地解决了高精度多重检测问题，为研究单细胞系统生物学提供了重要思路。德国欧洲神经科学研究所演示了利用核酸适配体作为超高分辨率显微镜的发光标记基团，虽然特异性与抗体相比还有待优化提高，但是使用方便，是一个发展的方向。德国不伦瑞克工业大学的研究人员开发了适用于超高分辨率光学显微成像的纳米尺度标准，用于校正与评价方法学上的性能。利用 DNA 自组装纳米结构，可以精确放置荧光发色团及控制相对距离，对于验证与改善超高分辨率成像的性能具有重要应用价值。另有科研人员利用比传统抗体小得多的针对绿色荧光蛋白（GFP）的纳米抗体（nanobody）将荧光发色图紧密结合到融合了 GFP 的蛋白质分子上，用于单分子成像和超高分辨率成像，使得标记方法大大简化。以上标记技术的进步和方法的发展为超高分辨率技术在生命科学研究中的应用拓展提供了重要支持。

（4）结构照明显微镜（SIM）的新进展

结构照明超高分辨率显微方法，通常情况下采用是已知结构的照明图案，可以进行超越衍射极限的图像重建。法国的研究人员最近利用无规则斑图案进行照明，实现了分辨率的 2 倍提升，同时无需进行复杂的图像校正和对准，大大简化了结构照明方法。美国国家生物医药成像与生物工程研究所通过多焦点结构照明方法，在活的斑马鱼胚胎中观察超过 $45\mu m$ 厚度的三维多细胞组织，实现高速的三维超高分辨率显微成像。这些基于 SIM 的技术将其简单易用的特点进一步加以发挥，通常无需对样本进行特别的标记处理，与传统样品制备兼容，可以解决相当一部分生命科学成像精度有限提高的问题，具有很好的发展前景。

3. 单分子成像与动力学研究

随着检测与成像技术的不断推进，针对单个分子的观察与成像是分子成像领域发展的必然结果。单分子成像技术提供了前所未有的手段来解析生命过程中的分子行为，可以大幅度推进人们对生命过程的认识。2012 年以来，单分子成像及动力学的研究在技术上取得了许多突破。

在单分子的观测上，美国爱因斯坦医学院在酵母内实现了双色的 mRNA 标记，在单分子水平上对基因表达进行精确定量表征，测量了表达的本征噪声水平并研究了单个基因上 RNA 聚合酶的动力学过程。美国加州大学戴维斯分校的研究人员对单链 DNA 结合蛋白包覆的单链 DNA 上 RecA 的成核与生长过程实现了直接成像。

在单分子成像上，传统的三维成像方法需要对不同焦面下的图像分别采集，导致获取三维图像的时间较长，无法满足许多生物动态过程的观察。美国霍华德·休斯医学研究院的科学家发明了一种畸变校正多焦点显微镜，将 9 个不同焦面的图像通过多焦点光栅、色散校正光栅和棱镜等元件分别投影到同一个图像采集元件的不同位置，利用快速的图像采集方式得到快速的三维动态信息。

但是，绝大多数单分子成像方法的信噪比都很难提高，对于三维成像而言更是困难。通过改进照明方法，美国哈佛大学的研究组实现了单细胞层状光显微成像。传统的层状光技术通常用于小动物和组织层面成像，由于空间位阻等原因无法做到对单个哺乳动物细胞成像。这个新方法通过置于单细胞边的微型反射镜巧妙地实现了对单个哺乳动物细胞核内的层状光成像，大幅提高了荧光的信噪比，首次实现了细胞核内高速单分子成像。

4. 高内涵、高通量成像

高内涵与高通量成像方式并行能够提供极大量细胞中分子的信息，对于处于后基因组时代的生命科学研究特别是系统生物学框架内的研究极为重要，对于以药物筛选为代表的高通量筛选实验也逐渐成为标准方式。一项对于超过 500 种蛋白质的高通量成像研究表明，利用免疫荧光染色与荧光蛋白表达这两种常见方法，在固定细胞和活细胞内获取的蛋白质定位信息基本上是一致的。美国哈佛医学院利用 DNA 纳米组装结构，构建出荧光的条形码，用于高通量的标记与成像识别，为标记方法的简便应用提供了新的思路。

5. 脑的分子成像

脑成像对于在分子和组织水平理解脑功能具有非常重要的意义。2012 年来，分子探针、样品处理技术、成像技术等方面的进展大大推动了相关的研究。

新的优化的谷胱甘肽探针 iGluSnFR，可以用于活体动物的神经递质成像。美国霍华德·休斯医学研究所研究人员利用这一新的探针，通过双光子成像方法，在斑马鱼和小鼠等模式生物上观察了动态的神经递质释放过程。美国斯坦福大学研究者将水凝胶渗入脑组织中，并去除脂类，不仅提高了脑组织的透明性，同时改善了组织的渗透性，易于进行染色等操作，大大改变了过去高分辨率成像观察只能依赖于二维切片的局面，对于研究模式动物的全脑结构与功能的细节具有重要的技术上的意义。霍华德·休斯医学研究所利用层状光显微技术，实现了斑马鱼全脑的功能分子成像，可以达到单细胞分辨率，同时还可以实现对脑部功能活动的动态捕获与成像记录，时间分辨率可以达到 0.8 Hz。

在散射很强的脑样品中，光线的扭曲导致了成像分辨率的下降和成像深度受限。利用时间聚焦（temporal focusing）技术，可以实现对强散射样品的快速、高分辨率观察，对于神经科学具有重要的应用前景。美国康奈尔大学研究人员利用 1550 nm 高功率光纤激光器泵浦光子晶体光纤，通过孤子自频移效应产生 1700 nm 的飞秒激光，实现三光子显微成像，并利用这一新技术，对小鼠进行了活体的脑部成像，得到了比传统双光子显微成像更好的穿透深度与信噪比，可以实现超过 1 mm 深度的血管成像和神经元成像。他们为解决传统多光子荧光寿命显微镜因为无法快速获取图像而在活体研究中受到诸多限制的问题，发展了多焦点多光子调制显微术（M4）。新技术采用并行激发/并行收集的方式，可以在高散射的鼠脑中实现活体成像，同时将像素采集速率提高两个数量级以上。

双光子的非线性激发方式被引进光遗传学的研究中，以充分利用双光子激发高度精确的三维空间定位能力。为了和现有的仪器相匹配，美国斯坦福大学研究者对光遗传体系进行了优化。同时，通过空间光调制，可以实现三维体系内多个神经元的同步刺激。新发展出的探针也有希望应用于脑瘤边界的侦测。

此外，由美国斯坦福大学研究者发展的磁共振-光声-拉曼三模态纳米探针材料，可以更加精确地实现肿瘤判断并减小手术创伤。

6. 活体光学显微成像

活体光学显微成像可以提供处在正常生理状态下生命过程的信息。这其中的许多信息是在离体组织或者细胞中无法保留的。多光子技术与相应分子探针的发展极大地促进了活体成像，提供了丰富的生物信息。

美国耶鲁大学医学院研究者发展了双光子和钙离子探针，用于监测活体内的神经活动，并揭示出神经发育的细节过程。美国麻省理工学院研究人员通过对小鼠的视觉刺激，利用双光子显微镜进行脑部神经元的钙成像观察。结合光遗传学手段，可以更加细致地解构复杂的神经网络结构与功能。美国耶鲁大学利用双光子毛囊干细胞及其后代进行长时间的无创观察，提供了极高的时空分辨率。使用多焦点多光子显微镜系统，可以实现极快的三维图像采集，与传统方法比较，大大提高了时间分辨率。美国华盛顿大学医学院研究人员使用双光子成像技术，对小肠内的免疫系统进行了细致的动态观察，揭示了小肠内杯状细胞作为从肠腔向 CD103$^+$ 树枝状细胞小分子抗原的输运通道的机制。

微型化佩戴式活体成像装置可以方便地在不影响活动物（如鼠）运动的情况下对神经元活动进行成像，是活体动物观察的重大技术进步。层状激发可以通过增加激发与采集镜头，提供极大的视野。最多使用 4 个显微物镜头的全方位显微成像技术可以在镜头的配合下快速同步获取活胚胎的三维完整信息。美国康奈尔大学研究者发展了一种针对小鼠的长期观察窗技术，用于长达几周的脊髓多光子显微观察，对于脊髓病变过程及演化细节的研究有重要意义。

7. 传统技术的新发展

分子成像技术往往伴随着其他技术的进步而展现新的活力。德国海德堡大学等的研究者发展了一种串联的荧光计时探针。它融合了两种不同的荧光蛋白分子，可以通过测定两种成分的荧光强度比例来反映蛋白质的周转与迁移，对于观察活细胞内的动态过程具有重要意义。

远场显微镜对光源的强度要求越来越高，但是激光由于其相干性很好，容易造成图像中的散斑，因此无法直接应用于宽场照明中。最近，利用随机激光，可以提供相干性很弱的高强度受激辐射光源，为远场显微镜的照明提供了很好的新选择。

美国加州理工学院戴维斯分校研究者巧妙利用了微流控技术，在微流控芯片上研究了蛋白质与 DNA 的相互作用，实现了单分子成像和动力学测量，并提出了一种三维同源性检索的方式。美国斯坦福大学研究者在微流控芯片上面实现了高通量、全自动的单分子检测体系，并利用这个体系给出了不同化学环境下大肠埃希菌的 RNA 聚合酶构象信息。

8. 图像处理与分析手段

分子影像技术产生了具有丰富信息的大量数据。对这些数据的分析与处理成为了新研究的分支。

对于生物样品的三维图像重构，德国马克斯·普朗克研究所科学家通过应用全局弹性约束，在线虫和果蝇等模式生物上，实现了从超薄切片高分辨率电镜图像到全体的精确重构过程，解决了切片形变引起的困难。德国弗莱堡大学等机构的研究者开发了 ViBE-Z 软件。该软件可以将基因表达图谱细胞水平的分辨率映射到标准的斑马鱼幼体大脑，并且实现可视化展示。法国国家科学研究中心发展了 FISH-quant 软件，可以自动化地通过荧光原位杂交图像以单分子精度逐个计算基因数目。

（二）国内研究进展

2012 年以来，我国在分子成像领域做出了若干重要工作，体现了国内科学研究及相应的工程技术水平达到了一个新的高度。下面介绍一些有代表性的工作。

1. 超高分辨率光学显微成像的进展

华中科技大学对于科学级 CMOS 和电子倍增 CCD 在超高分辨率显微镜中的各种噪声来源进行了分析和测试，发现如果使用更亮的荧光染料，那么使用科学级 CMOS 进行超高分辨率成像将有可能超过电子倍增 CCD。中国科技大学研究组通过光转换荧光蛋白对活细胞内的膜系统进行标记，获得了多种细胞器膜结构的超分辨率图像。

2. 荧光探针的飞速发展

荧光显微技术的广泛应用离不开荧光探针的发展。功能丰富多样的荧光探针使得在各种实验条件下的特异性分子标记成为可能，荧光显微技术也因此成为分子影像技术中重要的环节。

（1）小分子探针

中国科学院理化所发展了新型的小分子探针。这种基于 BODIPY 的探针分子，与谷胱甘肽结合，可以产生不同于同其他含巯基小分子如胱氨酸或者半胱氨酸结合的产物，而发射出不同的荧光，可以用于在活细胞内检测谷胱甘肽。华东理工大学发展了一系列小分子探针染料，对于活细胞内包含过氧亚硝基在内的活性氧和活性氮成分进行分别探测，具有很好的特异性和灵敏度。湖南大学发展了一系列新型的小分子近红外荧光染料，可以用于活细胞的成像研究。这些染料探针通过合理的基团替换和修饰，还可以实现荧光的可控发射，以及对生物代谢小分子如过氧化氢等的探测。

（2）纳米探针

山东师范大学研究组发展了小分子与纳米粒子的复合体系，可以在活细胞中实现对超氧阴离子自由基的检测和成像。

基于上转换发光机制的新纳米探针越来越展现出在生命科学研究中的重要性。上转换发光是一种特殊的发光过程，不同于传统的荧光发光过程和高功率脉冲激光泵浦的双光子荧光过程。上转换发光能在低功率、连续光的照射下，将低能量的光子转换为高能量的光子，这是一种特殊的反 Stokes 过程。由于它不需要高功率的脉冲激光器，因此能实现大面积的照射和面成像，可用于动物甚至是临床成像应用。上转换发光成像应用在过去受限于没有现成的成像系统。复旦大学发展了上转换发光成像共聚焦显微镜和上转换发光活体成像设备，使得这一技术得以快速推广。近期发展的系统可以在日光灯照明下完成小动物整体高质量的上转换发光成像。并通过对材料的改进，分别发展出高发光量子效的上转换蓝光、绿光和近红外发光的水溶性纳米材料，将其应用于淋巴显像。通过掺杂不同稀土元素实现了多模态成像，还可以将上转换发光材料的应用从光学成像拓展到 PET、SPECT、X-ray CT 和磁共振成像，大大拓展了材料的应用范畴，并逐渐形成能消除生物背景自发荧光的上转换发光成像技术。目前，在材料的毒性方面，复旦大学和北京大学等课题组正在开展相关的研究。

（3）新的荧光蛋白

北京大学的研究人员发展了一种基于蛋白质的、适用于强酸性环境的活细胞 pH 荧光探针。由于传统的荧光蛋白或荧光小分子 pH 探针在酸性条件下不够稳定或细胞内定位困难，无法对强酸性环境下的活细胞进行探测。该研究小组通过将一种酸性分子伴侣蛋白与荧光小分子相结合，成功开发了一种用于检测活体内强酸性环境的荧光探针，并分别在革兰氏阴性细菌及哺乳细胞表面做了展示和应用。在目前已知的基于蛋白质的 pH 荧光探针中，该探针所能达到的测量 pH 最低，能够适用于如人体胃液等极端酸性环境下的 pH "在体" 测量，具有广阔的应用前景。

此外，北京大学研究人员近期还利用光笼赖氨酸类似物（photocaged lysine analogue）开发了一种光控荧光素酶。荧光素酶是一种被广泛应用于生物医学检测和研究的报告蛋白。在 ATP 和氧气的参与下，荧光素酶可以氧化荧光素，直接放出高亮度的荧光，该报告体系具有灵敏度高和检测背景低等特征，在研究细胞内的基因表达，尤其是高通量研究基因表达谱或筛选小分子抑制剂等方面发挥着重要的作用，并在活体组织和动物的成像研究中具有荧光蛋白和荧光小分子无法比拟的优势。该课题组与他人合作，通过光笼赖氨酸对荧光素酶中一个关键赖氨酸催化位点进行取代，成功发展出光敏感的荧光素酶，实现了在活细胞内对荧光素酶活性进行时空调控。他们还进一步利用这一技术对活细胞内的 ATP 动态浓度进行了监测。

天津大学与南开大学利用飞秒激光脉冲对细胞进行刺激，通过排空内质网上的钙而打开细胞膜上的钙通道。细胞内的钙离子浓度升高可以诱发活性氧成分的释放而永久漂白荧光蛋白分子，这种光致活性氧的产生还可以用于控制荧光蛋白发光波长的变换，对于研究细胞内的动态过程提供了新的手段和思路。

自 2006 年第一个光激活荧光蛋白 PA-GFP 用于 PALM 成像研究以来，人们发展了一批光激活/转化荧光蛋白，但是这些蛋白质由于不是针对 PALM/STORM 的需求而发展的，其光化学性质并不能很好满足 PALM/STORM 成像。中国科学院生物物理研究所及其合作者设计和发展了一类光激活荧光蛋白——mGeos，这些蛋白质具有很好的亮度、光稳定性等性质，可以分为慢转化 mGeos 和快转换 mGeos 两种。慢转化 mGeos 在每个单位转换单元里能产生较多的光子数，能提高 PALM 成像的分辨率，并能替代现在广泛应用的 Dronpa 用于 PALM 成像研究。该工作丰富了可逆光激活荧光蛋白，在众多领域表现出了很好的应用前景。同时，mGeos 也是国内首次发展的可用于超高分辨率显微成像的荧光蛋白。mEos2 是目前（F）PALM/STORM 超高分辨率显微成像中应用得最广泛的光转换荧光蛋白，该团队的工作发现该蛋白质在高浓度时容易聚集，尤其在细胞中用于标记膜蛋白时会影响膜蛋白的定位。他们解析了 mEos2 的晶体结构，发现其是四聚体，通过对晶体结构的分析，找到了引起 mEos2 在高浓度下寡聚的关键性氨基酸位点，经过多轮的氨基酸改造，发展了新型的光转化荧光蛋白 mEos3.1 和 mEos3.2。新荧光蛋白无论是单体性质、亮度，还是成熟时间、标记密度，都要明显胜于应用最广的 mEos2。该蛋白质用于 PALM 超高分辨率显微成像，在目前光转换荧光蛋白中具有最高的成像分辨率和标记密度。

华东理工大学利用蛋白质工程方法，将感受 NADH 的细菌转录因子 Rex 蛋白与黄色荧光蛋白组合，发明了一系列可特异性检测核心代谢物 NADH 的遗传编码荧光探针，解决了细胞代谢研究的一个关键技术瓶颈问题，实现了在各亚细胞结构中对代谢的动态监测与成像，不仅可为细胞、发育等基础研究提供创新方法，也为癌症和代谢类疾病的机制研究与创新药物发现提供了有力工具。该成果发表后引起了广泛关注。随后，在 40 多个国际一流机构的研究组进行应用。他们还利用合成生物学方法，成功开发出一种简单、稳定、容易使用的光调控基因表达系统，并首次实现了光对哺乳动物组织内基因表达及代谢的控制。该系统可在特定的时间、空间上可逆、精密地调控目的基因的表达，为复杂生物学问题的解析提供创新研究工具，也为干细胞三维定向分化与人工器官构建、时间剂量可调的基因治疗等前沿医疗领域提供新的方法。由于光无污染无残留的特性，该系统还可以用于生物工程产品的绿色生产上。

3. 单分子研究

北京大学与美国哈佛大学合作，通过单分子生物、物理等手段严谨地证实了 DNA 中确实存在别构效应，揭示了 DNA 一个新的基本性质，不但在物理上非常有趣，而且有重要的生理意义。这种效应允许两个蛋白质分子在没有直接接触的情况下通过 DNA 双螺旋的构象变化来影响各自的 DNA 结合能力。该项工作还证明了 DNA 别构效应的确可以在活细胞内影响基因表达。*Science* 在同期述评中指出，这种通过双螺旋 DNA 导致的别构效应对于基因调控具有深远意义。

4. 无标记显微光学成像

北京大学光学动态成像中心及其合作者采用受激拉曼散射显微术，对活的文昌鱼幼体实现了三维图像采集，获得了文昌鱼脊索的高分辨率三维图像。同时，利用双波长检测进行组分浓度的数学拆分，分辨出其中的主要成分三维分布信息，这是该技术在活体成像中的重要应用实例。该研究组还利用瞬态吸收现象对不发射荧光的纳米金刚石粒子进行直接观察，记录了粒子被活细胞吞噬的过程。

华中科技大学的研究人员研发了无需标记的双光子自发荧光和二次谐波显微成像，实现了对动物模型组织和细胞层次的多模态三维成像观察。

5. 新型计算技术在成像中的应用

图像处理需求的增加使得软/硬件层面的新处理方式亟待开发。GPU 计算作为一种发展迅速的并行化计算手段，被引入成像研究当中，在多个分支得到了应用。

北京大学的研究人员将 GPU 应用到光学投射层析成像的图像重构当中。经过优化后的 GPU 计算速度比使用 CPU 提高了两个数量级。华中科技大学发展了基于 GPU 的并行计算方法 PALMER，可以显著提高超高分辨率光学显微成像中单幅图片内单分子定位计算的速度，为提高成像速度提供了新的思路。

（三） 主要科学问题与关键技术问题

分子影像在最近 20 年来飞速发展，从在生物学实验室作为简单的辅助观察工具，已经演化成为生命科学与医学研究的主要工具之一。分子影像一直以来所追寻的目标和方向可以大致归纳为：高时空分辨率、高灵敏度、高特异性、高通量、高内涵、多模态、多尺度。

目前面临的几个主要科学问题包括：①如何发展新的理论方法，进一步提高光学显微成像的分辨率；②如何在大的尺度跨度（从个体尺度到分子尺度）下实现海量数据的有效整合；③如何发展新型的无创和无需标记的生物医学成像，为基础研究和医学应用服务；④如何进一步提高单分子检测的灵敏度并在活体中实现单分子的动态观察；⑤继续发展新型的探针材料，包括小分子探针、蛋白质探针和纳米材料探针等，为分子成像提供更多的选择并提供更好的性能。

目前亟待解决的关键技术问题包括：①继续发展稳定、便携、免维护的激光光源，用于各种分子光学成像的研究，减少对使用人员的培训需求，并拓展应用领域；②在光学成像领域，继续发展高速的图像采集技术，包括高速的扫描装置、高响应频率和高灵敏度的光电转化检测器件、高速且高灵敏的面阵图像采集元件等，提高图像采集的速度；③在超高分辨率成像领域，发展新的算法，结合硬件的进步实现高时间分辨率的超高分辨率图像采集；④在活体成像领域，进一步发展小型化、微型化的高灵敏度、高分辨率、动态图像采集装置，可以用于活体动物的在体成像；⑤在探针材料方面，继续发展多模态、高度特异、低毒的分子和纳米材料，用于活体、活细胞等多个层次的成像，并实现从光学到照影及放射成像的多种层次组合。

（四）展望

根据 2012 年以来分子影像领域的发展，未来在分子影像领域重点发展的方向包括：

1）进一步扩大单分子观测方法在生命科学和医学研究中的应用范围，特别是针对活细胞和活体的应用，重点发展对单个细胞内所有特定蛋白质分子和特定的核酸分子（特别是 mRNA 和小 RNA 等）的三维超高分辨率定位与计数。进一步发展新的动态单分子观察技术，实现活细胞内单分子灵敏度下的超高分辨率快速动态观察。

2）进一步发展新型的探针材料，重点关注具有多种成像模态活性，特别是同时具有不同物理方法成像活性如光学和射线照影等结合的探针分子和纳米粒子，将其用于多种尺度下可以衔接的分子影像研究。

3）发展全新的成像方式，如无需透镜的成像方式，可以通过在成像元件上直接成像来摆脱对透镜的依赖，通过部分相干照明方式或者不同角度的投影结合，充分借鉴全息成像与干涉成像的已有知识积累，利用新发展的算法实现高分辨率图像的重构。

4）采用新的图像采集设备，如科学级互补金属氧化物半导体（sCMOS）相机等，实现高灵敏度、高像素、高速的微弱信号图像采集，并充分利用这些新的图像采集设备的优势来进行超高分辨率成像的应用研究。

5）发展新的生物图像信息学技术。大量图像获取手段与方式的发展与演变，对图像的处理、存储、整合、比较、交换、展示等，都产生了新的需求。这些挑战性需求的实现依赖于数学方法、软件技术和展示手段的进步，将大大改变人们对现有生命科学与医学基础问题的理解。另外，还要进一步发展专业的生物图像分析软件。

例如，美国国家卫生研究院（NIH）支持的开源软件 ImageJ 及其拓展包，美国 Broad 研究所发展的 Cell Profiler，以及基于这一平台发展的许多工具等，可以用到细胞甚至线虫的高通量筛选实验中去，这将大大优化生命科学研究人员的工作效能。这样的软件开发也将成为今后分子影像领域产生科学突破的重要技术支持。

八、转化医学

转化医学（translational medicine）又称转化研究（translational research），强调基础研究与临床应用之间的紧密衔接，倡导以患者为中心，从临床工作中发现和提出问题；进行深入的基础研究，分析问题；然后再将基础研究成果快速应用于临床，解决临床问题，最终惠及广大患者。转化医学是医学研究的一次伟大革命，引起了广泛关注，成为国际生物医药领域的研究热点之一。

（一）概述

1. 转化医学产生的背景

（1）基础研究和临床应用的脱节

20 世纪 80 年代以来，基因组学、蛋白质组学等的不断创新和生物信息学的广泛应用，使得人类对疾病的发病机制有了更为深刻的认识，但新的诊治和预防方法则相对滞后，使得两者的距离进一步拉大。基础研究和临床应用之间好像存在一道无形的鸿沟，临床医师和基础科研者之间缺乏有效的交流与合作，这种脱节被戏称为死亡之谷（the valley of death）。2004 年，在对 6 种顶级的基础科学杂志（*Science*、*Nature*、*Cell*、*Journal of Experimental Medicine*、*Journal of Biological Chemistry*、*Journal of Clinical Investigation*）于 1979～1983 年间发表的文章进行了统计后发现，101 项在当时被认为有广阔临床应用前景的研究，只有 5 项在 20 年之后获准应用于临床，其中仅有 1 项确实显示有重要价值。如何促进基础研究与临床应用之间有效的相互转化成为关注的焦点。

（2）疾病谱的改变

随着经济发展及生活方式的改变，疾病谱发生了很大变化，各个国家间也存在较大差异：发达国家以慢性病为主，发展中国家则以传染性疾病和营养缺乏病为主，而我国则兼具这两种特征，并逐渐转向为以慢性病为主。随着我国人口预期寿命的延长，慢性病发病率持续升高，医疗费用不断增加，社会医疗负担越来越重。如何进行疾病预防和早期干预将成为一个重要的课题。传统的单因素研究方法已无法满足此类慢性病的防治需要，多因素研究模型及多学科的合作研究将成为主流。此外，由于个体遗传背景的差异，基于分子医学的个体化治疗也成为研究重点。

（3）系统生物学的发展

基因组学、转录组学、蛋白质组学等组学的发展为生物医药领域的研究积累了大量的基础数据，如何将大量的基础研究数据转化为解决临床问题的有用信息是亟待解决的难题，需要数学、计算机科学和医学等多个学科加强交流与合作。系统生物学和生物信息学的飞速发展，使医学研究从微观走向宏观，从根本上改变了医学研究模式。

2. 转化医学概念的提出和完善

转化医学的概念在过去的20多年中不断发展和完善。1992年，美国华盛顿大学医学院在 Science 上首先提出了从实验台到病床（bench to bedside，简称 B to B）的概念，意思是把实验室的研究成果转化成临床实践的诊疗技术和方法。1994年，美国罗切斯特大学医学院提出用转化式研究的概念来指导癌症的防控，转化医学初见端倪。1996年，意大利欧洲肿瘤学研究所在 Lancet 上首次刊出标题含有"translational medicine"的评论文章，转化医学正式诞生。文章同时指出，B to B 是双向的，既要从实验室到临床，也要从临床到实验室，也就是 bench to bedside to bench（B to B to B）的过程。转化医学理念是双向、开放、循环的转化医学体系，转化医学的核心是要将医学生物学基础研究成果迅速有效转化为可在临床实践中应用的理论、技术、方法和药物。2003年，时任美国国立卫生研究院（National Institutes of Health，NIH）院长的 Elias Zerhouni 在制定 NIH 路线图计划（NIH road-map）中正式提出转化医学的理念。其核心内容是要将基础研究成果迅速转化成为可在临床实践中应用的理论、技术、方法和药物，在实验室与病床之间架起一座沟通和转化的桥梁。

美国弗吉尼亚联邦大学提出转化医学应该包括以下两种研究：T1 型研究，即将基础研究的成果转化为有效的临床治疗手段，强调从实验室到病床旁的衔接，通常称之为从实验台到病床旁；T2 型研究，即将研究结果、结论应用到日常临床及健康保健工作中，是一个将医学研究成果普及大众的过程。美国医疗保健研究和质量机构（Agency for Healthcare Research and Quality）的研究者提出了转化医学的 3T 模型：T1 型研究强调将基础研究转换成临床研究；T2 型研究着眼于优化疗法和新药研发，即如何在正确的地点和时间将正确的治疗应用于适应的人群；T3 型研究则突出如何将循证医学、个体化医疗和预防等有效地提供给所有人，从而提高整个人群的健康水平。

3. 转化医学的意义

转化医学作为一门多学科交叉的科学，需要整合包括临床医学、基础医学、生物信息学、化学、材料科学等多个领域的研究力量，打破基础科学和临床医学、预防医学、药物研发等之间的屏障，通畅各领域间的信息交流，缩短基础研究到临床应用的过程。转化医学一方面可以使基础科学的研究成果迅速地转化为临床应用（如新的诊疗方法、技术），使患者能够享受到最新的科研成果；另一方面可将临床上收集的海量数据信息、出现的临床问题快速地反馈给研究者，使基础科研人员能够迅速地深入研究，解决临床问题，从而推动医学全面、可持续的发展。美国国立卫生研究院院长 Francis Collins 认为转化研究是医学研究的未来。

（二）转化医学模式推进趋势

1. 国际上主要推进方式及进展

早在 2003 年，NIH 就提出了转化医学发展路线图并支持了多项转化研究计划。2006 年，NIH 设立了临床和转化科学基金（Clinical and Translational Science Award，CTSA），并纳入 NIH 路线图医学研究部分，由 NIH 国家研究资源中心统一领导。根据 NIH 官方统计，2009 年，CTSA 资助成立了 39 个转化医学科研中心，到 2012 年，数量达到 60 个，每年资助经费达 5 亿美元。2010 年，美国 NIH 科学管理审查委员会建议并计划成立专门的 NIH 医学转化研究中心，预算费用高达 65 亿美元。2011 年，美国宣布解散国家研究资源中心（NCRR），成立国家转化科学促进中心（NCATS）。

欧洲方面，欧盟在其第七科技框架计划（FP7）中提出系统资助转化研究。欧盟"地平线2020"则将知识转化为临床实践和大规模的创新策略作为研究重点内容。欧盟为健康相关的研究计划投入至少60亿欧元。此外，2006年欧盟提出建设的"欧洲高级医药研究转化基础设施（EATRIS）"，预计在2015年投入运行。2006年5月初，苏格兰与惠氏制药公司合作，投资近5000万英镑启动了世界上第一个转化医学合作研究中心。

2007年，英国医学研究理事会（MRC）投资1500万英镑，新建6个科技转化中心。2007年1月，英国政府成立健康研究战略协调办公室（the Office for Strategic Coordination of Health Research，OSCHR），整合医学研究理事会（MRC）和国家健康研究院（National Institute for Health Research，NIHR）的研究工作，确定转化医学研究战略，构建英国健康研究新策略，制定研究主题和优先领域。OSCHR的职责包括转化医学研究、公共卫生研究、电子健康档案研究、方法学研究、人力资源发展等5个方面，明确提出要将基础研究的新发现尽快转化为新的治疗方法、服务于临床实践的医学研究战略。英国在过去5年内共投资4.5亿英镑用于资助11个生物医学研究中心进行转化医学研究。2012年5月，英国皇家转化与实验医学中心宣布成立。该中心合并了医学研究理事会临床科学中心，投资7300万英镑，可容纳450名科学家。

2. 期刊建设

为满足转化医学飞速发展的需求，国际上许多期刊都开辟了转化医学专栏。例如，2009年9月，美国科学促进会（AAAS）创办了 *Science* 子刊 *Science Translational Medicine*，由 Elias Zerhouni 出任首席科学顾问，成为转化医学领域最权威的期刊之一。此外，美国科学促进会还拥有 *Science Translational Medicine*、*Journal of Translational Medicine*、*Translational Research*、*The American Journal of Translational Research*、*Clinical and Translational Science* 等一系列高水平刊物。PubMed 中，共收录了转化医学相关的文献达355 400多篇。

3. 转化医学在中国的研究进展

（1）政策和资金支持

2007年，中华人民共和国卫生部（简称卫生部）制定的"健康中国2020"提出了动态性、系统性转化整合的概念。2011年，国家"十二五"科学和技术发展规划提出"强化临床医学和转化医学研究"、"系统推进转化医学平台的建设"、"建立转化医学等研发平台"。同年，国家自然科学基金"十二五"发展规划也提出了"重点支持转化医学以及整合医学的研究"。卫生部、科技部（简称科技部）和国家自然科学基金委员会都相继出台政策，对转化医学进行专项资助。各省市（区）及各大高校也加大了对于转化医学研究的资助力度。

（2）机构设置

转化医学是一个多学科交叉的领域，需要多学科、多专业的通力合作，相互交流和完善。我国转化医学虽然还处于起步阶段，但已有很多科研院所、大学、医院科研机构、生物医药公司相互开展合作建立转化医学机构，至少已有 75 家。

一些高等院校和科研院所，如中国科学院、上海交通大学、复旦大学、中南大学等相继建立了生物医学转化研究平台或研究中心。另外，一些医药公司也成立了转化医学中心，如 2010 年，以药企为主体联合全国 10 多家医疗单位和科研机构成立的首家转化医学研究中心正式落户广药集团。我国除了具有从事转化研究的机构外，还有从事转化研究服务的机构，如泰州市医药科技成果转化服务中心。

卫生部副部长刘谦表示，我国将在部分地区建立若干个国家级转化医学中心，加快中国转化医学研究的步伐，提高我国科技的自主创新能力。

虽然我国已成立 70 多家转化研究机构，但是仅有一家国家级机构——国家心血管病中心预防研究部，这与卫生部建立 100 个国家级医学中心，引领临床治疗与转化医学的目标相差甚远。另外，这些机构多是机构自发联合，而不是在宏观政策的引导下成立的。这一现状也反映了我国还缺乏在国家层面上的转化医学研究的战略布局及其完整的实施计划。因此，目前我国转化医学研究还处于初期推进阶段，与英美等发达国家还有一定的差距。

此外，我国以转化医学为主题的学术会议日益增多。其中，中美临床和转化医学国际论坛（Sino-American Symposium on Clinical and Translational Medicine，SAS-CTM）由中国工程院、中国医学科学院、美国国立卫生研究院临床研究中心和全球医生组织（GlobalMD）联合主办，迄今已举行 3 届，是中美医学界最高级别的临床转化医学国际论坛。

（三）近年研究热点

转化医学是生物医学发展，特别是基因组学和蛋白质组学及生物信息学发展的时代产物。转化研究是转化医学研究中最重要的内容之一，广义上就是把基础研究获得的知识及成果快速运用到临床，主要包括：①药物Ⅰ期临床实验；②寻找适当生物标志物，提高临床辅助技术对临床工作的辅助效力；③基因诊断治疗；④基因组药理学与个体化医学；⑤干细胞与再生医学；⑥分子靶向治疗。其中，生物标志物的研究是转化医学的中心环节。

1. 药物临床实验及药物研发

虽然近10年来药物研发技术已经有了很大的进步，但是年新药上市速度基本处于停滞状态。一个新药从发现到商品化，平均需要花费2.8亿美元，而且费用还在不断上涨。转化医学整合分子生物学和生物信息学海量数据，通过筛选药物作用靶点，为新药研发及新治疗方法研究开辟出一条革命性的途径。在以药物靶点为基础的药物研发中，转化医学能有效地降低在Ⅱ期临床实验中药物靶点验证性研究的失败率，降低成本，缩短研发周期，为患者带来福音。

2. 生物分子标志物

基于各种组学方法筛选出的疾病早期诊断、预测、预后判断等的生物标志物及药物靶标，对疾病预防、诊断及治疗能够发挥有效的指导作用，有助于探索新的药物和治疗方法，提高药物筛选的成功率，缩短药物研究从实验到临床应用阶段的时间。

肿瘤分子标志物是在肿瘤发生和增殖过程中，由肿瘤细胞的基因表达而合成分泌的，或是由于机体对肿瘤反应而异常产生和（或）含量升高的物质，包括蛋白质、激素、酶（同工酶）及癌基因产物等。

肿瘤早期诊断，是分子标志物最早也是最重要的临床应用。例如，血清甲胎蛋白（α-fetoprotein，AFP）是肝癌重要的诊断标志之一，血清癌胚抗原（carcino-embryonic antigen，CEA）可用于消化道肿瘤的诊断，血清CA19-9可用于胰腺癌的诊断等。现代分子生物学及组学技术的发展为寻找新的肿瘤标志物提供了技术支持。

肿瘤分子标志物的研究在转化医学中具有引导作用，作为肿瘤诊断、治疗、预后及疗效监测的有效工具，分子标志物成为基础与临床转化的桥梁。如何发展肿瘤转化医学，并将新型肿瘤分子标志物应用于指导肿瘤的靶向治疗和个体化治疗是当今肿瘤诊疗领域的重要课题之一。

3. 基于分子分型的个体化诊疗

恶性肿瘤、心脑血管病及糖尿病等慢性病发病机制复杂、疾病异质性很大，对这些疾病不能采用单一方法（如同一药物、相同的剂量）来进行诊治，一种尺度适合所有人（one size fits all）的医疗时代已经过去。基于患者的遗传、分子生物学特征和疾病基本特征进行分子分型，以此为基础实施个体化的治疗是现代医学发展的方向。个体化的治疗可以合理选择治疗方法和药物及其剂量，达到有效、经济和最小毒性作用的目的。

长期以来，组织病理学是肿瘤诊断的金标准和临床治疗的基础，但对组织学分型、分期相同的肿瘤，即使采取相同的治疗方案，其疗效及预后差异也很大。事实上，恶性肿瘤是一类在分子水平上高度异质性的疾病，组织学形态相同的肿瘤其分子遗传学方面改变也不尽一致，从而导致了肿瘤治疗反应和预后的差别。基于分子差异的个体化治疗是肿瘤治疗的新方向，分子分型是实现个体化治疗的基础。

美国斯坦福大学医学院最先应用基因表达谱芯片对乳腺癌进行分型，这种分型已经成为当今乳腺癌分子分型的基础。继而，研究人员又发现弥漫性大 B 细胞淋巴瘤中存在两种截然不同的基因表达谱，其相应的治疗反应与生存率也显著不同，基于新的分子分型的疗法可以显著提高治疗和预测的有效性。

4. 疾病治疗反应和预后评估

由于遗传、营养、免疫等因素的差别，同一种疾病的患者对同一种治疗方法或同一种药物的效果和预后可表现出较大的差异。在分子生物学研究的基础上，可利用经评估有效的生物标志物进行患者药物敏感性和预后评估，选择敏感的药物和适当的剂量，以提高疗效和改善预后。通过临床与实验室关联性研究，阐明疾病的发生、发展机制，以循证医学的原则实施医疗工作。

肿瘤的预评估不再局限于临床病理参数，通过分子分型可以更准确地评估预后。荷兰肿瘤研究所根据 70 个乳腺癌相关基因表达谱将 295 例患者分为预后不良或预后良好组，结果两组患者 10 年生存率和远端转移率均存在显著差异，证明该分析法可作为乳腺癌预后评估的独立因子。英国诺丁汉大学分子医学院和公共卫生学院发现乳腺癌浸润的 CD8[+] 淋巴细胞数量与生存期呈正相关，可作为乳腺癌患者预后评估指标。德国德累斯顿工业大学生物信息学部研究人员发现胰腺癌中 *STAT3*、*FOS* 和

JUN 基因高表达者生存期相对较短，而 *SP*1、*CDX*2、*CEBPA* 和 *BRCA*1 高表达者生存期相对较长，这 7 个基因联合临床病理参数可将患者准确地分为预后良好组和预后不良组，并帮助判断是否需要辅助治疗。韩国国立首尔大学 Bundang 医院从 56 个基因中筛选出 27 个与胃癌预后相关的蛋白质，并在此基础上将患者分为两类，Ⅰ 类倾向于肠型、早期，预后好于 Ⅱ 类，对预后预测的准确度在 73% 以上。

5. 干细胞治疗与再生医学

促进再生医学技术的临床转化，不仅要满足安全、有效两个基本条件，还应考虑到简便、实用和经济的原则。近年来，一些现代的技术和方法，能够刺激、发挥患者自身修复再生潜能，其临床安全性好、操作简便，患者易于接受，因此成为再生转化医学研究的热门话题，被称为内源性再生医学。其中，干细胞"归巢"（cell homing）是内源性再生医学研究领域的一个热点。

干细胞"归巢"的含义来源于骨髓移植后，造血干细胞（hematopoietic stem cells，HSCs）在体内一系列的迁移活动，是指 HSCs 移植后经外周血循环进入受体后，经复杂的分子间相互作用而介导的其在骨髓内的识别与定位。这种细胞"归巢"包括一系列过程，以移植的干细胞滚动黏附于骨髓血窦内皮始，继之稳定地黏附并穿行内皮细胞，最终到达血管外骨髓微环境并开始重建造血。近年来，再生医学研究领域将干细胞"归巢"内涵进行了拓展。一方面，所有干细胞通过上述相同或相近的方式，到达靶点组织或器官从而产生治疗作用的迁移都称为干细胞"归巢"；另一方面，通过干细胞"归巢"诱导因子，诱导受损伤区域周围组织的成体干细胞向一个特定的微环境定向以变形虫式运动（amoeboid movement）或填隙式迁徙（interstitial migration），最终在靶位（组织缺损区域）定居并发挥功效的现象也称为干细胞"归巢"。

虽然干细胞"归巢"的分子机制还没有阐明，但"归巢"的干细胞参与组织修复再生的现象已经引起了学者的高度关注，成为内源性再生技术的核心，并在一些特定的动物模型中得到证实。与目前流行的干细胞移植技术相比，干细胞"归巢"克服了干细胞移植的局限性，有利于临床转化；通过发挥患者自身修复再生潜能，临床安全性好、操作简便，患者易于接受。尽管如此，围绕干细胞"归巢"促进组织再生的转化研究还有很多问题有待进一步深入探讨。

（四） 近期转化医学重要成果

1. 首次全面绘制 RNA 修饰谱揭示癌症热点

相对于 DNA 而言，人们对 RNA 知之较少。澳大利亚国立大学约翰-卡廷医学研究学院的一个研究小组使用一种新的绘图技术来揭示 RNA 中修饰标记所在的位置。在这项研究中，研究人员首次在 RNA 上全面地描绘这些修饰，并鉴定出上万个新的修饰位点。他们发现这些位点要比人们之前所认为的更加普遍，且不是随机分布的，而是有规则分布在遗传标记（genetic landmark）附近。该小组领导者认为，RNA 作为一种信使携带基因信息到细胞内蛋白质制造的地方，细胞内的酶能够修饰 RNA，同时留下已知为 m5C 位点的标记。修饰 RNA 的一些酶经证实与癌症和干细胞生物特征相关联。理解这些修饰的模式将有助于癌症研究人员将他们的关注点集中于 RNA 在促进癌症产生中所起的作用。

2. 卵子干细胞的研究开辟不育症治疗新技术

马萨诸塞州总医院（MGH）研究人员首次从育龄妇女卵巢中分离出产卵干细胞，并指出这些细胞似乎能够产生正常卵细胞或卵母细胞。这一研究发现为开发出治疗妇女不育症，甚至延迟卵巢功能衰竭的新技术开启了大门。

在 2009 年发表在 *Nature Cell Biology* 上的一项研究中，研究人员不仅分离并培养了成年小鼠的产卵母细胞干细胞（oocyte-producing stem cell, OSC），而且也指出将这些 OSC 移植到化疗处理的雌性小鼠卵巢后可促进成熟卵母细胞排出，受精并发育成健康后代。这一实验提示，重输回成年人卵巢组织的人 OSC 发挥了产生新卵母细胞的预期功能，这里的卵母细胞被宿主细胞形成的新卵泡所封闭。这一研究发现有许多潜在的临床应用，未来将可以进一步探讨建立人类 OSC 库（OSC 不像卵母细胞，它可以被无损伤冻存和解冻），确定加速人 OSC 源性卵母细胞形成的激素与因素、体外受精的 OSC 源性成熟的人卵母细胞的发育，以及提高体外受精与不孕治疗方法的效果。

3. 精原干细胞可体外转分化成卵细胞

新近研究发现，精原干细胞可以被诱导形成卵细胞。在正常发育过程中，由上胚层细胞来源的原始生殖祖细胞（primordial germ cell, PGC）是精原干细胞和卵母细胞的共同前体细胞。以往的研究发现，在一定的培养条件下，精原干细胞可被诱导成具有多能性的干细胞。而另一研究显示，具有多能性的胚胎干细胞可分化发育成PGC 和卵细胞。而精原干细胞转化为卵细胞的研究还未见报道。

研究者诱导精原干细胞来源的卵细胞大小如体内正常卵细胞，并表达卵细胞特异标志物，体外可受精和形成孤雌胚胎。其 Y 和 X 染色体上的基因表达发生变化，相关维持精原干细胞的基因被关闭，而卵细胞特异表达的基因在 X 染色体上被激活。同时，干细胞来源的卵细胞丢失父方表观遗传印迹，获得母方表观遗传印迹。此研究证明，精原干细胞具有被诱导成卵细胞的潜能，显示其极强的可塑性。该研究可为分析分子和表观遗传调控生殖细胞命运，以及表观遗传印迹的建立提供理想的模型。

4. 陈竺等在急性髓系白血病治疗研究上获进展

上海血液学研究所、中国科学院上海健康科学研究所等机构的研究人员在 *Science* 子刊 *Science Translational Medicine* 杂志上发表了他们利用冬凌草甲素（oridonin）靶向治疗伴有 t（8；21）（q22；q22）染色体易位的急性髓系白血病（acute myeloid leukemia，AML）获得的重要进展。

伴 t（8；21）的 AML 是 AML 中最常见的一种类型，占所有 AML 病例的 12%～20%。目前，主要应用以蒽环类和阿糖胞苷化疗药物为基础的联合方案进行治疗，但效果欠佳，患者中位生存期仅 2 年，5 年生存率低于 40%，该方案在我国治疗效果更不理想。

冬凌草甲素是从唇形科香茶菜属植物中分离出的一种贝壳杉烯二萜类天然有机化合物。研究发现，冬凌草甲素可以选择性地杀伤携带 t（8；21）白血病细胞。机制研究表明，冬凌草甲素上调细胞内活性氧水平，从而导致 caspase-3 活化；并且可以与该类白血病特异的致癌蛋白 AML1-ETO 结合，使产生截短的 AML1-ETO，后者扮演着肿瘤抑制因子的作用。此外，冬凌草甲素还可以抑制白血病起始细胞的活性，在与其他白血病治疗药物联合使用后可显著延长携带 t（8；21）的 AML 小鼠的生存期。这些研究结果提示，冬凌草甲素对于伴 t（8；21）的 AML 具有潜在的靶向治疗作用，有可能成为中草药现代化和转化医学研究的典范。目前研究人员正在积极向临床应用转化，开展 0 期临床实验，以期将冬凌草甲素尽快投入临床应用，造福白血病患者。

（五）面临的主要问题

转化医学并非传统意义上的一门学科，它包含了来自各个领域、各个学科的各种知识、经验和研究成果。近10年来，转化医学概念的提出和理念的推广，促进了医学研究的转型，同时也引导着政府策略和经费支持方向的改变。然而，这并不意味着转化医学的发展从此就一帆风顺，走上了坦途。

现阶段，转化医学的理念才初步形成，全面推行转化医学研究还面临一些实际问题，如转化研究缺乏统一、规范的标准且思路不明确、理念不清晰、过程不规范、随意性大甚至有时功利性居主导地位；基础研究者与临床医生之间的交流与合作还很缺乏；临床转化过程中涉及的伦理学问题尚待进一步解决；临床医学和社会预防之间还没能建立真正的有效循环等，这些都需要相关人员在不断探索的过程中加以解决。

碎片化、效率低下、缺乏条理性和连贯性是影响转化医学发展的主要障碍。在全球一体化的大背景下，要解决各自为政的碎片化格局需要有全球化的视角。也就是说，研究人员需要以整体的观念来开发新的诊疗方法和手段，制订并管理开发流程，更重要的是各个领域的研发人员要相互合作，优化和整合研究资源，合理利用团队的力量来解决实际问题。

发展好我国的转化医学研究事业，还需要做好以下几个方面的工作：①国家层面上的转化医学研究战略布局及其完整的实施计划；②临床资源的收集、保藏、整合、挖掘和标准化，并在此基础上统一建立临床信息和临床样本的资源库；③制订相应的政策，鼓励转化、临床应用和公共卫生的推广；④完善转化医学相关的法规，制订转化医学中心的运作机制和评价标准，完善转化医学中心的建设进程；⑤支持传统医学的转化医学研究，推动中医药资源和复方中药现代研究的发展，促进中医药研究成果转化。

转化医学今天面临的困难，归根到底还是专业人才的匮乏。在所有参与转化医学的研究人员当中，应该有一群专业的、具有全球视野的、精通国际领域问题的"领航员"，负责指导整个研发过程。这样的人才是我国急需的，也是最紧缺的，需要通过进一步教育的改革去锻造、磨炼更多这样的"排头兵"来引领转化医学健康稳步向前发展。人们不可能要求每个转化医学从业人员都是全才，精通各个领域，但他们必须具有国际化、全方位的视野，具有良好的沟通和协调能力；他们应该通晓规范的转化程序，熟悉转化研究应遵循的章程。这实际上属于转化医学专业知识的范畴，但目前还没有真正形成一个完整的知识体系。在管理层面上，学术科研机构和政府管理部门需要为适应转化医学的发展重新建立一整套管理规范。在各个部门之间也要建立良好、有效的沟通渠道，以妥善解决彼此间的矛盾和分歧。随着转化医学专业知识的不断积累，无论是从个体角度还是公共整体角度来说，今天所面临的问题和困难最终一定能找到有效的解决办法。

（六）展望

转化医学作为医学发展的前沿领域，对医学的发展起着重要的引领和支撑作用，它将是 21 世纪医学发展的新动力。转化医学的提出与发展将促进基础研究成果向临床应用有效转化，使更多的基础研究成果在临床中得到更快、更好的应用，并将临床中遇到的问题转变为基础研究中的研究方向，从而使基础研究与临床医疗、护理、预防等应用领域之间的相互转化过程更加系统化、科学化。

转化医学核心是推动医学科学研究理念的转变，将以患者为中心来指导整个研究过程。21 世纪医学将构建"环境-社会-心理-工程-生物"新模式，将更加重视整体医学观的研究。这种新模式指引未来医学发展趋势，即医学的预测性（predictive）、预防性（preventive）、个体化（personalized）、参与性（participatory）。这种以"4P"为特征的医学新模式，特别强调个体化治疗在医学发展中的意义。转化医学使医学科学以疾病为主的研究向以人类健康为主要研究方向转变，推动医学研究从以治疗为主向预防医学和个性化医学转变，加快医学应用科学的发展，为新世纪医学的发展带来根本性改变，使患者成为医学基础研究成果的最大受益者。

转化医学研究任重道远，意义重大。构筑转化医学研究、实践、人才培养的平台和基地是未来医学发展和教育改革的需要。强化和推动基础与临床相结合，医教研一体化的运行体制和模式，建立转化医学中心，引领转化医学研究和医学成果转化是重中之重的工作。培养转化医学理念，鼓励基础研究人员和临床医生进行双向交叉，把转化成果和实际应用放在更重要的地位是 21 世纪医学发展的方向。在我国，大力发展转化医学有望促进基础研究与我国病例资源优势的深度整合，快速提升我国生物医药研发的原始创新能力，并在重大疾病发病机制上取得突破性进展，最终提高我国的综合实力。对转化医学和转化研究的理解、重视和加强必将促进干细胞治疗、组织工程、基因工程和新型生物医学材料等基础研究成果尽早地为人类健康服务。

第二章　生物技术与产品

随着现代生物技术的迅猛发展，运用功能基因组学、蛋白质组学、生物信息学等现代生化与分子生物学技术，结合基因工程、蛋白质工程、细胞工程等技术，加速推动了生物技术的应用与产品的开发。新型疫苗随着生命科学和制药研究的进步而出现突破，带来新的市场应用。治疗性抗体类药物以其安全有效、特异性高等优点成为在研药物中最多的一类。工业生物技术在生物制造、生物能源和生物工艺替代方面不断取得突破，促进了工业经济的节能减排及可持续发展。

一、疫苗

疫苗是人类预防和控制疾病最经济有效的手段。接种疫苗不仅可以预防和阻止传染性疾病的传播，还可以防治慢性病及癌症。在医学发展史上，疫苗曾经帮助人类在全世界范围内消灭了天花，大大降低了白喉、破伤风等恶性传染疾病的发病率。目前，疫苗研发主要是在病原体抗原基因的筛选和优化、疫苗载体的构建、新型佐剂的筛选等基础上，设计开发核酸疫苗、基因重组疫苗、载体疫苗及表位疫苗等新型疫苗以取代传统疫苗。另外，疫苗应用范畴从传统的针对病毒感染的预防性疫苗，拓展到研制可用于治疗肿瘤、慢性病等非传染性疾病的治疗性疫苗。

现代生物技术的快速发展加快了科学家对具有广阔应用前景的治疗性疫苗和新型预防性疫苗的探索。据美国药品研究与制造商协会（PhRMA）报道，目前美国有近300种治疗性和预防性疫苗处于研发中，其中有170多种用于预防感染性疾病，102种针对癌症，还有8种是针对神经性疾病的疫苗。

2012年，国内外疫苗研发取得了许多重要的进展，多项疫苗获得批准上市，如美国食品和药品监督管理局（FDA）首次批准采用基因重组技术生产的新型流感疫苗Flublok，我国研发的首个戊肝疫苗获得批准应用于临床。此外，还有多项疫苗进入临床实验阶段，如我国研发的手足口病疫苗和多价人乳头瘤病毒疫苗进入临床Ⅲ期实验。下面对2012年疫苗研发的主要进展进行概述。

（一）国内外疫苗研发进展

1. 传染性疾病疫苗

对传染性疾病的防治，除了控制传染源和传播途径，最有效的措施就是保护易感人群，而最好的方法就是免疫接种，使易感人群体内产生抗体，从而控制传染病的传播。目前，我国将一些传染病的疫苗接种纳入国家计划免疫的范畴，对人群实行免费接种。天花、霍乱、鼠疫的消灭或控制证明了疫苗保护人类战胜瘟疫的伟大胜利。

（1）流感疫苗

流感病毒（influenza virus）属于正粘病毒科流感病毒属，为分段、单链、负义RNA病毒，其分段的RNA基因组，决定了流感病毒的高重组率和高突变率及不可修复性。流感病毒每隔3～5年就会由新的流行株取代旧的流行株，如此高的变异率使其防治成为难题。目前，虽然有流感疫苗，可是流感疫苗是否有效很大程度上取决于流行毒株和疫苗成分的匹配性。通常流感疫苗为三价，包含两种A型流感病毒和一种B型流感病毒，流感疫苗的成分并非一成不变，具体成分通常由权威机构的预测而来。但预测并不是每次都准确，如2013年春天，在我国上海、江苏、浙江等几个省市暴发的H7N9禽流感，突变加上重组使得流感病毒很难提前预测和预防。因此，通用流感疫苗的研发显得尤为重要，并且近年来取得显著进展，科学家们甚至展望将通用型流感疫苗变为可能。所谓通用就是一种疫苗可以同时对抗多种流感亚型病毒，从而一劳永逸地解决流感疫苗每年都需重新设计、制备的问题。具体的策略包括：①由于流感 *HA* 基因中的 Stalk 区相对保守，并且可诱导产生交叉保护的中和抗体，对多种流感亚型具有保护效果，因此以 *HA* Stalk 区为基础设计新型通用型流感疫苗。②以流感病毒保守基因如 *NP*、*M2e* 为免疫原设计新型通用型流感疫苗，以诱导特异性T细胞免疫反应/特异性抗体反应拮抗多种流感亚型病毒。

2013年1月16日，FDA宣布批准新型季节性流感疫苗Flublok上市，这是第一种用昆虫杆状病毒表达系统和重组DNA技术制造的三价流感疫苗。Flublok接种对象为19～49岁人群，这种疫苗在有效成分上和传统流感疫苗一样，但是在疫苗的生产技术上具有重大创新，为流感及其他疫苗的更新发展树立了典范。

（2）呼吸道合胞病毒疫苗

呼吸道合胞病毒（respiratory syncytial virus，RSV）感染是婴幼儿严重呼吸道疾病中最重要的一种。WHO 数据显示，全球每年的呼吸道合胞病毒感染者约有 6400 万例，16 万例死亡。RSV 的临床和流行病学特征决定了 RSV 疫苗的设计至少需要针对 4 种人群：RSV 易感的婴儿、幼儿（6 个月以上）、孕妇及老年人。不同人群对疫苗的安全性和有效性要求不一，疫苗的研发策略也相应有所不同。一种在研的灭活病毒疫苗的评价显示有良好的安全性和保护性，有希望获得批准。针对成人的亚单位疫苗也在研究之中。几种表达 RSV F 蛋白的减毒的病毒载体疫苗、VLP 及 DNA 载体疫苗等都处于实验室研究阶段。

（3）肺结核疫苗

卡介苗（*Mycobacterium bovis bacilli Calmette-Guérin*，BCG）是目前唯一可用的结核病疫苗。通过对新生儿或儿童接种卡介苗，可以降低儿童原发型肺结核、粟粒型肺结核、结核性脑膜炎的发病率和病死率。临床实验统计结果显示，卡介苗预防结核病的效率约为 50%。由于 BCG 在免疫抑制病人中会引起致死性散播感染，因此不能用于感染 HIV 的新生儿的结核病预防。目前，相关研究人员正致力于发展一系列新型疫苗来代替或辅助 BCG，已有多达 30 种相关疫苗正在研究之中，至少 16 种已经进入临床实验。一种多抗原灭活的全细胞疫苗在 III 期临床实验中显示出对已接种过 BCG 的 HIV 感染的人群有 39% 的保护效率。

（4）胃肠道感染疫苗

1）幽门螺杆菌（*Helicobacter pylori*，Hp）感染在全世界各地十分常见，特别是在一些发展中国家和地区。Hp 感染与胃炎、消化道溃疡、胃癌等主要上消化道疾病密切相关。Hp 对抗生素耐药性的增加已严重影响传统治疗方案的疗效，因此，幽门螺杆菌疫苗的推出迫在眉睫。目前，Hp 疫苗主要分为全菌疫苗、亚单位疫苗（基因工程疫苗）、活载体疫苗和 DNA 疫苗。我国第三军医大学研制的口服重组幽门螺杆菌疫苗具有良好的安全性，预防 Hp 感染的保护率为 72.1%。2009 年 3 月 23 日，该疫苗获国家食品药品监督管理局（SFDA）颁发的国家一类新药证书。目前，该疫苗正处于产业化生产阶段，原定于 2012 年底上市。

2）轮状病毒（rotavirus）是引起婴幼儿腹泻的主要病原体之一，主要感染小肠上皮细胞，造成细胞损伤，引起腹泻。目前，有两种对抗轮状病毒 A 型感染的疫苗已被证明对儿童安全有效，分别是由葛兰素史克公司制造的罗特律（Rotarix）与由默克公司制造的轮达停（RotaTeq）。两种疫苗皆是口服减毒活疫苗。其他类型的轮状病毒疫苗如亚单位疫苗、DNA 疫苗和微囊化疫苗等正处于研究之中。2012 年，默克公司与重庆智飞生物制品股份有限公司签订协议，准备联合将默克公司的五价轮状病毒疫苗推向中国市场。

3）手足口病是由肠道病毒引起的传染病，引发手足口病的肠道病毒有 20 多种（型），其中肠道病毒 71 型（EV 71）和柯萨奇病毒 A16 型（Cox A16）引发的手足口病目前还没有相应疫苗，但我国多家科研单位和生物医药公司正致力于 EV71/A16 单价/双价疫苗的研发，包括灭活疫苗、DNA 疫苗和以 VLP 为主的基因重组疫苗等类型。中科院上海巴斯德研究所课题组近年来研制成功了 EV71、A16 的多种 VLP 疫苗，免疫后都能诱导良好的免疫保护效果。另外，由中国医学科学院医学生物学研究所研发的手足口病灭活疫苗于 2012 年 11 月完成Ⅲ期临床实验，由华兰生物疫苗公司研制的 EV71/A16 双价灭活疫苗于 2012 年完成临床前研究，正向国家 SFDA 申请临床实验。

4）乙型肝炎（hepatitis B）的预防主要以基因重组乙型肝炎（rHBV）疫苗为主，其安全性和有效性已被多年实践所证实。由于慢性乙型肝炎患者在我国存在相当数量，因此，治疗性乙型肝炎疫苗的研究在我国尤为紧迫。复旦大学研制的乙克等多种乙型肝炎治疗性疫苗都已进行临床实验，但效果并不显著，因此新型治疗性乙型肝炎疫苗有待深入研究。

5）丙型肝炎病毒（hepatitis C virus，HCV）通过血液传播，引起肝硬化，是导致肝癌的重要原因。目前市场上还没有预防性 HCV 疫苗。丙型肝炎病毒疫苗研制的瓶颈主要在于 HCV 变异速度快，且缺乏适合的动物感染模型。目前在研的 HCV 疫苗类型有病毒多肽疫苗、亚单位疫苗及腺病毒载体疫苗等。牛津大学一研究组以腺病毒载体 Ad6 和 AdC3 为基础研制的新型 HCV 疫苗免疫人体显示出良好的免疫原性。

（5）HIV 疫苗

HIV 感染及其引起的艾滋病是严重威胁人类健康的公共卫生问题，HIV 疫苗的研发也始终是科研人员关注的世界性课题。目前，研究人员普遍认为初免-增强（prime-boost）免疫策略具有较好的应用前景，通过采用 DNA 疫苗、VLP 疫苗、病毒载体疫苗等诱导特异性 T 细胞免疫或者产生广谱的中和抗体来达到防治的目的。这一领域内著名的科学家有 NIH 的 Nabel GJ、哈佛大学的 Barouch DH、俄勒冈国家灵长类研究中心的 Picker LJ 等。

迄今为止，已有 40 多种的不同类型 HIV 疫苗进入临床实验研究，但大部分疫苗都没有产生预想的结果。2003 年，美国军方、泰国公共卫生部等机构联合开展了 RV144 疫苗的临床实验。2009 年公布的研究结果显示，在 8197 名接受疫苗注射的志愿者中，51 人感染了艾滋病病毒，而在对照组的 8198 人中，有 74 人感染，即疫苗接种组的感染风险降低了 31.2%。这一结果虽然不甚理想，但该数据第一次证实了在人体中安全有效的预防性 HIV 疫苗是存在的。2012 年，美国杜克大学的研究人员在《新英格兰医学》上发表了对 RV144 临床实验的进一步研究结果，提示抗 HIV 包膜蛋白的特殊区域的特异性 IgG 抗体与疫苗接种者的 HIV 较低感染率相关。另一个发现是，疫苗接种者血液中另一种不同类型的包膜结合抗体（IgA）水平越高，HIV 疫苗的保护效率看起来就越差。研究者猜测这些抗 HIV 包膜另一区域的 IgA 抗体有可能与疫苗诱导的保护应答产生了相互干扰。

2012 年，中科院上海巴斯德研究所课题组研发了一种基于果蝇 S2 细胞的新型 HIV-1 病毒样颗粒（VLP）表达系统，这是世界上首次采用果蝇 S2 细胞表达系统制备 HIV-1 VLP，将其作为艾滋病疫苗组分，这种 VLP HIV 疫苗免疫小鼠后可诱导特异性免疫反应。

2. 肿瘤相关疫苗

机体免疫系统对肿瘤细胞起监视作用，但是肿瘤的出现意味着癌细胞躲避了免疫监视或免疫反应。肿瘤细胞逃避免疫识别的机制很复杂，包括肿瘤诱导的抗原提呈受损、负共刺激信号的激活、免疫抑制因子的产生、封闭因子的产生等。肿瘤疫苗的设计思路之一就是要抑制肿瘤细胞的逃逸，同时要提高宿主细胞的免疫能力，双管齐下才能起到遏制肿瘤的作用。肿瘤疫苗分为肿瘤细胞疫苗、分子疫苗、基因修饰的肿瘤细胞疫苗和以树突状细胞为基础的肿瘤细胞疫苗等。一种理想的肿瘤疫苗必须能诱导主动免疫，特异性地消除扩散的肿瘤细胞，而且能提供保护性的预防肿瘤复发的长期免疫记忆功能。人乳头瘤病毒疫苗的研制成功给肿瘤疫苗的研究带来了希望。

（1）HPV 疫苗

人乳头瘤病毒（human papilloma virus，HPV）是一种属于乳多空病毒科的乳头瘤空泡病毒 A 属，为球形 DNA 病毒，能引起人体皮肤黏膜的鳞状上皮增殖。表现为寻常疣、生殖器疣（尖锐湿疣）等症状。高危型人乳头瘤病毒如 HPV16、HPV18 等持续感染宫颈，可致宫颈癌。宫颈癌是目前唯一一个病因明确的妇科恶性肿瘤。德国科学家 Harald zur Hausen 由于发现 HPV 感染与宫颈癌的相关性获得 2008 年诺贝尔生理学/医学奖。

随着宫颈癌发病原因明确，针对宫颈 HPV 感染疫苗的研究不断取得新进展，目前两种预防性宫颈癌疫苗已经上市，分别是默克公司的抗 HPV6/11/16/18 四价疫苗 Gardasil，以及葛兰素史克公司抗 HPV16/18 的双价疫苗 Cervarix。最近研究表明，Cervarix 除抗 HPV16/18 外，对 HPV31/33/45 引起的宫颈癌也能产生保护，可覆盖高达 83% 的子宫颈癌。以上疫苗的研制成功无疑是妇女的福音。目前，全世界已有 150 多个国家和地区临床使用 HPV 疫苗。2012 年 10 月，重庆智飞生物与默克公司签署 HPV 四价疫苗在我国的销售协议，目前该疫苗在我国正处于 Ⅲ 期临床实验阶段。国内企业方面，厦门万泰沧海生物技术有限公司的大肠埃希菌表达 HPV 疫苗在 2010 年获临床批件，目前处于 Ⅱ 期临床阶段。上海泽润生物科技有限公司在 2011 年 6 月获得 SFDA 颁发的新药临床实验批件，成为第二家进入临床实验阶段的国内药企，目前处于 Ⅰ 期临床阶段。

目前，针对 HPV 的疫苗都是预防性的，使用人群的年龄有严格限制，个体一旦已经感染 HPV，这种疫苗则无效。这种现状使治疗性 HPV 疫苗成为迫切需求。有研究尝试用 RNA 干扰技术设计内源或外源性 microRNA，靶向抑制 HPV 癌基因 $E6$、$E7$ 的表达，从而达到一定治疗效果。HPV16/18 的 $E5$ 基因也可能是一个重要的疫苗靶点，E5 蛋白可影响细胞的增殖，并与肿瘤发生相关。

（2）肝癌治疗性疫苗

肝细胞癌（hepatocellular carcinoma，HCC）是世界第五位常见肿瘤，在癌症相关死亡中排名第三位，也是我国常见的恶性肿瘤之一。全世界多数的 HCC 与 HBV（乙型肝炎病毒）、HCV 的感染有关。而目前可选择的治疗方法差强人意，多数进展期的 HCC 患者，由于发展为肝硬化，对化疗不敏感，无法进行手术治疗，预后较差。进展期的肝癌患者需要新的治疗手段，包括疫苗在内的免疫疗法成为一个重要的研究方向。

肝癌的免疫治疗研究包括：肝癌疫苗或主动免疫治疗、单克隆抗体及过继性细胞免疫治疗、细胞因子治疗、基因治疗等。多种单克隆抗体和细胞因子目前已用于临床治疗 HCC。glypican-3（GPC3）是一种抗癌免疫疗法的理想靶点，研究发现在多于 80% 的肝癌患者体内 GPC3 的表达是升高的。日本国立肿瘤中心医院对老鼠进行实验发现，使用 GPC3 类的多肽疫苗有良好的预防肝癌的效果，目前 GPC3 多肽疫苗已进入 II 期临床实验。另据报道，GPC3 在晚期肝癌患者的 I 期临床实验中也取得较好的效果。2012 年 5 月，康恩贝公司与美国公司签署协议，在我国合作研发治疗性肝癌疫苗。

另外，大部分肝癌的发生与嗜肝病毒的慢性感染有重要关联，因此乙型肝炎、丙型肝炎治疗性疫苗的研发成功可能会减少肝癌的发生。

（3）黑色素瘤疫苗

皮肤癌在欧美白种人中发病率较高，包括皮肤鳞状细胞癌和基底细胞癌，最严重的是黑色素瘤（melanoma）。前两种的恶性程度较低，发病缓慢，且易于诊断排查。而黑色素瘤是一种恶性程度相当高的恶性肿瘤，又称恶性黑瘤，大多原发于皮肤，也可起源于眼、鼻腔等处，早期可发生转移，转移部位多见肺、脑。因此，黑色素瘤疫苗在欧美国家为重点研究的肿瘤疫苗之一。

神经节苷脂 NGcGM3/VSSP 疫苗安全而且免疫原性也很好，因此被用于治疗转移性黑色素瘤患者；另外，美国 Myao Clinic 研究人员采用基因工程改造过的水泡性口炎病毒将黑色素瘤细胞来源的基因文库免疫，在早期的研究中，60% 的荷瘤小鼠在不到 3 个月的时间内就得到治愈，并且副作用也很少。这一策略为黑色素瘤疫苗研究拓展了思路。

在临床研究方面，POL-103A 于 2012 年 1 月获美国 FDA 批准进入 III 期临床实验。该疫苗是由 Polynoma 生物制药公司研制的一种新型黑色素瘤疫苗，包含来自 3 种人黑色素瘤细胞系的多种黑色素瘤抗原，I 和 II 期临床实验都已取得理想结果。

（4）鼻咽癌疫苗

鼻咽癌（nasopharyngeal carcinoma，NPC）是指发生于鼻咽腔顶部和侧壁的恶性肿瘤，是我国高发恶性肿瘤之一，发病率为耳鼻咽喉恶性肿瘤之首。对较高分化癌、病程较晚及放疗后复发的病例，手术切除和化疗为不可缺少的手段。

引起鼻咽癌的原因是多方面的：遗传因素、环境因素、疱疹病毒（EBV）的感染。通常人们把鼻咽癌归为一种与 EBV 相关的癌症。鼻咽癌主要感染黄种人，有一定的家族聚集现象，在我国鼻咽癌主要发生于我国南方 5 省区，即广东、广西、湖南、福建和江西，占当地头颈部恶性肿瘤的首位。东南亚国家也是高发区。

针对鼻咽癌的疫苗研究主要是预防 EBV 的疫苗。gp350/220 是 EBV 表面比较保守的表位，印度尼西亚布劳爪哇大学研究者对这一表位的结构进行分析，预测该表位可用于设计 EBV 疫苗。此外，腺病毒、痘病毒载体被应用于表达 EBV 肿瘤抗原，免疫后诱导具抗肿瘤效果。目前，用腺病毒表达的 EBV 抗原转化的 DC 作为 DC 疫苗来治疗鼻咽癌已完成Ⅱ期临床实验，但保护效果有限。2012 年，由中国预防医学科学院研制的重组腺病毒 5 型表达 EBV 潜伏膜抗原（AD-LMP2）的治疗性鼻炎癌疫苗进入Ⅰ期临床实验。

3. 慢性病疫苗

在大部分国家和地区，慢性病已经取代了感染性疾病成为造成人类死亡和致残的主要原因。尽管慢性病的发病被认为是由多因素造成，如遗传因素（与遗传基因变异相关）、环境因素（肥胖、营养失衡、吸烟和饮酒）、精神因素（神经紧张、情绪激动），但一些致病因素已经被世界卫生组织（WHO）确认为某些慢性病的首要致病因素。因此，可以设计疫苗靶向这类慢性病高危因素相关的大分子物质，通过激活机体内的免疫反应，产生针对特定大分子物质的特异性抗体，从而达到缓解或治愈相关慢性病的目的。

（1）高血压疫苗

高血压是最常见的慢性病，也是心脑血管病最主要的危险因素。疫苗为预防和控制高血压的发生提供了一种新的方法，通过靶向高血压的致病因子，从根源上阻止高血压的形成和发展。传统治疗高血压是通过服用降压药物实现的，但疫苗的作用相对长效，且不需每日服用，可以减少口服药带来的不便，且能平稳降压，有望一劳永逸地解决高血压问题，为病人提供更好的治疗效果。

高血压疫苗主要的分子靶点是肾素、血管紧张素Ⅰ和血管紧张素Ⅱ，早期的肾素疫苗和血管紧张素Ⅰ疫苗并不理想。由中国医学科学院医学生物学研究所设计的血管紧张素Ⅱ VLP 疫苗在动物模型中取得了理想效果。华中科技大学研究团队自主研发的 ATRQβ-001 疫苗可通过抑制血管紧张素 Ⅱ 启动的信号转导过程而有效降低血压。ATRQβ-001 疫苗是由源于人血管紧张素 Ⅱ-1 型受体的一个肽段（ATR-001）和 Qβ 噬菌体病毒样颗粒蛋白偶联结合而成。研究表明，ATRQβ-001 疫苗可预防靶器官损害，未观察到循环或局部 RAS 明显反馈激活，在接种疫苗的高血压和非高血压大鼠及小鼠中均未见明显的免疫介导损害，显示良好的安全性。高血压疫苗到临床应用可能尚需时日，但对预防和控制高血压的发生不失为一种非常有前景的疗法。

(2) 阿尔茨海默病疫苗

阿尔茨海默病（Alzheimer disease，AD），是一种中枢神经系统变性病，起病隐匿，呈慢性进行性，是造成痴呆症的主要因素，也是老年期痴呆症最常见的一种类型。目前，阿尔茨海默病没有治愈方法，临床药物只能缓解症状，在寻找治愈方法的过程中，疫苗成为首选。早在 10 多年前研发的阿尔茨海默病疫苗因不良反应过多而终止，该疫苗可激活特定的 T 细胞，T 细胞可攻击人体自身的脑组织。尽管如此，阿尔茨海默病疫苗的研究并没有停滞。

美国国立老年研究所将 β-淀粉样蛋白的 B 细胞表位肽段表达于乙型肝炎病毒表面抗原（HBsAg）颗粒表面，幼鼠和老年鼠免疫后显示两者都能够激起高水平的抗 β-淀粉样蛋白的特异性抗体，可缓解阿尔茨海默病模型小鼠的病情并延长其寿命。另外，瑞典 Karolinska 医学院的临床研究首次报道了有临床效果的阿尔茨海默病的活性疫苗 CAD106，该疫苗采用主动免疫接种方法，设计用于诱导 N 端 β-淀粉样蛋白特异性抗体，同时不引起 β-淀粉样蛋白的 T 细胞反应。该疫苗经修饰后可以仅仅对有害的 β-淀粉样蛋白起作用。80% 受试者产生了针对 β-淀粉样蛋白的保护性抗体，且没有任何副作用。

2012 年，我国科学家在阿尔茨海默病新疫苗研究中也获得较大进展。中国医科大学用合成的 β-淀粉样蛋白肽段免疫阿尔茨海默病转基因小鼠模型，可通过诱导 Th2 免疫反应阻止和清除 β-淀粉样蛋白沉积，提高小鼠的认知能力。另外，中国医科大学研制了新型阿尔茨海默病疫苗 p（Aβ3-10）10-MT，利用电穿孔的方法将表达了 10 个重复的 Aβ3-10 肽段和褪黑激素基因片段的疫苗免疫年幼的转基因小鼠，可引起高水平抗 β-淀粉样蛋白抗体，阻止了脑部的 β-淀粉样蛋白沉积，延迟认知能力的损伤。

（3）糖尿病疫苗

糖尿病是一种常见的慢性病，主要是因血中胰岛素绝对或相对不足，导致血糖过高，出现糖尿，患者必须及时注射胰岛素才能控制血糖平稳。近年来，研究者一直在探索研发针对糖尿病的疫苗，使患者摆脱对胰岛素的长期依赖。

2012 年，哈佛医学院研究者在一项小型的概念验证研究中，发现接种卡介苗疫苗可刺激体内的天然免疫系统产生肿瘤坏死因子（TNF）来消灭致病性自身免疫细胞，并且能监测 C-肽水平，改善胰岛素的敏感性。在 I 型糖尿病的啮齿类动物模型中，接种卡介苗可恢复胰岛素 β 细胞的分泌功能，延缓疾病的进程。研究还发现，低剂量的疫苗似乎较为安全，且耐受性更好，可通过诱导肿瘤坏死因子减轻之前 I 型糖尿病中存在的自身免疫反应，有选择性地只杀死致病细胞。

（4）肥胖症疫苗

肥胖症是一种慢性病，世界范围内肥胖发病率逐年增加，成为威胁人类健康和生活满意度的最大杀手。传统的疗法包括控制饮食、加强运动、服用减肥药等，但这些措施存在难以坚持、副作用大、并发症多等一系列局限，针对肥胖症疫苗的研究为抗肥胖提供了另一种治疗策略。

肥胖症疫苗的靶点主要是饥饿激素（ghrelin）、葡萄糖依赖性促胰岛素分泌多肽（GIP）、脂肪细胞型脂肪酸结合蛋白（FABP4）等。基于以上大分子设计的疫苗在一定程度上抑制了肥胖，可惜的是，在进一步的研究中存在一定的局限性，临床应用前景堪忧。澳大利亚皇家墨尔本理工大学研究发现，ghrelin 可在急性应激的环境下抑制过度的焦虑，若是将 ghrelin 作为肥胖症疫苗的靶点，会造成焦虑症等强烈的副作用反应。

2012 年，肥胖症疫苗研究取得一定的突破，美国 Braasch 制药公司研发的一种肥胖疫苗针剂，可利用人体免疫系统对抗体重增加。研究人员通过将两种形式的嵌合生长抑素疫苗（JH17 和 JH18）腹腔注射免疫高脂喂养的肥胖小鼠模型发现，该疫苗能够有效降低其对生长激素和促生长因子的抑制，小鼠在接种该疫苗 4 天后便减少了自身体重的 10%。此肥胖症疫苗是使人体免疫系统制造生长激素抑制素的抗体，阻止生长激素抑制素在体内的作用，导致体重减少，研究结果也表明该疫苗不会对人体至关重要的一些激素产生影响。

对肥胖及其相关基因的研究为肥胖症疫苗的研发提供了新策略，将成为今后治疗肥胖及其相关并发症的新途径。

（二）疫苗研究面临的问题和未来发展

20 世纪后，多种疫苗的成功研制和广泛接种，使人类的健康和公共卫生水平在全球范围内取得了巨大提升。但是，人类面对的如此之多的病原体、新现传染病的频发、病毒不断变异等，使疫苗研发的任务更为紧迫与繁重。如今，在疫苗基础研究领域，科学家对机体免疫系统、病原体与宿主相互关系、病原体重要基因的结构和功能等的理解比以往任何时候都要透彻，但面对有些难题依然束手无策。譬如，如何诱导有效的特异性 T 细胞免疫或产生广谱中和抗体以应对不断变异的病毒？如何激活受损的免疫系统使被感染的机体产生保护性免疫？如何有效激活老年人的免疫系统？诸如此类的问题在疫苗研究中亟待解决，否则难以研制出有效的 HIV 疫苗、治疗性 HBV 疫苗，以及老年用流感疫苗等。

人类以疫苗为工具完全战胜疾病的道路任重道远。当然，也应乐观地看到，由于现代分子生物学、免疫学、病毒学、生物信息学等学科及相关技术的迅猛发展，以及在疫苗研发中的广泛应用，使新型疫苗的研发技术有了重要突破，从而使新型疫苗的形式更为多样化，人类对抗病原体的手段也因此有了更多选择。譬如，酵母、细菌、病毒等多种表达系统的优化使 VLP 疫苗的研发更为广泛和完善；新型病毒载体的发展使新型疫苗能同时诱导特异性体液免疫和细胞免疫；B 细胞培养技术和单细胞 RT-PCR 的发展提高了筛选高效价单克隆抗体的效率，从而可进一步研制治疗性疫苗；另外，结构生物学、生物信息学技术的发展使科学家对某些病毒的结构与功能有了更深刻的了解，从而使针对某些疾病的通用型疫苗成为可能，以保护接种者免遭快速变异的病毒如流感病毒的感染。因此，各种新技术的发展和应用使目前疫苗研发处于前所未有的快速发展阶段。

我国是世界上最大的疫苗生产国家，世界第三大疫苗市场，面对全球性疫苗产业蓬勃发展，我国疫苗的研发和生产面临着严峻挑战。我国大部分疫苗产品主要是以免疫规划内中低端产品为主，相对高端的自费接种疫苗仍然大部分依赖于进口。在新型疫苗研发方面，我国存在的主要问题是技术瓶颈和人才瓶颈，即与发达国家在疫苗研发的技术层面有巨大差距，并缺少专业人才。针对这些问题，我国必须增加疫苗基础研究的投入，加强人才培养，强化自身的研发能力，提高我国自主研发新型疫苗的水平和产能。针对当今疫苗发展的需求及趋势，尤其针对在我国造成重大危害的疾病，如乙型肝炎、丙型肝炎、手足口病、流感、艾滋病等，我国急需集中科研力量研发针对性疫苗。

2012年，不仅全球疫苗研发有了巨大进展，我国自主疫苗研发也有可喜发展，相信在不远的将来，随着我国经济与科技实力的大幅提升，我国将不仅是世界疫苗的生产大国，也将成为新型疫苗研发的强国。

二、抗体

自1975年杂交瘤-单克隆抗体技术问世以来，抗体药物迅速成为临床治疗中的热点，每年以40%的增长速度进入临床研究，是增长最快的一类生物制药。针对疾病相关靶点的抗体方法在肿瘤、自身免疫性疾病、心血管疾病、神经系统疾病、类风湿性关节炎及病毒性传染性疾病等多种疾病治疗中取得突破。抗体能够针对相应抗原的高特异性、高亲和力、靶向性、多样性、定向性、半衰期长等特征。自1986年美国FDA批准了鼠抗人CD3单克隆抗体OKT3应用于抗移植排斥以来，截至2012年11月，美国FDA批准上市了34个抗体药物和6个融合蛋白。

我国抗体药物的发展较晚，直到1999年我国才批准第一个抗体药物Muromonab-CD3上市，因此，我国抗体药物的研发和产业化程度均滞后于国外发达国家。近年来，我国加大了对其关注和重视，制订相应的鼓励政策以带动抗体药物的研究，加大对抗体药物研究项目的资助，在北京、上海、西安等地区建立了各抗体药物的研究和产业化基地，形成了以上海中信国健药业有限公司和百泰生物药业有限公司为龙头的抗体药物研发企业，初步实现了从基础研究到产业化的跨越。经过20多年的努力，我国抗体药物已进入快速发展的阶段，国内抗体的年销售额增幅为60%~70%，单抗体市场规模超过了10亿元，并且每年以高于50%的速度递增。至今我国SFDA共批准18个治疗性抗体和1个融合蛋白药物，其中11个进口药品，8个我国自主研发产品。人源化和全人源抗体以其低排斥反应促进了该领域的快速发展，是抗体药物在临床应用中取得成功的主要原因，约占抗体药物总数的80%。

（一）国际抗体药物主要进展

21世纪，抗体药物由于其巨大的经济效益和社会效益，成为各国、各生物制药企业竞争的焦点，进入快速发展时期，2000～2010 年其市场复合增长率高达 32%。截至 2012 年 11 月，美国 FDA 已批准 34 个抗体药物和 6 个 Fc 融合蛋白，抗体药物的全球年销售额从 1997 年的 3.1 亿美元上升到 2010 年的 492 亿美元，占 2010 年生物制药产业中的 1/3 份额。2010 年全球销售额前十的生物药中有 7 种抗体药物，分别是 Amgen、Pfizer、Takeda 公司的依那西普（Enbrel），Roche 公司的贝伐单抗（Avastin）、利妥昔单抗（Rituxan）、曲妥珠单抗（Herceptin），Abbott 公司的阿达木单抗（Humira），J&J、Merck、Mitsubishi、Tanabe 公司的英夫利昔单抗（Remicade）及 Genentech 公司的兰尼单抗（Lucentis）。

自 1997 年全球第一个人源化抗体赛尼哌（Zenapax）批准上市后，人源化抗体和全人源抗体以其低排斥反应迅速成为该领域的发展焦点。2004 年之后，美国 FDA 和欧盟 EMEA 新批准上市的抗体药物均为人源化抗体或全人源抗体。鉴于人源化抗体降低抗体的免疫原性有限，同时构建费时费力，在 20 世纪末抗体库技术和转基因小鼠技术逐渐成熟后，抗体药物的发展进入全人源抗体阶段，人源化抗体的研发比例逐渐下降。目前，对于肿瘤、自身免疫性疾病、感染性疾病等适应证，重组寡聚抗体和重组多克隆抗体又成为其另一发展方向，以解决某些病原体或毒素的多靶点和免疫逃逸等问题，从而达到更好的疗效。降低抗体药物本身的抗原性，提高抗体表达量，提高抗体亲和力，提高抗体效应功能等成为当前抗体药物的总体发展方向。

1. 降低抗体药物本身的抗原性

研究表明，人抗鼠抗体反应（HAMA）反应的发生率和程度随着抗体人源化程度的提高而降低。抗体人源化主要有 6 种方法：①CDR/SDR 移植；②抗原表位定向选择（epitope guided selection，EGS）；③表面重塑；④框架改组；⑤虚拟人递呈肽段法；⑥降低免疫原性。

虽然简单的 CDR 移植可以降低抗体自身免疫原性，但是也通常降低抗体的亲和力，甚至丧失与抗原结合的能力。美国礼来公司基于骨架区（FR）的同源性，报道了用于人源化外生抗体通用组合库的 CDR 移植。将鼠抗人表皮生长因子受体（EGFR）Fab 片段 M255 单克隆抗体的 6 个 CDR 区移植到与 M255 自身 FR 区低相似的人源抗体的 FR 区。该 FR 区采用在 17FR 共识排列定位以观察氨基酸多样性。通过噬菌体展示库技术从该通用组合库中筛选到 10 个人源化 M255 克隆，其中 2 个克隆显示了更高的亲和力。细胞实验结果表明，这 10 个克隆都保留了特异性抗原表位，均能阻断表皮生长因子受体的磷酸化，从而抑制细胞的增殖。该方法不仅通过 CDR 移植获得了人源化抗体，降低了抗体的自身免疫原性，还获得了更高亲和力的人源化抗体。

日本中外制药有限公司（Chugai）通过 CDR 移植和框架改组，获得模拟凝血因子 VⅢ（FVⅢ）功能，抗 IXa（FIXa）和 X（FX）因子不对称双特异性 IgG 抗体，命名为 hBS910。该抗体在缺乏 FVⅢ 的血浆中模仿其功能，并且不受 FVⅢ 抑制因子的影响。

斯洛文尼亚的卢布尔雅那大学研究学者对抗朊病毒的鼠单克隆抗体 V5B2 单链的可变区进行表面重塑，在序列对比和计算机模拟的基础上，将亲本抗体的 scFv 的 13 个可及性残基进行突变改造，已经成功获得了具有识别朊病毒抗原的人源化 scFv。

韩国绿十字公司研究中心的抗体工程实验室通过抗原表位导向选择的方法将鼠抗 EGFR 单克隆抗体 A13（mAb A13）进行人源化。从含有人 V_H 和 mAb A13 的 V_L，以及人 V_L 和 mAb A13 的 V_H 基因的鼠-人杂合抗体库中筛选得到 4 个人单链抗体可变区片断（scFv），所有 4 个 scFv 结合到表达 EGFR 的细胞 A431，其中一个 scFv（SC414）具有高亲和力，转换为 IgG1（ER414）。虽然，ER414 的亲和力为 mAb A13 的 1/18，抑制表皮生长因子（EGF）诱导 EGFR 酪氨酸磷酸化的能力下降，但是 ER414 保留了 mAb A13 的抗原表位，因此，该方法可以将鼠单克隆抗体人源化。

2. 提高抗体表达量

目前，多数在研发的抗体药物都是用哺乳细胞培养系统，该系统表达量低、生产成本高。但是抗体药物较其他生物药用量大，因此，为了提高表达量，优化细胞的表达载体、优化细胞株、规模化细胞培养等中下游技术的基础研究和工艺开发成为研究热点。

爱尔兰都柏林城市大学报道了重组单链抗体可变区片段和单链抗体片段（scAb）的噬菌体库，以改善抗体筛选和结合的研究。scAb 含有一个融合的人 κ 轻链稳定区（Cκ），在大肠埃希菌中的表达水平显著提高。Elisa 检测两种抗体结构（scFv 和 scAb）的表达水平表明，scAb 较 scFv 的表达量高 100 倍。同时，Biacore 检测 scAb 中 Cκ 有更高的亲和力。动力学和夹心 Elisa 检测结果均表明，scAb 优胜于 scFv，为抗体的筛选和肿瘤标志物的免疫检测奠定了基础。

韩国生物科学与生物技术研究所建立了一种有效地利用分裂的绿色荧光蛋白（green fluorescent protein，GFP）且使用流式细胞仪筛选高抗体表达量的 CHO 细胞株的方法。在这项研究中，他们在重组分裂的绿色荧光蛋白的基础上使用流式细胞仪分析技术成功筛选抗体表达量高的 CHO 细胞株，证明了分裂的 GFP 可以作为抗体表达量的筛选指标，其基础是抗体产量与重组 GFP 的荧光灰度值具有高度相关性。

3. 提高抗体亲和力

目前，大多数人源化的抗体亲和力都较亲本抗体下降。因此，改善亲和力也是抗体人源化的重要组成部分。如今，有很多方法可模拟体内抗体亲和力的成熟方式，从而在体外进行抗体亲和力成熟。常用的方法有 CDR 突变、链替换、分子展示技术、基于计算机设计提高抗体亲和力等。

美国 Centocor 公司应用人生殖细胞基因合成抗人细胞因子 CDR-H3 区域，通过平移噬菌体展示库技术，成功获得 CDR-H3 区域包含 2 个半胱氨酸残基的抗体 M3。该抗体显示出高亲和力，可特异性识别抗原表位。质谱肽映射显示 2 个半胱氨酸残基形成 1 个二硫键。将半胱氨酸更换为丙氨酸，该抗体的溶解度和稳定性没有变化，但是与抗原的结合能力显著下降。进行三维建模和动态模拟，探讨二硫键如何影响 CDR-H3 与抗原的结合，证实了包含 CDR 内部或 CDR 间二硫键的人组合抗体库可用于筛选具有独特结合能力的人类抗体。

如前所述，降低抗体药物免疫原性的韩国绿十字公司研究中心抗体工程实验室通过抗原表位导向选择的方法将鼠抗人 EGFR 单克隆抗体 A13 进行人源化得到人源化抗体 ER414。该抗体虽然保留了 mAb A13 相同的抗原表位，但是亲和力下降了 17 倍。故该实验室采用 CDR 突变，来提高 ER414 的亲和力。该研究首先通过 ER414 的 3D 模型寻找 CDR 需要突变的氨基酸。噬菌体展示库技术获得随机诱导突变 CDR 的克隆，将得到的克隆替换 ER414 的 HCDR3 和 LCDR1。从 HCDR3 随机突变库中得到一个克隆 H3-14，其亲和力较 ER414 提高 20 倍。

4. 提高抗体效应功能

治疗性抗体的作用机制主要是与抗原特异性的结合（由可变区完成），以及与抗原结合后激发的效应功能（由恒定区完成）。根据抗体药物的作用机制，可针对性地对其进行改造，以提高其效应功能。常用的方法有：以抗体为导向载体的免疫偶联物，免疫细胞因子，双特异性抗体，改造抗体的 Fc 增加 ADCC 和 CDC 效应。

近年，抗体偶联药物（ADC）发展较快，ADC 结合了化疗药物的细胞毒性和抗体的特异性，主要有 4 种组分：癌症或靶点抗原，结合靶点的抗体，连接化疗药物与抗体的偶联剂，药物本身。早期，偶联剂不太稳定，导致药物释放到血液循环中，形成脱靶毒性。近几年，偶联剂稳定许多，化疗药物杀伤肿瘤细胞作用更强。目前，ADC 可抑制多种抗原，如 CD19、CD22、CD30 等，抗体与多种细胞毒性药物偶联，如刺孢霉素、美登素衍生物。近期，英国 FDA 批准 ADC brentuximab vedotin 可用于治疗经自体干细胞移植或 2 次多智能体化疗方案失败的霍奇金淋巴瘤患者和 1 次多智能体化疗方案失败的系统性间变性大细胞淋巴瘤患者。目前，多项 ADC 正在进行临床实验。

（二）我国抗体药物的发展概况与国际比较

我国抗体药物的研究与开发基础薄弱，与发达国家有着较大的差距，主要表现在抗体研制技术和产业化制备技术两方面。近年来，国家把生物医药行业确定为支柱产业，加大对抗体药物的关注与支持。单克隆抗体药物的研发也被列入国家"九五"、"十五"计划和"十一五"、"十二五"规划等多项国家重点攻关项目。经过 30 年来的努力，我国抗体药物的研发技术日渐成熟，产业化规模日益壮大，自 1999 年至今，我国 SFDA 批准的治疗性抗体及融合蛋白药物 19 个，其中进口药品 11 个，国产药品 8 个（表 2-1）。从表 2-1 可见，我国抗体药物主要分布在肿瘤（36%）和自身免疫性疾病（64%），其中 6 个人源化抗体、1 个全人源抗体，与国外抗体药物治疗范围广，人源化抗体和全人源抗体合计占比例约 80% 有一定差距。同时，我国抗体药物主要针对 3 个靶点：HAb18G/CD147（利卡汀）、IL-8（恩伯克）和 EGFR（h-R3）。而国际批准的抗体药物主要靶点有 29 个，包括 CD2、CD3、CD6、CD11a、CD20、CD25（IL-2Rα 和 IL2R）、CD28、CD33、CD52、HER-2/neu、GpⅡb/Ⅲa、TNF-α、TNF、VEGF、EGFR（HER-1）、RSV F protein、Ep-CAM（17-1A）、Digoxin、IgE、Intergrinα-4、C5a、IL-1β、IL-6R、IL-12、IL-23、RANKL、BLyS、CTLA-4 及蛇毒素。

表 2-1 我国 SFDA 批准的抗体药物和融合蛋白

名称	商品名称	生产企业	靶点	抗体类型	批准年份
muromonab-CD3	Iort3	Ortho Biotech	CD3	鼠源	1999
rituximab	MabThera	Roche	CD20	嵌合	2000
daclizumab	Zenapax	Roche	Tac/CD25	人源化	2000
trastuzumab	Herceptin	Roche	EGFR-2/HER2	人源化	2003
basiliximab	Simulect	Novartis	CD25	嵌合	2004
cetuximab	Erbitux	Merck	EGFR	嵌合	2005
infliximab	Remicade	Cilag AG	TNF-α	嵌合	2006
抗人胸腺细胞免疫球蛋白	即复宁	Genzyme	人胸腺细胞	兔源	2009
adalimumab	Humira	Abbott	TNF-α	人源化	2010
bevacizumab	Avastin	Roche	VEGF	人源化	2010
etanercept	Enbrel	Amgen	TNF-α	全人源	2010
注射用抗人 T 细胞 CD3 鼠单抗	WuT3	武汉生物制品研究所	CD3	鼠源	2002
抗人 IL-8 单抗乳膏	恩博客	大连亚维药业有限公司	IL-8	鼠源	2003
重组人 II 型肿瘤坏死因子受体-抗体融合蛋白	益赛普	上海国健药业公司	TNF-α	融合蛋白	2005
碘 [131I] 人鼠嵌合型肿瘤细胞核单抗	唯美生	上海美恩生物技术有限公司	肿瘤细胞核 DNA	嵌合	2006
碘 [131I] 美妥昔单抗	利卡汀	第四军医大学，成都华神集团	CD147	片段抗体	2006
尼妥株单抗注射液	泰欣生	百泰生物药业有限公司	EGFR	人源化	2008
重组抗 CD25 人源化单克隆抗体注射液	健尼哌	上海国健药业公司	CD25	人源化	2011
注射用重组人 II 型 TNFR-抗体融合蛋白	强克	上海赛金生物医药有限公司	TNFR	融合蛋白	2012

　　国外获准在中国进行临床实验品种达到 27 个左右，国内抗体药物处于临床实验阶段的有 22 个（表 2-2），118 个抗体药物申报但未进入临床阶段。从表 2-1 中可以看出，进口的 11 个抗体药物中有 1 个全人抗体，4 个人源化抗体，4 个嵌合抗体，仅 1 个鼠源和 1 个兔源抗体；国产的 8 个抗体药物中，2 个是人源化的抗体药物，其余多为嵌合抗体或鼠源抗体。其中，国内外人源化和全人源抗体均为近几年新上市药品，显示了抗体药物的发展趋势——人源化或人源抗体。下文将简述泰欣生和健尼哌两个国产人源化抗体。

表 2-2 我国 SFDA 批准临床实验的单抗产品

名称	生产企业	适应证	临床阶段
注射用重组抗 CD11a 人源化单抗	上海国健生物技术研究院	银屑病	N/A
重组抗 CD25 人源化单抗注射液	上海国健生物技术研究院	移植排斥	N/A
注射用重组抗 HER2 人源化单抗	上海中信国健药业有限公司	乳腺癌	III 期结束

名称	生产企业	适应证	临床阶段
重组人鼠嵌合抗 CD20 单抗注射液	上海中信国健药业有限公司	淋巴瘤	Ⅲ期结束
注射用重组人 CTLA4-抗体融合蛋白	上海中信国健药业有限公司	RA	Ⅲ期结束
重组抗 EGFR 人鼠嵌合单抗注射液	上海张江生物技术有限公司	结直肠癌	N/A
注射用重组抗 CD25 人鼠嵌合单抗	上海张江生物技术有限公司	移植排斥	N/A
注射用重组抗 CD52 人源化单抗	上海张江生物技术有限公司	白血病	N/A
注射用重组抗 CD3 人源化单抗	上海张江生物技术有限公司	移植排斥	N/A
重组人 LFA3-抗体融合蛋白注射液	上海张江生物技术有限公司	银屑病	N/A
重组人 TNFR-Fc 融合蛋白	上海张江生物技术有限公司	RA	N/A
注射用重组抗 TNF 人鼠嵌合单抗	上海张江生物技术有限公司	RA	N/A
重组人 CD22 单抗注射液	深圳龙瑞药业有限公司	肿瘤	N/A
折射用重组人 EPO-Fc 融合蛋白	上海美烨生物技术有限公司	肾性贫血	N/A
重组人源抗狂犬病毒单抗注射液	华北制药集团	狂犬病	N/A
碘［^{131}I］肿瘤细胞核人鼠嵌合单抗注射液	上海美恩生物技术有限公司	肿瘤	N/A
碘［^{131}I］恶性淋巴瘤嵌合单抗注射液	上海美恩生物技术有限公司	淋巴瘤	N/A
重组人 EPO（Fc）融合蛋白注射液	东莞宝丽健生物工程研究开发公司	肾性贫血	Ⅱ期
冻干注射用重组抗肿瘤融合蛋白	北京迪威华宇生物技术公司	肿瘤	N/A
重组人Ⅱ型 TNFR-抗体融合蛋白	浙江海正药业有限公司	RA	Ⅲ期
注射用抗肾综合征出血病毒单抗	武汉生物制品研究所	出血热	N/A
APX003/BD0801	美国 Apexigen 公司与先声药业集团	肿瘤	N/A

1. 泰欣生

抗表皮生长因子受体（EGFR）单克隆抗体泰欣生（尼妥珠单抗，nimotuzumab），是我国批准的第一个基因重组人源化单克隆抗体药物，也是全球第一个以 EGFR 为靶点的人源化单克隆抗体，其人源化程度高达 95%，达到国际同类产品领先水平，已获国家生物制品一类新药证书。泰欣生经过中国和古巴合资建立的百泰生物药业有限公司长达 8 年的研发，于 2008 年通过国家药监局认证，成功上市。目前已在美国、加拿大等 20 多个国家进行多项临床研究。泰欣生的作用机制是高特异性地识别和结合 EGFR 内部结构域，竞争性抑制其天然配体，阻断经 EGFR 介导的信号传递和细胞学效应，从而抑制肿瘤细胞的增殖、抑制肿瘤新生血管的生成，以及诱导肿瘤细胞的凋亡，与其他抗 EGFR 单抗相比，常见皮疹、黏膜炎、腹泻等不良反应发生率较低。

国内外临床研究显示，泰欣生联合化疗药物对于多种肿瘤均有显著的治疗效果。

例如，印度 Clinigene 国际有限公司对 92 名头颈癌患者进行 II 期临床实验发现，尼妥珠单抗联合化疗药物可显著地改善头颈癌患者的总生存率。我国滨州医学院对乳腺癌细胞株 MCF-7 和 SKBR-3 进行尼妥珠单抗和塞来昔布（celecoxib）联合治疗或单独治疗比较后发现，两种药物的联合使用表现出对细胞杀伤的协同作用。西班牙 Reina Sofía 医院报道，一个患有弥漫的内在脑桥胶质瘤 8 岁小孩，接受常规放疗后，进行尼妥珠单抗和替莫唑胺联合治疗后，临床症状和神经影像学都得到了改善，但他们的联合用药能否使患者更好的长期生存，仍需考证。古巴分子免疫学中心通过 I 期临床实验发现，放射免疫治疗结合尼妥珠单抗可能是治疗严重胶质瘤的新希望。德国波鸿鲁尔大学血液学和医学肿瘤学系对 56 名标准化疗失败后并且至少有一个可测量的病变的晚期局部或转移性胰腺癌患者进行 II 期临床实验，证实了尼妥珠单抗的安全性和临床耐受性。我国天津医科大学癌症预防与治疗重点实验室将 41 名非小细胞肺癌晚期患者分为 2 组，一组为治疗组，21 名患者用尼妥珠单抗结合泰素脂质体和卡铂治疗；一组为对照组，20 名患者仅用泰素脂质体和卡铂治疗。每组都接受 2 个周期的化疗。结果显示，尼妥珠单抗与泰素脂质体和卡铂具有协同作用，可提高疗效，并且毒性温和，具有临床耐受性。广西医科大学第四附属医院肿瘤科将 13 例既往接受过多方案化疗的晚期转移性鼻咽癌患者进行尼妥珠单抗联合吉西他滨治疗，表现出疗效确切，耐受性好。辽宁省肿瘤医院报道，1 例大肠癌患者经尼妥珠单抗联合化疗治疗后，肿瘤标志物明显下降，肿瘤得到一定的控制，这初步证实了该联合治疗方法在大肠癌中具有良好的应用前景。

2. 健尼哌

健尼哌（重组抗 CD25 人源化单克隆抗体注射液，daclizumab）是我国继批准第一个人源化抗体药物——泰欣生，3 年后批准上市的第二个人源化抗体。健尼哌是由上海中信国健药业股份有限公司研发的第二个抗体药物。它主要用于预防器官移植后急性排斥反应的发生，其作用机制：健尼哌是 IgG1 亚型，与 IL-2 受体中的 α 链（CD25）的 Tac 表位特异性结合，阻断了 IL-2 和 IL-2 受体的结合，从而抑制了激活的 Tc 进入细胞增殖循环，进而预防移植后急性排斥反应的发生。健尼哌可与包含环孢素和皮质类固醇激素的免疫抑制方案联合使用，还可用于治疗多发性硬化症。目前，健尼哌用于治疗多发性硬化症正在进行 III 期临床实验。同时，Hao W. J. 等研究表明，健尼哌与抗胸腺细胞球蛋白在肾移植后 24 个月中的效果不相上下。另外，健尼哌高度人源化的设计，最大限度地的降低了过敏等不良反应。

（三）我国抗体药物发展的主要问题

尽管我国抗体药物的发展速度比较快，但是仍存在不少问题，主要有以下几点。

（1）缺乏创新。目前，我国正在研制或已上市的抗体药物多仿制国外的产品，将来易造成知识产权的纠纷；同时由于仿制的起点低，同一个产品可能被多个企业仿制，从而导致市场上的恶性竞争，难以实现规模化。至今，我国完全自主研发的产品还没有得到国外市场的认可。同时，与世界水平接近的研究项目，也大多处于实验室研究阶段。

（2）投入资金较少。由于抗体药物的研发周期较长，人力、物力、财力耗费较大，散在和不足的投资将制约抗体药物在我国的发展。同时，存在项目重复投资的状况，这将出现同一产品多个公司仿制销售的局面，从而造成不必要的浪费。

（3）生产技术瓶颈没有突破。无论是获得人源化抗体、提高抗体亲和力、表达量等上游技术，还是保持细胞活力、抗体分泌量、高密度生长等中下游技术，我国抗体药物的发展都与国外差距较大。在发达国家，哺乳动物细胞培养表达工艺已朝着人工智能的方向发展，生产规模大，如德国默克公司的流加培养在 10 000L 以上，美国贝尔公司的灌流培养在 200L 以上；美国抗体的表达水平平均在 $4\sim5g/L$，最高大于 $10g/L$；细胞表达水平在 $50\sim100pg/$（cell·d）。而我国多数还停留在实验室规模培养，一般都小于 80L。另外资料显示，我国动物细胞数量和种类比较少，工程细胞株表达水平不理想，细胞培养技术并不高，抗体的表达水平在 $100\sim200mg/L$，细胞表达水平小于 $20pg/$（cell·d），产业化价值较低。尽管如此，有一些企业灌流培养规模已在 100L 以上，流加培养规模最高也达 3000L。上海中信国健药业公司和百泰生物药业公司已经实现了抗体药物产业化。单抗的纯化方面，国外使用范围最广、发展最迅速的是模拟移动床色谱、双水相萃取（该方法条件温和、分离时间短，蛋白质活性好），以及高效率的膜色谱。而国内由于色谱操作水平较低，只是通过不断地循环加工来完成单抗的纯化，不适合大规模生产。因此，研制成本费用过高成为抗体药物推广应用的又一瓶颈。研究表明，抗体药物存在抗原性问题，会引起人抗鼠抗体反应等不良反应。人源化抗体和全人源抗体可以降低其排斥反应。因此，近来国外新上市的抗体产品大都为人源化和全人源抗体，占 FDA 批准的抗体药物的 80%，鼠源抗体已出现淘汰趋势。但是，我国基因工程抗体优化和抗体人源化技术仍有欠缺，至今，仅上市 2 个国产人源抗体，其数量和种类与国外产品差距较大。

（四）未来发展趋势

虽然抗体药物取得了不断的成功，但是仍存在许多问题。例如，抗体药物本身的抗原性、工程化抗体亲和力降低、抗体的穿透性及代谢动力学等问题。今后治疗性抗体药物的研究趋势将主要集中在以下几个方面。

（1）新靶点和新适应证的选择。抗体针对相应的抗原具有高度特异性，是抗体药物靶向治疗的分子基础，因此，靶点的选择是研究抗体靶向药物的关键。虽然已上市和临床研究中的抗体靶点有 100 多种，但都只限于细胞外可溶性分子和细胞膜表面分子。因此，新靶点的寻找仍然是抗体药物的研发关键。

（2）旧靶点的改造及多靶点的联合治疗。研究证实，针对老靶点不同表位的新抗体，其功能可能更好或毒性作用更低。一些学者将抗体药物的发展分为 3 代：第一代指原始研究的第一个抗体；第二代指在原本的基础上降低免疫原性、改变形式或提高亲和力的抗体；第三代指针对同一靶抗原不同靶点的抗体、激发不同机制或改善 Fc 功能的抗体。目前，各代抗体均有上市，Fc 功能改造的第三代抗体仍在临床实验阶段，若能取得更好的疗效，将成为取代亲本抗体的又一趋势。另外，由于某些病原体或毒素存在多靶点或多表位，随着对靶标结构的认知完善，联合多个靶点治疗成为某些疾病的治疗趋势，以获得更好的疗效。

（3）抗体的人源化及全人源抗体。研究表明，临床治疗中使用鼠单克隆抗体可以产生人抗鼠抗体反应，人源化抗体可以降低抗体药物本身的抗原性，降低人体排斥反应。同时，提高效应功能，增强对靶细胞的杀伤作用。因此，人源化及完全人源是抗体药物重要的发展趋向。

（4）抗体的分子小型化和与化疗药物联合治疗。完整的抗体分子是大分子物质，如 IgG 型抗体的分子质量约为 150kDa，难以通过血管壁、组织屏障或血脑屏障达到病灶部位，因此，研制小分子抗体药物对治疗效果的改善有重要意义。抗体片段更易穿透细胞外间隙到达深部靶细胞。常见的小分子抗体有：Fab，Fv，ScFv，单区抗体，最小识别单位等。小分子抗体没有 Fc 片段，可减少由 Fc 受体引起的不良反应，如 ADCC 和 CDC 效应。临床研究发现，多种抗体药物与某些化疗药物联合使用，可显示协同作用。因此，未来的研究也可探讨这种协同作用机制，寻找更好的治疗方案。

（5）抗体药物的高效化。在肿瘤治疗过程中，抗体药物实际到达肿瘤细胞的数量有限，因此，为了达到更好的治疗效果，需要将抗体药物高效化，使得微量到达靶部位的抗体药物也可以杀伤靶细胞。抗体药物的高效化通常是与高效"弹头"药物偶联，如阿霉素、丝裂霉素、甲氨蝶呤等。

（6）抗体融合蛋白。主要有抗体的 Fv 段与生物活性蛋白融合和含 Fc 段的抗体融合蛋白两大类。抗体融合蛋白可通过 DNA 重组技术制备，具有低免疫原性和小分子特点。在免疫靶向、免疫桥连、嵌合受体等应用中展示了良好的前景。

（7）提高抗体药物的产量，降低抗体药物的成本。目前，抗体药物高成本，低产量等问题成为抗体药物临床应用的瓶颈。因此，改造表达系统，改善规模化培养方法，提高表达筛选技术等下游技术的发展显得同样重要。

抗体药物的研究道路漫长而艰巨，在此过程中失败的次数远多于成功。然而，这些来自临床前和临床实验的经验教训也同时为新的想法、新的药品的出现奠定了基础。

三、体外诊断技术与产品

长久以来，在医学领域中，诊断、治疗、预防 3 个环节不断发展，为人类防治疾病和维护健康提供了保障。其中，诊断的地位更为特殊，从临床诊断获得的信息既能为治疗和预防提供指导，又能对治疗和预防措施的效果进行监测。据统计，临床诊断信息的 80% 左右来自体外诊断（in vitro diagnostics，IVD）。

体外诊断是指在机体外，通过实验方法对机体成分（如血液、体液、分泌物、组织、毛发等）及其附属物进行检测而获取疾病预防、诊治、监测、预后判断、健康及机能等数据的行为。体外诊断已经成为人类疾病预防、诊断、治疗日益重要的组成部分。

随着生命科学和医学基础研究的不断深入和工程技术不断发展，体外诊断技术取得了长足的进展。从最初简单借助物理工具和化学试剂的肉眼观察，到目前借助精密仪器设备的精确检测，各种新技术层出不穷。生物化学、免疫学、细胞学、微生物学、血液学检测技术已趋于成熟，并不断有新技术涌现，而最新发展起来的分子生物学技术已成为体外诊断技术中的新星。在以上技术的基础上，为了满足不同场合的需求，以快速、简便为特征，用于开发适合于家庭、现场及野外使用的产品的 POCT（point of care testing）技术也不断成长。

基于日新月异的体外诊断技术，出现了各种不同功能的诊断产品，以满足不同检测指标、样品、疾病类型的需要。在体外诊断服务方面，传统的以医院为中心的局面正在发生改变，在独立检验实验室、社区医院、家庭进行诊断所占的比例逐渐增加。

体外诊断行业是个快速发展的行业，各种新技术和产品的出现将加快推动以治病为核心的传统医学模式向以防病为核心的未来医学模式转变。

（一）国际研究进展

1. 全球经济环境不利于诊断行业的发展

2008 年爆发的全球金融危机到目前已经影响到了实体经济的层面，以欧美为代表的发达国家经济形势低迷，经济增长持续乏力。在诊断行业内，部分公司面临着巨大的经济压力。自 2009 年以来，欧洲的希腊、西班牙、冰岛、意大利政府面临巨大的财政赤字压力。为了平衡财政收支，各国政府实施财政紧缩政策，其中就包括削减医疗预算，市场的需求受到一定的限制。

2. 全球体外诊断行业市场规模缓慢增长

全球体外诊断市场规模在 2011 年为 590 亿美元，据 Kalorama Information 预测，全球市场将以每年 5% 的增长率发展，到 2016 年，市场规模将达到 638 亿美元。市场包括所有的用于实验室和医院的诊断产品及 OTC（over the counter）产品。5% 的缓慢增长源于欧洲体外诊断产品的价格下调和美国体外诊断行业的兼并导致的价格下跌。北美、欧洲、日本和西欧占据了全球体外诊断市场的 75%，到 2016 年，将下降至 73%。发达国家由于人口老龄化的加剧，对癌症、心脑血管疾病的诊断和糖尿病的监测会有较大的需求，推动了发达国家市场低水平增长。

全球市场的增长源于新型经济体市场的显著增长。中国、巴西、印度等新兴经济体正在大举投资医疗基础设施建设和提高医疗保险覆盖范围，对体外诊断产品有着巨大的需求。在这些国家，体外诊断市场将以每年 10%～14% 的速率增长。未来市场的增长将由发展中国家驱动。随着发展中国家由于经济收入的增加、生活标准的上升、医疗设施的逐步完善，对体外诊断的需求将会大增。

3. 高通量测序技术快速发展

1977 年，Sanger 发明了双脱氧链终止法，用于 DNA 测序，成为了第一代测序技术。随着基因组学研究的展开，第一代的测序技术已经无法满足需求，第二代高通量测序技术应运而生，以高通量测序技术为代表。高通量测序技术可一次并行对几十万到几百万个 DNA 分子进行序列测定，相对于 Sanger 法具有通量高、速度快、低成本等特点。一经推出便广泛应用。2005 年，454 Life Sciences 公司（已被 Roche 公司收购）首先推出了基于焦磷酸测序法的高通量基因组测序系统，开创了第二代测序技术的先河。454 测序系统一个测序反应耗时 10 小时，获得 4 亿~6 亿个碱基对，比 Sanger 测序快 100 倍。随后 Illumina 公司推出了 Solexa GA 测序平台，ABI 公司推出了 SOLID 测序平台。目前在第二代测序平台方面，形成了三足鼎立的局面。第二代测序技术的高通量和快速获取基因组信息的能力能将遗传信息用于遗传性疾病、肿瘤、心脑血管等慢性病的早期诊断和预测。

随着研究的需要，第三代测序技术开始加入到高通量测序技术的行列。第三代测序技术将利用高分辨率显微镜，基于荧光共振能量转移（fluorescence resonance energy transfer，FRET）原理在纳米孔（nanopore）实现单分子检测（single-molecule detection）。目前，已有太平洋生物科学公司（Pacific Biosciences）、全基因组学公司（Complete Genomics）、生命技术公司（Life Technologies）和牛津纳米孔技术公司（Oxford Nanopore Technologies）等在进行第三代测序技术的研发。

2011 年 4 月，美国 Pacific Biosciences 公司宣布开始销售其商业 PacBio RS 系统时，该公司预计第三代测序产品的发售将马上扩展 DNA 测序在诸如癌症研究、病原体检测和农业等领域的应用。但第三代测序技术并未被迅速接受，在市场推广前，测序的准确性还需要提高，测序成本有待降低。

4. 分子诊断和 POCT 产品增长迅速

分子诊断指应用分子生物学方法检测患者体内遗传物质的结构或表达水平的变化而获取临床和健康信息的行为。分子诊断技术是体外诊断领域内最新的革命性技术，几乎可应用于所有的体外诊断领域。POCT 产品使用简便，不需要专业训练，适于在家庭、现场、野外等环境中使用。从胶体金、免疫渗滤到酶免层析、荧光免疫层析，从定性判定到定量检测，各类 POCT 新技术不断发展。近些年，在体外诊断的产品中，分子诊断和 POCT 产品不断出现，所占比例增加（图 2-1）。

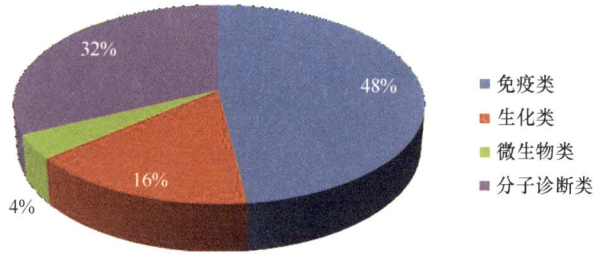

图 2-1 美国 FDA 2012 年批准 4 类体外诊断试剂分类

2012 年，美国 FDA 批准的分子生物学类试剂已经超过传统的临床生化诊断试剂，32% 的比例为临床生化诊断试剂的 2 倍，仅次于免疫诊断试剂的 48%（图 2-2）。免疫诊断试剂由于大量临床生化指标的化学发光试剂的出现而位居首位。而传统的微生物学和血液学等试剂所占比例则较少。

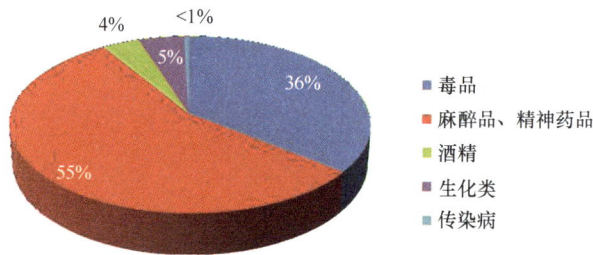

图 2-2 美国 FDA 2012 年批准的 POCT 试剂分类

2012 年美国 FDA 批准的 POCT 试剂中，用于麻醉品、精神药品和毒品的试剂的约占 91%，POCT 试剂大量应用于毒品控制、药物滥用的管控。而生化类、酒精和传染病指标检测的试剂所占比例不足 10%，这说明传统的临床检测指标的 POCT 试剂产品构成已经走向成熟。

在 POCT 仪器方面，2012 年 FDA 批准的仪器 93% 为血糖仪，其中以家用型血糖仪为主。糖尿病的防控已成为 POCT 产品的最主要的用途。

5. 分子诊断技术从单一靶标检测转向多重靶标联检

分子生物学技术用于诊断最初是利用限制性酶切技术实现特定核酸位点的检测。后来发展出了核酸分子杂交技术，通过 DNA 分子之间（Southern 杂交）、DNA 和

RNA 分子之间（Northern 杂交）序列的特异性互补而实现了靶标序列的检测，从而实现了对特定遗传疾病或病原微生物的检测。在 PCR 技术出现后，分子诊断技术出现了质的飞跃。特别是实时荧光定量 PCR 技术，实现了对靶标的定量检测，广泛应用于传染病、遗传病的检测。目前的一般 PCR 产品仅应用一对引物，通过 PCR 扩增产生一个核酸片段，主要用于单一致病因子等的鉴定。而许多疾病可能由于多种致病因子引起，现实的需求催生了多重 PCR（multiplex PCR）技术的出现。多重 PCR 又称多重引物 PCR 或复合 PCR，它是在同一 PCR 反应体系里加上两对以上引物，同时扩增出多个核酸片段的 PCR 反应，其反应原理，反应试剂和操作过程与一般 PCR 相同。

多重 PCR 的特点有：①高效性，在同一 PCR 反应管内同时检出多种病原微生物，或对有多个型别的目的基因进行分型，特别是用一滴血就可检测多种病原体；②系统性，适宜成组病原体的检测，如肝炎病毒、肠道致病性细菌、性传播疾病、无芽孢厌氧菌的同时检测；③经济简便性，多种病原体在同一反应管内同时检出，将大大地节省时间、试剂和经费开支，为临床提供更多更准确的诊断信息。

2013 年初，美国 FDA 批准了 Luminex 公司的多重 PCR 产品，该产品用于同时检测 11 种肠道病原体，包括弯曲杆菌（*Campylobacter*）、*Clostridium difficile*（一种梭菌）、大肠埃希菌（*E.coli*）O157 型、肠毒型大肠埃希菌（ETEC）、沙门氏菌、志贺氏杆菌、肠毒性大肠埃希菌（STEC）7 种细菌，诺如病毒、A 组轮状病毒 2 种病毒，隐孢子虫、梨形鞭毛虫 2 种寄生虫。该产品为临床医生诊断和治疗肠胃炎等肠道疾病提供了极大的帮助。

6. 生物芯片技术增长中面临新的挑战

生物芯片技术是通过缩微技术，根据分子间特异性地相互作用的原理，将生命科学领域中不连续的分析过程集成于硅芯片或玻璃芯片表面的微型生物化学分析系统，以实现对细胞、蛋白质、基因及其他生物组分的准确、快速及大信息量的检测。按照芯片上固化的生物材料的不同，可以将生物芯片划分为基因芯片、蛋白质芯片、细胞芯片及组织芯片。微流控芯片技术作为生物芯片的重要发展方向，在体外诊断领域有着许多重要的用途，但目前还处在实验室研究阶段。

新加坡生物工程和纳米技术研究所 2012 年 5 月成功研发出一种微型生物芯片，

可探测药物对肿瘤干细胞的医疗效果，帮助更高效地筛选抗癌药物。此次新加坡研发的名为液滴阵列的微型生物芯片能够以有限的样本更快捷、有效地探测到药物的医疗效果。据悉，传统探测方法需要最少 2500～5000 个细胞进行分析，而微型生物芯片只需要提取 500 个细胞进行筛选。科研人员用这种微型生物芯片对从乳腺癌、肝癌和结肠癌细胞中提取的肿瘤干细胞进行抗癌药物药效检测。动物实体实验的结果均佐证了微型生物芯片的检验效果。

2012 年 6 月，全球领先的生物芯片制造商 Affymetrix 推出了用于在全基因组范围内检测 microRNA 的芯片 Axiom® miRNA Target Site Genotyping Arrays。这些新的芯片可用于阐明 miRNA 调控机制的改变如何影响基因的表达和患病的风险。该系列芯片检测 miRNA、miRNA 作用的 mRNA 靶位点及基因沉默机制相关的 238，000SNP 和插入缺失位点，是在基因组范围内分析复杂疾病相关的主要调节性 miRNA 的重要工具。

生物芯片研发的全球性合作也在进行。Affymetrix 同新加坡基因组研究院于 2012 年 8 月 24 日签署协议，双方共同研究基于 PathGEN® PathChip 的用于 7000 种病原微生物的检测。

由于高通量测序技术的出现，以及测序实验的成本飞速下降，大家对生物芯片的应用和关注也在不断下降，甚至有预言认为，芯片技术面临消亡。然而，全球著名投资银行 William Blair 开展了一项关于生物芯片的调查，结果表明此技术在研究领域仍占有一席之地。生物芯片技术在传染病诊断方面还是具有独到的优势，特别是微流控芯片，可实现样品的快速高通量检测。

7. 独立医学检验实验室兴起

国际上正在兴起商业化运营的独立检测实验室，对外提供高度复杂和专业的临床检测服务，包括病理切片、分子诊断，特别是对癌组织穿刺样品的原位杂交和 PCR 分析。在美国，这种公司控制的检验实验室已经成了一种普遍的商业模式。许多具有开创性的重大检验技术都是在这些实验室率先开展应用的。

目前，检验服务已经是 IVD 市场增长最快的部分之一，并在逐渐走向成熟。从 2008 年到 2009 年，年增长率为 32%，目前已经下降为 9%～15%，从早期的快速增长期进入了稳定期。Genomic Health 公司的核心业务——癌症诊断服务，在 2009 年至 2011 年间其年均增长率从 38% 下降至 11%（表 2-3）。

表 2-3 美国部分检验服务提供商 2009～2011 年销售额

公司	地点	领域	销售额/×10² 万美元			复合年均增长率/%
			2009 年	2010 年	2011 年	
Genomic Health	美国	癌症	150	175	205	11
Genzyme Genetics	美国	癌症	411	478	490	6
Myriad Genetics	美国	癌症	327	363	400	7
Genoptix Inc.	美国	癌症	128	198	200	16
Clarient	美国	癌症	100	105	115	5
Prometheus Labs	美国	癌症	70	84	105	14
总计			1186	1403	1515	9

资料来源：Kalorama Information

尽管全球检验服务行业增长放缓，但其在新型经济体中将继续快速发展。在中国大陆，这个行业处于起步阶段，市场容量非常大。近年来，广州、北京、上海、南京、重庆、合肥、杭州、温州、常德等城市相继出现了近百家独立检验实验室。目前，国内独立检验实验室居前三位的分别为金域、艾迪康、迪安诊断，其中金域占据了行业 20% 以上的市场份额。2011 年年末，国际诊断巨头罗氏诊断宣布与国内市场份额最大的第三方独立检验实验室金域检验合作，推进包括大西北、西南等偏远地区基层医疗市场的业务覆盖。

可以说，检验服务在发达国家已经走向成熟，而在发展中国家，随着基础医疗设施的建设，对检验服务的需求剧增，医学检验服务将取得快速发展。

（二）国内研究进展

1. 经济环境有利于国内体外诊断行业的发展

自 2008 年国际金融危机爆发以来，全球各发达国家受危机的影响，经济增长普遍乏力。而以"金砖国家"（巴西、俄罗斯、印度、中国、南非）为主的部分发展中国家的经济增长维持在较高的水平。2012 年，全球经济增长率为 3.3%，2012 年除南非以外的"金砖四国"的经济增长率有 6.2%，而中国的实际经济增长率为 7.8%。高盛集团预测 2013 年金砖国家的经济增长率将达 6.9%。强劲的经济增长助推了国内经济繁荣，也为体外诊断行业的发展提供了良好的外部经济环境。

与此同时，国外部分体外诊断的企业由于市场整体的低迷，面临着资金的困难，这对于国内的体外诊断领军企业在海外实行并购活动提供了难得的机遇：既可以通过并购获得国外的技术和产品线，同时还可以借此机会进军海外市场，使本土企业迈向国际化。

2. 国家政策支持体外诊断行业的发展

《"十二五"国家战略性新兴产业发展规划》中将生物产业列为重点发展方向，要加快发展生物医学工程技术和产品。支持开发高性能临床诊疗设备的核心部件与关键技术，开发高度集成、高灵敏度、高特异性和高稳定性的临床诊断、治疗仪器及配套试剂；支持开发数字化、可移动医疗系统和适用于基层医疗卫生机构的高性价比诊疗设备。

《医药工业"十二五"发展规划》中明确表示医药工业要重点发展生物技术药物、化学药新品种、现代中药、先进医疗器械、新型药用辅料包装材料和制药设备五大领域。其中医疗器械产品和技术发展重点中就有体外诊断仪器及试剂：重点开发用于血细胞、生化、免疫、基因、蛋白质、药敏等分析的自动化临床检测系统及配套试剂。

《医疗器械科技产业"十二五"专项规划》指明产品发展重点方向包括开发应用于疾病预防和诊断领域的仪器和试剂，并积极发展现场快速检测仪器、生物芯片等新产品。

上述国家级规划多次强调了发展生物医药产业，明确要发展医疗器械产业，支持诊断用仪器和试剂的研发，为体外诊断的发展提供了政策支持。有了政策的明确支持，配套的金融税收政策、人才政策、资金投入计划和市场管理机制等有利于体外诊断行业发展的举措都会随之推出。

从政策条件上看，目前的政策非常有利于我国体外诊断行业的发展，利用此机遇，大举突破核心关键技术，开发满足不同层次需求的体外诊断产品正当其时。

3. 国内体外诊断试剂市场发展

从诊断试剂生产企业分布的角度来说，市场基本上可以分成 4 类，临床生化诊断市场、免疫诊断市场、分子诊断市场和其他试剂市场。

（1）临床生化诊断

我国临床生化诊断试剂市场起步较早，市场发展相对平稳。相对于免疫及分子检验，临床生化检验是医院检验最经常、最基本、也是相对最便宜的检测。由于进口试剂价格较高，目前市场上主要以国产试剂为主。但由于此类市场对配套生化分析仪依赖程度高，因此造成以试剂生产为主的企业在成长性上受到很大限制。由于过去科研成本投入较低的历史原因，国内体外诊断试剂企业的创新能力普遍不足，新产品的投放能力有限，仿制及贴牌的居多，与生化分析仪的配套较差。

在生化试剂市场中，国外试剂销售量占总销售量的 32% 左右，销售额约占总销售额的 50% 。在国产生化试剂市场中，主要有中生北控、科华生物、利德曼、九强生物、美康等企业。随着国家医疗体制改革的进行，县级医院全自动生化分析仪和基层医院半自动生化分析仪的普及，以及覆盖全民的医保体系的建立，预计未来几年我国生化试剂市场将会呈现超过行业平均增长速度的高速增长。2010 年，我国生化试剂市场规模达 31.58 亿元，至 2014 年我国生化诊断试剂市场规模将达到 77.15 亿元（图 2-3）。

图 2-3　2007～2014 年我国临床生化诊断试剂市场规模增长情况（数据来源：中投顾问产业研究中心）

（2）免疫诊断

免疫诊断市场发展快，技术方法多样。该类市场进入的门槛比较低，对试剂质量、销售手段、国家管理政策等因素比较敏感。国内主要生产企业有万泰、科华、丽珠、金豪、新创、安图等，国外企业多以合资、独资建厂的方式出现，直接进口的试剂比较少，主要有雅培、罗氏、西门子、贝克曼库尔特等公司的产品。

2010 年体外免疫诊断试剂采购金额同比增长 24.23% ，显示体外免疫诊断试剂处于快速增长阶段。此外，随着国内企业化学发光免疫诊断试剂和配套仪器的成功开发，试剂质量有了较好保障且生产成本也大幅降低。由于国家大幅投资国内医疗基础设施建设，化学发光免疫诊断试剂和仪器从三甲医院向下推广至二级医院，助推市场的增长。

2010 年我国免疫诊断试剂市场规模达到 33.55 亿元，市场份额约为 34%，随着未来我国医疗改革的不断深入，我国免疫诊断试剂市场规模将继续保持增长态势，至 2014 年，我国免疫诊断试剂市场规模将达到 81.62 亿元（图 2-4）。

图 2-4　2007～2014 年我国免疫诊断试剂市场规模增长情况（数据来源：中投顾问产业研究中心）

（3）分子诊断

分子诊断市场中主要是 PCR 试剂系列，其中以荧光定量 PCR 试剂占据首位，荧光原位杂交试剂位居第二。在分子诊断试剂领域，达安处于领军位置，科华、之江、圣湘、仁度等企业实力强劲。仁度拥有特有的实时荧光核酸恒温扩增检测（simultaneous amplification and testing，SAT）技术，利用该技术的核酸扩增在一个温度下进行（42℃），无需热循环，扩增效率极高，15～30 分钟即可将模板扩增 10^9 倍。从 2010 年至今，该公司已有基于 SAT 技术的 7 个传染病类试剂获得 SFDA 批准。至于发展迅速的基因芯片，从 2009 年首个基于基因芯片方法的试剂获批至今，已有 13 种试剂获得批准，其中 2012 年获批的有 4 个。

中国的分子诊断应用还不算普及，大多局限在感染性疾病的定量检测。即便是感染性疾病，也主要集中在 HBV、HCV 等少数项目。分子诊断占全国 4% 的市场份额。随着分子诊断试剂在血液筛查中的应用推广，分子诊断市场份额将会有较大幅度的增加。

（4）其他试剂

其他试剂市场中除血糖和尿检试剂外，市场较小，基本上都是一些中小企业，技术比较落后，竞争力比较弱。在血糖仪方面，国产品牌质量有所提升，同国外品牌相比，拥有价格优势。例如，国内企业三诺生物生产的包含 50 条试纸的安稳血糖仪价格已低至 108 元，而国外企业强生生产的包含 50 条试纸的稳择易血糖仪价格仍高达 585 元。

总的来说，目前在临床应用比较广泛、市场广阔的项目上（如免疫诊断试剂中的肝炎、性病和孕检系列，临床生化诊断中的酶类、脂类、肝功、血糖、尿检等系列），国内主要生产厂家的技术水平已基本达到国际同期水平；基因检测中的 PCR 技术系列已经基本达到国际先进水平，基因芯片技术正在迅速追赶国际水平。由于市场因素、政策因素和国内机电一体化应用技术的落后等原因，微生物学等方面一些项目进展缓慢，技术水平相对较低。在大型全自动临床检验仪器方面，同国外还有一定差距。

国内临床诊断试剂的生产厂家的规模普遍不大，目前还远无法与国际上诊断试剂巨头罗氏、雅培、西门子等相比。根据国家体外诊断专委会提供的数据，目前我国体外诊断试剂生产企业有 300～400 家，其中初具规模的企业近 200 家，但年销售收入过亿元的仅有约 20 家，达 10 亿元的仅有 1 家。企业普遍规模小、品种少，小企业数目众多，行业竞争激烈。

国内临床诊断试剂行业在基础技术研究方面投入较少，几乎没有自己的专利技术和知识产权，随着企业规模的扩大和市场发展的日益成熟，国内企业纷纷建立起了自己的研发中心和研究机构，加强了产品应用技术和基础技术的研究。

由于国内临床诊断试剂生产企业的生产成本远低于同类的国外公司，因此在国内市场有很强竞争力。但因为企业技术薄弱和知名度低，同时由于专利和知识产权因素，一些国内产品不能跨出国门，因此国际竞争力非常弱，多数企业没有产品出口，部分实力强的企业能有少量出口，但主要是面向一些第三世界国家，面向西方发达国家的出口偏少。

4. 2012 年我国体外诊断产品审批情况

体外诊断产品主要是用于体外诊断的试剂和仪器。试剂包括试剂盒、标准品（物）、质控品（物），其中以试剂盒最为常见和有代表性。仪器包括各种大型的全自动分析仪器和简易的 POCT 仪器。

国家食品药品监督管理局（SFDA）2012 年新批准的体外诊断试剂以临床生化诊断试剂为主（图 2-5），占 63%，是免疫诊断试剂所占比例 21% 的三倍，同美国 FDA 新批准的免疫诊断试剂是临床生化诊断试剂 3 倍相比，可以发现，国内许多体外诊断产品集中在技术门槛较低的生化试剂行列。同时由于医疗改革和医保体系的建立，我国对临床生化诊断的需求非常巨大，推动了这类产品的大量进入市场。而技术要求最高且发展最为迅速的分子诊断试剂仅占 4% 。美国 FDA 新批准分子诊断试剂占所有试剂的 32% ，远远高于我国水平。上述数据说明，同发达国家相比，我国的体外诊断产品技术含量偏低。

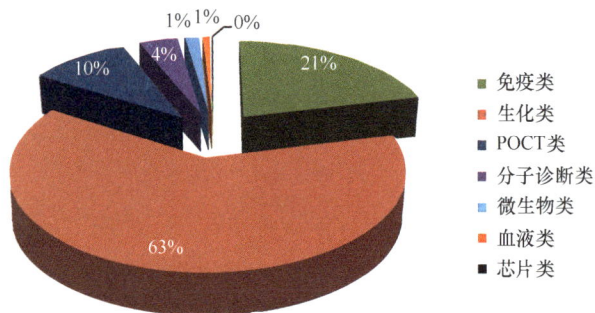

图 2-5　2012 年 SFDA 批准的国产体外诊断试剂分类

免疫诊断试剂在诊断试剂盒中品种最多，根据诊断类别，可分为传染性疾病诊断试剂、内分泌疾病诊断试剂、肿瘤疾病诊断试剂、药物检测诊断试剂、血型鉴定诊断试剂等。从结果判断的方法学上，又可分为酶免疫分析（EIA）、胶体金、化学发光、放射免疫等不同类型试剂。放射免疫试剂由于放射性物质对人体的伤害和环境的污染，目前在国际市场上已经被逐渐淘汰，国内还有少量使用。

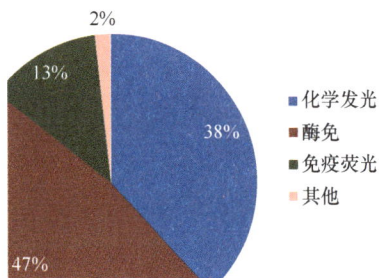

图 2-6　2012 年 SFDA 批准的国产酶免试剂分类

在新批准的酶联免疫类试剂中，酶联免疫（ELISA）试剂所占比例最大，为 47%（图 2-6）。化学发光试剂（CLIA）以 38% 的比例位居第二，接近 ELISA 试剂，是未来免疫诊断试剂的发展方向。免疫荧光试剂和其他的免疫诊断试剂占据了剩下的 15% 。

在免疫诊断试剂中，2012 年 SFDA 批准了北京万泰生物药业股份有限公司的结核分枝杆菌相关 γ-干扰素检测试剂盒（体外释放酶联免疫法），该试剂基于特异性 T 细胞免疫应答的原理，利用结核抗原体外刺激新鲜血样品是否产生 γ-干扰素来判断体内是否存在结核特异性 T 细胞，以确定是否存在结核感染。该产品是国内第二个基于 T 细胞免疫的免疫诊断产品。国内首个产品为海口维琪瑗生物研究院的结核杆菌特异性细胞免疫反应检测试剂盒（酶联免疫法）。目前，在国外已有 3 个类似产品，2 个用于检测结核感染，1 个用于检测机体的 CMV 应答水平。基于新的技术平台的产品不断出现有利于新型的诊断试剂的发展。

我国 SFDA 在 2012 年批准的体外诊断仪器中（图 2-7），临床生化诊断的各种全自动和半自动化学分析仪（包括尿液分析仪）占 32%，其次是 POCT 仪器占 22%，临床免疫仪器和临床血液仪器分别占 15% 和 19%。临床生化诊断试剂和仪器所占比重均为第一。在临床免疫检测仪器中，代表目前免疫检测技术最高水平的全自动化学发光免疫检测系统有 3 家通过 SFDA 审批，分别是博奥赛斯（天津）生物科技有限公司、安图实验仪器（郑州）有限公司、深圳市新产业生物医学工程有限公司，不同的仪器基于不同的发光原理和检测模式，但都具备高通量的特点，每小时检测样本数均达 200 个以上。但国外进口的雅培、罗氏、西门子的全自动化学发光免疫分析系统早已进入临床使用阶段，国产仪器能否得到市场认可尚待观察。

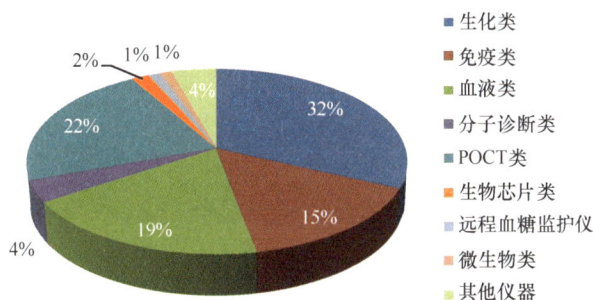

图 2-7　2012 年 SFDA 批准的国产体外诊断仪器分类

2012 年，SFDA 批准的进口的体外诊断试剂各部分所占比例与国内产品类似（图 2-8），排在前三位的依然是生化类、免疫类和 POCT 类。在微生物学检测方面，国外的公司拥有明显的优势，微生物学检测产品比国内多。对免疫诊断试剂进行细分可发现，化学发光试剂占 50%，ELISA 试剂占 36%，免疫荧光试剂占 11%，其他免疫试剂占 3%。化学发光试剂所占比例超过 ELISA 试剂，这说明国外的化学发光技术和产品线更为成熟。

2012 年，SFDA 批准的进口仪器类别同国产仪器大致类似，排在前列是临床生化、临床免疫、临床血液、POCT 和分子诊断仪器（图 2-9）。在进口仪器中，临床血液仪器的比例为 27%，位居首位，而在国产仪器中为 19%，位列第三。

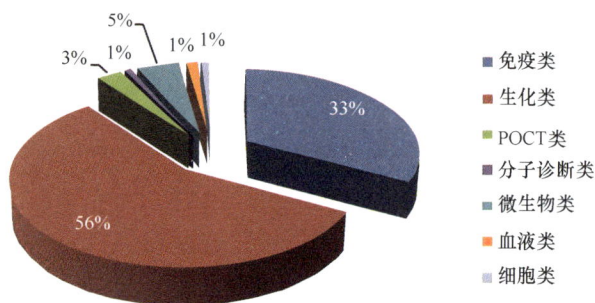

图 2-8 2012 年 SFDA 批准的进口体外诊断试剂分类

- 免疫类
- 生化类
- POCT类
- 分子诊断类
- 微生物类
- 血液类
- 细胞类

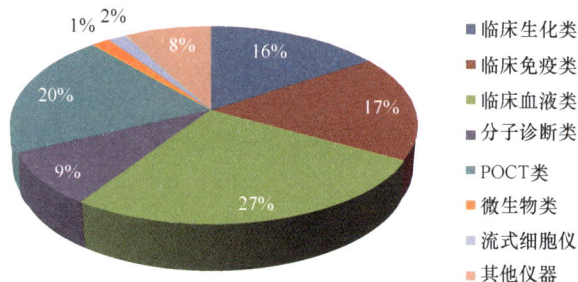

图 2-9 2012 年 SFDA 批准的进口体外诊断试剂分类

- 临床生化类
- 临床免疫类
- 临床血液类
- 分子诊断类
- POCT类
- 微生物类
- 流式细胞仪
- 其他仪器

5. 国际诊断巨头和国内领先医药企业进军国内体外诊断市场

中国作为世界经济增长速度最快的国家，体外诊断行业也迎来了高速发展的时期。国内体外诊断市场需求巨大，体外诊断产品拥有极佳的市场前景。在此背景下，国外诊断巨头纷纷通过并购或合作的方式进军国内市场，而国内的医药行业领军企业也通过并购实现资源的整合，进军体外诊断领域。2012 年，国内体外诊断市场发生了 7 起并购和合作事件（表 2-4），其中并购事件涉及金额达 13.6 亿元。

表 2-4 2012 年国内体外诊断市场收购和合作事件

公司	国家	方式	详情
珀金埃尔默 Perkin Elmer	美国	收购	2012 年 11 月 22 日，3800 万美元收购上海浩源生物科技有限公司，用于血库和传染病筛查的分子诊断业务
新华医疗	中国	收购	2012 年 7 月 25 日，3.26 亿元收购长春博迅生物技术有限责任公司 75% 的股权，开发免疫诊断试剂中的输血安全检测试剂
人福医药	中国	收购	2012 年 7 月 4 日，7.76 亿元收购北京巴瑞医疗器械有限公司 80% 的股权，进入诊断试剂行业
亚太药业	中国	收购	2012 年 7 月 25 日，1913 万元收购浙江泰司特生物技术有限公司，主营临床生化诊断试剂
生命技术公司 Life Technologies	美国	建立合资企业	2012 年 1 月 17 日，出资 2014.6 万元与达安基因股份有限公司（出资 1488 万元）建立合资企业 Life-达安诊断，致力于分子诊断试剂研发

公司	国家	方式	详情
理邦仪器	中国	建立合资企业	2012 年 8 月 16 日，出资 2000 万元与美国人石西增（知识产权入股 3000 万元）建立合资企业，主营免疫快速体外诊断产品
雅培 Abbott	美国	合作	2012 年 2 月 28 日，与中生北控生物科技股份有限公司共同推出生化试剂合作项目

（三）主要面临的科学问题与技术问题

1. 早期诊断靶标的筛选和意义的阐明

体外诊断技术发展的目标之一就是早期诊断。早期诊断就是在未有症状或发病初期进行诊断，以获得有关疾病或健康状况最早的信息。在疾病的早期，机体微观的变化体现在生物标志物的出现、消失（指检测不出）或含量的增减上。

生物标志物是从生物学介质中可以检测到的细胞、生物化学或分子层面的改变，包括特定的细胞、蛋白质和核酸等生物大分子。生物学介质包括各种体液（如血液、尿液、唾液、脑脊液等）、粪便、组织、细胞、头发、呼气等。早期生物学反应和疾病生物标志物有助于早期发现健康损害。

当前用于早期诊断的生物标志物普遍存在特异性不高的问题。

在癌症的早期诊断中，目前使用的 AFP（alpha fetal protein，甲胎蛋白）和 CEA（carcino embryonic antigen，癌胚抗原）的癌组织特异性和疾病特异性均不理想。AFP 在正常人血清中的含量不到 $20\mu g/L$。在成人中，AFP 可以在大约 80% 的肝癌患者血清中升高，生殖细胞肿瘤出现 AFP 阳性率为 50%，在其他肠胃管肿瘤患者中，如胰腺癌、肺癌及肝硬化等患者亦可出现不同程度的升高。近年大量的临床发现，部分肝硬化病人会长期出现 AFP 含量高于 $1000\mu g/L$，但多年都没有肝癌的迹象；同时发现，约 20% 的晚期肝癌病人直至病故前，AFP 仍不超过 $10\mu g/L$。CEA 的早期诊断价值更低。CEA 升高常见于大肠癌、胰腺癌、胃癌、小细胞肺癌、乳腺癌、甲状腺髓样癌等。但吸烟、妊娠期和心血管疾病、糖尿病、非特异性结肠炎等情况下，15%～53% 的病人血清 CEA 也会升高，因此，CEA 只有辅助诊断价值。除了癌症之外，心脑血管疾病、糖尿病等各种慢性疾病的早期诊断至关重要。

目前能用于早期诊断的靶标主要是蛋白质类标志物，而核酸标志物（DNA、microRNA）和细胞类标志物目前还只局限在研究阶段，离真正应用到临床还有一定距离。

应用基因组学、蛋白质组学和芯片技术进行靶标的高通量筛选是目前常规的方法，而对于具有早期诊断意义的特定细胞类型的筛选，虽然有了流式细胞仪作为技术平台，但在细胞的表征和标记方面仍存在不足。

2. 小分子靶标免疫诊断原料的制备

在疾病诊断方面，目前发展最为迅速的是蛋白质和核酸类靶标的检测，不仅新的靶标不断被发现，新的检测方法也不断涌现。而离子（电解质）的检测、糖类、脂质类靶标则相对较为成熟。离子通过离子电极检测；糖类通过酶法和化学法检测；脂质由于成分复杂，通过化学法、酶法和色谱质谱联用法检测；维生素则主要通过色谱质谱联用检测方法检测。目前，对于一些脂质类激素和维生素等小分子化合物，免疫学诊断的产品不断涌现，能显著降低这些化合物的检测成本。免疫学诊断产品中，抗体原料的制备是至关重要的一环。由于这些小分子化合物分子质量小、结构简单，不具备免疫原性，叫作半抗原，不能直接用作抗原制备单抗。通常，都是通过将半抗原偶联到载体蛋白（如牛血清白蛋白 BSA、卵清蛋白 OVA）形成完全抗原，再用于制备单抗。小分子偶联载体这一步骤目前虽有比较成型的方法，但如何提高偶联效率，制备高免疫原性的完全抗原还需要继续探索。同时，这些小分子化合物在体内存在不同的活性形式。例如，维生素 D，在体内存在维生素 D_2、维生素 D_3、25-羟维生素 D_2、25-羟维生素 D_3、1，25-二羟维生素 D_2、1，25-二羟维生素 D_3，这 6 种化合物有微小的结构形式和基团差异，可通过液相色谱质谱联用的方法实现检测，但成本高。可通过筛选针对这些化合物的特异性单抗实现免疫法诊断试剂的研制，以降低成本。因此，如何定向偶联小分子并保留小分子的特异性结构和基团对于制备单抗极为关键。

3. 第三代 DNA 测序技术的技术限制和成本

第三代 DNA 测序技术目前正在快速发展，但其真正应用到临床上，还有不少问题需要解决。首先需要解决的是测序的准确度问题。2011 年，Pacific Biosciences 开始销售其商业 PacBio RS 系统，但该系统并没有按预期得到迅速推广，其中最主要的问题就是错误率相对较高。PacBio RS 系统的单次读取准确度平均不到 80%，成为该技术的主要限制。同样，软件开发商需要更多时间来赶上新仪器。第三代测序仪正在生成一种全新类型的测序数据。过去 5 年或更长时间以来，算法开发几乎完全集中于高通量、高准确度的短读数据。将软件开发过程转向一个新焦点还需要相当长的时间。如何通过生物信息学方法从新的测序数据中提炼出有用的遗传信息用于临床诊断也是亟待解决。由于适用于第三代测序高昂的仪器费用（目前最低为100万美元左右），使单个人全基因组测序的成本仍远高于1000美元。控制成本，是第三代测序技术推广需要面临的又一个重大问题。

4. 生物芯片技术的灵敏度和特异性问题

生物芯片技术因其可在一次反应中进行多种信息的平行分析，而受到众多研究者的瞩目，特别是基因芯片在人类基因组计划的研究工作中的应用，不仅极大地促进了该项工作的进行，也使生物芯片技术在短短的几年间得到了长足的发展，并迅速在杂交测序以外的领域得到广泛的应用，如基因表达分析、基因组比较分析、多态性分析，以及疾病的基因诊断等。

但该技术成本高，芯片的制备比较复杂，样品的准备与标记较为烦琐，且其信号检测的灵敏度也有待于进一步提高，这些问题使得该技术的普及与进一步推广存在一定的难度。

首先，需要提高生物芯片技术信号检测的灵敏度。生物芯片技术由于同时检测多个靶标，不同靶标相互之间会有干扰，导致灵敏度不及传统的液相检测系统。其次，目前的芯片存在不同程度的假阳性，重复性也有差异，这可能与靶分子浓度、探针浓度、杂交双方的序列组成、盐浓度及温度等对杂交的动力学存在影响有关，因此，需要充分研究这些物质的物化性质，提高芯片的特异性。再次，芯片的标准化问题，即如何将不同实验室、不同操作人员做出的结果进行统一化、标准化，这对那些表达量低、差异不明显的基因尤其重要。最后，芯片的功能集成问题。芯片发展的最终目标是实现从样品制备、化学反应到检测的整个分析过程的集成化，组成微型全分析系统，即微流控芯片，实现芯片检测的自动化。随着新材料、新技术的不断开发，这些问题会相继得到解决。生物芯片的应用领域必然会继续从实验室研究应用扩展到临床应用等更广的范围。

5. 循环肿瘤细胞用于肿瘤早期诊断

循环肿瘤细胞（circulating tumor cell，CTC）指自发或因诊疗操作进入外周血循环的肿瘤细胞。随着肿瘤细胞的不断增殖，部分细胞可以通过分泌一种抑制黏附因子表达的物质，增加其运动能力并使之与肿瘤母体脱离。这些脱落的肿瘤细胞再分泌一种蛋白溶解酶，以破坏周边宿主结缔组织并进入脉管系统。诊疗操作也可使肿瘤细胞扩散进入外周血循环。由于 CTC 来源于肿瘤母体，因此在外周血中检测到 CTC 就表明机体内存在肿瘤。CTC 对于肿瘤的早期诊断有十分重要的意义。但在应用 CTC 作为肿瘤早期诊断之前，有诸多问题需要解决，如 CTC 的表征、检测和临床意义分析。

CTC 的表征指的是利用 CTC 本身具有的特有标志物将 CTC 同正常的循环细胞区分开来。肿瘤细胞从母体脱离形成 CTC 时可能伴随着上皮表型的缺失，造成 CTC 检测的困难。除此之外，肿瘤干细胞和 CTM 等理论的存在都表明仅仅依靠上皮细胞特异的生物标记物，并不足以代表 CTC 的特征。因此，需要发现更多特异性的标志物来表征 CTC。

在 CTC 的检测中流式细胞术（flow cytometry）有大的优势。流式细胞术是一项集激光、电子物理、光电测量、计算机、细胞荧光化学及单克隆抗体技术为一体的细胞分选和分析技术。此项技术具有分析速度快、精度高、准确度好等优点，可以对外周血样本中的 CTC 进行定量计数，还可对细胞的物理、化学和生物学特性做多参数测量。流式细胞术的分选功能非常有利于将 CTC 分选后用于后续的研究。然而，流式细胞术检测靶细胞的敏感度仅为 $1/10^4$，而外周血中 CTC 的数量常小于 $1/10^6$，因此，需要先对 CTC 进行富集，提高 CTC 的丰度，以提高 CTC 的阳性检出率。富集的方法在提高 CTC 丰度的同时还需要尽量避免对 CTC 造成不可逆的损伤，以保证 CTC 能正常用于后续分子生物学分析。

CTC 在不同类型肿瘤的诊断、预后及疗效评估和个体化治疗中的价值需要大量的研究来确定。有研究表明，同类型的癌症患者和良性肿瘤患者中 CTC 阳性率存在明显差异。同时，CTC 同肿瘤的分期、化疗疗效和预后也存在明显相关性。但现有方法都存在各自缺陷，而且缺少一个标准化的流程和衡量标准。因此，需要确定一个具有高特异性和敏感性的 CTC 标准检测方法来规范和完善临床实验，才有可能得出 CTC 真正的含义。

（四）展望

体外诊断技术正处在快速发展阶段，随着生命科学和医学基础研究的深入，各种新的诊断靶标不断被发现，对于疾病的诊断和健康状况的监测具有新的临床意义。

受益于各种工程技术的进展，各种新的诊断产品不断出现，用以检测不同的靶标，满足不同的临床需求。新的技术和产品，将在早期诊断、个体化医疗和健康日常监护等方面发挥重要的作用。

1. 生物标志物与早期诊断

疾病的进展和健康状况的改变在生物化学或分子层面体现在蛋白质或核酸（DNA 或 RNA）上，如肝炎中丙氨酸转氨酶（ALT）、急性肾衰竭（AKI）中的肌酐。但这些指标不能在临床症状出现前或出现临床症状后短期内实现对疾病的诊断。而对于像急性肾衰竭这种需要立即确诊并进行干预的疾病，症状出现后的早期诊断显得尤为重要。过去使用的肌酐用于急性肾衰竭的诊断，但只有在 AKI 发生后 48 小时才能检出，对于早期诊断没有实际意义，导致许多的病人得不到及时有效的治疗。而最新发现的标志物中性粒细胞明胶酶相关载脂蛋白（neutrophil gelatinase-associated lipocalin，NGAL）在 AKI 发生后 2 小时即明显增加，4 小时到峰值。相对于肌酐而言，NGAL 在 AKI 早期诊断意义不言而喻。目前，Abbott（雅培）公司研发的 NGAL 化学发光试剂盒已经得到欧盟 CE 认证并应用于体外诊断，美国 FDA 的审批也正在进行中。

肿瘤的早期诊断一向是医学界的难题，现在的影像学方法只能检测到出现了临床病变的肿瘤，离肿瘤早期诊断的要求还甚远。而现用的蛋白质类标志物存在特异性不高的问题。最新的研究发现，通过 microRNA 可以实现肿瘤的早期诊断。microRNA（miRNA）是一类由内源基因编码的长度约为 22 个核苷酸的非编码单链 RNA 分子，它们在动植物中参与转录后基因表达调控。肿瘤的发生会导致人体内 microRNA 谱发生变化。复旦大学的科研团队研究发现通过对一组 microRNA（miR-122，miR-192，miR-21，miR-223，miR-26a，miR-27a，miR-801）的检测，可检测出 HBV 相关的早期肝细胞癌（HCC），灵敏度和特异性均高于 80%。同以前肝癌的早期诊断率不到 40% 相比，大幅度提高了早期诊断效率。利用 microRNA 进行肿瘤的早期诊断是一个重要的发展方向。

肿瘤的早期诊断除了分子层面的标志物外，在细胞层面还存在一些标志性的细胞，即循环肿瘤细胞。肿瘤细胞一般都含有异常数量的 DNA。在大多数实体瘤和急性白血病中都发现有非整倍体的细胞，由于流式细胞术样品制备方法简单，测定结果精确，能快速得到有关 DNA 倍性的信息，因此能提供有价值的诊断数据。如果在测量 DNA 含量的同时，再测定其他参数（如不同类型的中等纤维蛋白，蛋白质含量、细胞大小、核质比等）则可进一步提高诊断的可靠性。对于肿瘤的常规检测手段来讲，如影像学，肿瘤在小于 1cm 的情况下，医生也不认为它是异常。通过前沿性研究发现，很多肿瘤在 1mm 的情况下已经在血液里查到循环肿瘤细胞，从这个角度讲，它对于早期诊断有不可低估的意义。待 CTC 各项相关的技术完备后，利用 CTC 进行肿瘤的早期诊断将成为现实。

长期以来，研究人员一直试图找到安全、可靠、对胎儿无任何损害的产前诊断方法。从孕妇的宫颈涂片、尿液、血液中分离胎儿细胞或遗传物质进行诊断的方法，其采样途径对胎儿不构成影响，属于非侵入性产前诊断技术，且可将诊断时间提前至怀孕 4～5 周。妊娠期间胎儿的一些成分，如滋养细胞、可溶性 DNA 片段等也可进入母体血液中，可以反映胎儿的遗传状况，这是非侵入性产前基因诊断的基础。利用母体血液中来自胎儿的可溶性 DNA 片段及胎儿幼稚（有核）红细胞作为诊断靶标是非常有潜力的方法。正常成人外周血中不存在幼稚红细胞，而在胎儿血循环中该细胞却相当丰富，因此，母体血循环中胎儿幼稚红细胞日益受到重视。通过对怀孕的母体中可溶性 DNA 和有核红细胞的鉴定实现对胎儿的早期诊断在未来会获得突破。

2. 遗传检测与个体化医疗

个体化医疗包括个体化诊断和个体化用药，通过诊断来指导用药。目前，肿瘤、心脑血管疾病、高血压、糖尿病等慢性病的发生都与个人的遗传背景相关，就连对传染病的易感性和抵抗力也同遗传相关。因此，遗传信息的检测在未来的医疗活动中将占据极为重要的位置。遗传检测可通过核酸分子杂交和普通的 PCR 对信息量少的单个或有限几个位点进行检测，也可通过基因芯片进行一组基因位点的遗传信息的联合检测，但最精确最全面的检测为高通量测序技术。通过全基因组测序，将个体所有的基因序列信息通过计算机进行遗传信息分析，从而得出个体与疾病易感性和药物反应性相关的遗传信息，为个体化诊断、治疗和个体疾病风险预测提供依据。目前，已经有通过遗传诊断进行个体化治疗的产品在临床上使用。

曲妥珠单抗 Herceptin（赫赛汀）是被美国 FDA 批准的第一个适用于治疗 *HER2* 过度表达的转移性乳腺癌靶向治疗药物。美国 FDA 要求在使用该药物治疗前先对患者进行 *HER2* 基因检测，以判断该患者是否适用此项疗法。

2004 年 9 月 1 日，总部位于加州的 Affymetrix 公司宣布其 GeneChip（R）System 3000Dx 系统获得欧盟 CE 认证，成为世界上第一套被批准用于临床诊断的基因芯片系统，这意味着欧洲实验室可以利用 Affymetrix 技术平台开展芯片诊断。Affymetrix 公司与其合作伙伴 Roche 公司联合推出的 Roche AmpliChip（TM）CYP450 芯片可用于检测对药物反应至关重要的 *CYP450* 基因变异情况。

通过对单个位点的基因或某个通路相关的一系列基因进行诊断，可用于个体化用药指导，而真正大规模利用遗传信息进行个体化诊疗有赖于高通量测序技术，其中以第三代 DNA 测序技术为代表。

目前，正在快速发展的第三代 DNA 测序技术，以单分子测序为标志，以将人类基因组测序的成本降到 1000 美元以下为终极目标。这种通过全基因组信息的获取来实现个体化医疗，拥有巨大的发展前景。国外的公司，如 Complete Genomics、Pacific Biosciences、Helicos Biosciences、Oxford Nanopore Technologies 已经开发出第三代测序技术和产品，目前正在提高准确率和降低成本。相信不久的将来，第三代测序技术将会得到普及并应用于临床。

3. 智能移动诊断产品与健康监护

当今医学发展的趋势特征是，生命与健康规律的认识趋向整体，疾病的控制策略趋向系统，从以治病为主转向防病为主，正走向"P4"医学模式。"P4"医学模式即预防性（preventive）、预测性（predictive）、个体化（personalized）和参与性（participatory）。"P4"医学模式更加强调人的主动性，强调日常生活行为对疾病发生发展的重要性，从而强化对个体生活行为的干预以达到预防疾病、控制发展的目标。从治疗走向预防，是现代医学发展的趋势。为了实现疾病的预防和个人主动参与健康的维护，需要创造条件实现对个体实时和无所不在的健康监护。无线健康物联网将发挥重要作用。所谓无线健康物联网，是将物联网技术用于医疗领域，借助数字化、可视化模式，进行生命体征采集与健康监测，将有限的医疗资源让更多人共享。

各种无线传感仪可以把测量数据通过无线传感器网络传送到专用的监护仪器或者各种通信终端上，如个人电脑（personal computer，PC）、手机、个人数字助理（personal digital assistant，PDA）等，医生可以随时了解被监护病人或者跟踪研究人群的病情和生理状况，进行及时处理统计，获取所负责人群的健康信息，一旦发现异常信息，可及时反馈给本人。这样可以实现医生的终生化和无处不在。而将这些变为现实需要借助各种智能移动诊断产品。智能手机在未来的健康事业中可大放异彩，如"血糖监测手机"、测量体脂肪的"减肥手机"，测量肤下水分并具备按摩功能的"皮肤管理手机"，以及能够看到胎儿发育状况的"产妇手机"等。其他一些利用无线射频识别（radio frequency identification，RFID）技术的产品，如移动多参数监护仪、血压无线传感仪、脉搏无线传感仪、OTC 血氧无线传感仪、OTC 血流无线传感仪及血糖仪无线集成模拟组件等，进而可设计出一套新型、智能化的无线网络和移动医疗终端的方案。该方案能够帮助患者及残障人士的家庭生活，跟踪健康监测人群生理指标状况。利用无线通信将各传感设备联网可高效传递必要的信息从而方便接受护理，而且还可以减轻护理人员的负担。

四、发酵工程

发酵工程（fermentation engineering）是指采用工程技术手段，利用生物（主要是微生物）和有活性的离体酶为人类生产生物产品，或直接通过对微生物发酵过程的调控实现某些工业产品生产的一种技术。

发酵技术是生物技术中最主要的技术之一，产品种类由当初以食品（如味精、柠檬酸、啤酒等）为代表已拓展到医药、造纸、皮革、能源、环保等领域。2011年，由发酵工程形成的医药工业在我国产值已达 15 000 亿元，众多原料药的出口已居世界第一位，国内药品市场消费规模居世界第三位。在生物医药领域，我国在"863"计划的支持下，发酵工程技术发展迅猛，在规模上部分大宗医药产品和有机酸、氨基酸等产品已成为国际上主要生产国和出口国，基本上能与国际跨国巨头公司抗衡。但在技术上，我国发酵技术与效率等仍与国外先进公司有一定的差距，是我国发展和持续研究的重点。

（一）国际研究进展

发酵产品目前是以抗生素为代表的微生物大品种药物为主要产品，附加值高，研究难度大。因此，作者以微生物大宗抗生素发酵技术为主进行综述。

微生物大宗抗生素是抵御人类疾病最有效的药物之一，也是许多国际跨国和国内大制药公司（集团）借以成功发展的重要药物品种，包括抗感染药物（如超级抗感染药物万古霉素、青霉素、头孢菌素 C 和红霉素等）、降血脂药物（如洛伐他汀、辛伐他汀等）、糖尿病药物（如阿卡波糖、氟格列波糖等）等各种抗生素。

微生物药物在临床上占很大比例，而目前头孢菌素类药物在抗生素使用中约占 40% 以上，他汀类降血脂药物每年的销售额超过 120 亿美元，居于全球药物市场的榜首。目前，在原料药发展中，传统医药公司辉瑞、默克、格兰素史克、罗氏等仍然是微生物药物的主要技术和专利拥有者，由于环保要求、原材料供应和人力成本的压力，其生产基地已逐步转移到发展中国家，如印度、中国、马来西亚、墨西哥等。GBI 研究公司最近报告称，2011 年亚太地区化学原料药（API）市场销售额已达 306.9 亿美元，预期未来几年还将维持复合年增长率 5.6% 速度增长，到 2017 年亚太地区原料药市场规模将达 638 亿美元。在全球原料药市场中，合成类药物还是占据了 82.7% 的主导地位。然而，在发达经济体和发展中经济体下，越来越多的人们在接受和普及推动利用生物制造而得的生物药品，其中青霉素、头孢菌素 C 和红霉素是大宗微生物原料药物发酵的三大主要产品，国外在生物药物方面的研究趋势主要有以下四个方面。

1. 工业菌种的代谢途径改造和关键酶的体外进化

相比于先前的随机紫外诱变，已实现了对于青霉素等抗生素的生物合成过程中的各步底物及催化酶活性进行精确测定与分析，然后得到各步反应的准确信息，并且利用基因操作来实现定点改造菌株的目标。具体策略如增加基因拷贝数、敲除无效反应及副产物合成，从而实现理性菌株改造和产量的最大化。例如，青霉素与头孢菌素 C 的生物合成都是基于胞内异青霉素（IPN）的合成，但在不同的菌株中有着不同于侧链基团和扩环催化反应，合成 IPN 所需要的 α-氨基乙二酸、L-半胱氨酸与 L-缬氨酸，作为合成 β-内酰胺类抗生素的初始前体，合成 δ-（L-α-氨基己二酰）-L-半胱氨酰-D-缬氨酸（ACV），与 IPN 所需要的 $pcbAB$、$pcbC$ 基因簇及其合成的 ACV 合成酶（ACVS）、IPN 合成酶（IPNS）活性成为了生产菌株改造的一个重点。因此，目前用于青霉素工业生产的菌株主要发源于 WIS 54-1255，通过基因改造和关键酶的体外进化获得工业突变生产菌株，其青霉素合成产量较野生菌株高了 367%；而目前诺和诺德公司用于青霉素生产的生产菌株相比于 WIS 54-1255，其合成过程中的关键酶 ACVS、环化酶（cyclase）和青霉素酰基转移酶的活性分别提高了 273 倍、100

倍和 10 倍；荷兰帝斯曼（DSM）公司的青霉素生产菌株 DS17690 也因其基因改造在生产过程中被广泛应用。因此，在青霉素生产菌株改造中，基于代谢工程的菌株改造技术功不可没。

2. 基于代谢途径的代谢流调控技术

除了菌种的代谢途径改造，在青霉素的生产过程中，其发酵控制策略同样在不断地优化。葡萄糖对于产黄青霉的生长来说是极为理想的碳源，但却同时会抑制其青霉素的合成，因此，逐渐开发了以葡萄糖作为初始碳源使得菌体在发酵初期快速生长，防止葡萄糖的抑制效应，同时结合青霉素合成碳架的补料策略，主要体现在以下几个方面：①侧链前体苯乙酸（PAA）的摄取；②前体 *L*-氨基酸的通量控制；③生物合成基因的抑制消除等。例如，较高的 pH 条件下葡萄糖对于 *pcbAB*、*pcbC* 及 *pcbDE* 关键基因簇的转录水平抑制减弱，但这一现象只发现存在于 *A. nidulans*，而在 *P. chrysogenum* 中并没有观察到同样的结果。目前，青霉素的发酵水平已经在 100g/L 以上，其生产成本已经降低到 5 美元/kg。但是尽管如此，对于青霉素的生物合成机制及合成过程中扰动因素的研究仍然在不断进行。

作为 β-内酰胺类抗生素中的另一个重要成员，头孢菌素 C 是另一个研究和生产的热点。头孢菌素 C 不仅仅作为抗生素直接应用于农业和医药行业，更是作为许多半合成头孢菌素的起始原料，7-ACA 便是其中之一，全国年产量超过 6500 吨。与青霉素相同，头孢菌素 C 的合成同样是基于 IPN 的合成，在生产过程中同样受到碳源的抑制。IPN 在菌体生长期便已经能大量积累，但头孢菌素 C 仅仅在生长停滞阶段才会开始合成，因此，工业上同样应用碳源限制性补料策略来实现头孢菌素 C 的大量合成。碳源对于头孢菌素 C 的抑制作用可以解释为以下几个因素：①碳源与氮源的协同效应抑制了合成酶活力；②速效碳源加剧了合成酶的退化；③IPN 转化为头孢菌素 C 途径的合成酶抑制效应。针对头孢菌素 C 合成途径的定点优化取得了较大的效果，如对于头孢菌素 C 生物合成途径中关键基因 *pcbC* 及 *cefT* 的转录水平的强化，导致达 12 倍的头孢菌素 C 产量增加。

3. 基于比较基因组信息的菌种改造

意大利国家生物医院技术研究所的科研人员利用比较基因组学的方法以红霉素生产菌——红色糖多孢菌（*Saccharopolyspora erythraea*）NRRL 2338 为原始对照菌株，

然后将一株由传统突变筛选方法获得的红霉素高产菌株进行基因组测定并进行基因组信息比较，尤其是中心代谢途径和调控因子的基因比较。结果发现，高产菌株较原始菌株有 117 处基因缺失，78 处基因插入及 12 处转座位点，以及在 144 个 CDs 中的单基因突变。基因组的改变影响了高产菌株的 227 个蛋白质的表达，同时中心碳代谢、氮代谢和次级代谢关键酶的基因改变导致了红霉素合成前体的重新分配。通过对一系列的基因组信息进行分析得出，DNA 修复基因的突变可以加速传统突变筛选进程。以此为基础有助于阐明潜在的抗生素合成机制，寻找可能的新分子调控位点，从而达到合理改造菌株的目的。

4. 基于动力学模型的过程优化与控制

微生物发酵过程是一个利用底物碳源、氮源代谢形成菌体和产物的生物化学过程，因此，数学模型在过程优化中可以发挥重要作用。经典的发酵动力学至今在发酵过程的局部仍然适用，但是往往是最佳 pH、温度、底物浓度等的静态过程优化方法，无法实现发酵全过程的最优化，其原因是目标产物的比形成速率（q_p）、比生长速率（μ）、底物浓度（S）等不可能在整个发酵过程恒定。因此，需要进行过程的动态优化。动态优化方法之一是可根据底物代谢速率、产物形成速率、底物传递速率和负责催化代谢途径中生化反应的关键酶特性（酶活力或者酶量）等动力学模型进行动态优化。DSM 公司的研究人员在青霉素发酵优化时发现异青霉 N 合成酶（isopenicillin-N synthase，IPNS）是青霉素 G 的关键限制酶，因此，他们基于葡萄糖底物阻遏速率、mRNA 降解速率等首次开发了基因水平的动力学优化模型，然后结合经典的拟稳态化学计量模型实现了整个发酵过程的预测与优化控制。

另外，利用动力学调控的策略通过感知细胞内环境的变化来调节代谢途径中酶的表达，也是获得最优的工业化生产工艺有效的策略。印度 Ravishsankar Shukla 大学的研究人员通过 ^{13}C 同位素标记测定代谢通量，在优化培养基过程中发现 4 种培养基成分（豆饼粉、葡萄糖、$CaCO_3$ 和 $MgSO_4$）对吸水链霉菌（*Streptomyces hygroscopicus*）MTCC 4003 中的抗生素次级代谢产物的合成具有显著促进作用，优化后培养基中菌株产量是原来的 11 倍左右。

（二）国内研究进展

我国已是微生物大品种药物的生产大国，年总产值在 1000 亿元以上。以抗生素生产为例，世界趋势以 8% 的平均年增长率发展，而我国每年的增长率超过 20%，已经形成了 10 多家产值在几十亿元以上的制药集团。目前头孢类、青霉素和大环内酯类仍是我国抗生素主要的三大产品。对于大宗发酵原料药产品，我国也进行了较多研究。具体进展如下：

1. 工业菌种的基因改造

红霉素（erythromycin）是我国大宗抗生素发酵产品之一，基因改造其生产菌株提高产量是一重要策略。华东理工大学在产红霉素工业糖多孢红霉菌菌株 HL3168 E3 中构建了一个人工的 *attB* 位点，以此打破了同源重组或是不可预测非特异性重组操作过程中存在的瓶颈问题。在增加一个人工重组位点的基础上，可以整合一系列对红霉素生物合成至关重要的外源或内源基因，以达到红霉素合成优化的系统改进。例如，通过敲除工业红霉素生产菌株的修饰基因 *eryK* 和 *eryG*，获得了红霉素 C、B、D 杂质组分很低、而红霉素 A 高产的突变株。通过菌种改造为工业大规模生产红霉素先导化合物提供了有效途径，研究过程中获得红霉素积累与转化的相关信息还能进一步应用于提高红霉素产量。

由于通常次级代谢产物合成途径中的酶基因在基因组中的位置是相邻成簇的，因此，也可以直接增加次级代谢产物合成基因簇的拷贝数以提高合成途径中所有基因的表达量。在土霉素高产菌株基因改造中，华东理工大学通过提高龟裂链霉菌（*Streptomyces rimosus*）工业生产菌株 SR16 中土霉素合成途径的起始合成酶基因 *oxy-ABC* 有效提高了工业突变株中土霉素的产量；此外，初级代谢途径改造对次级代谢产物的合成也是有效方法。例如，通过阻断龟裂链霉菌工业生产菌株 SRI 中编码磷酸戊糖途径（HMP）中关键酶——6-P-葡萄脱氢酶的 *zwf*1 基因，获得了土霉素产量提高 36.2% 的突变株。

另外，由于抗生素生物合成途径是由基因簇编码的多酶系统组成，在未能充分了解抗生素合成调控条件下，采用传统诱变与基因组改组（genome shuffling）相结合的方法是提高抗生素产生菌性能的有效方法之一。陕西科技大学研究组以埃博霉素产生菌为出发菌株，在递归原生质体融合过程中，对原生质体进行了紫外和 DES 复合诱变，再结合基因组改组（genome shuffling）技术选育埃博霉素 B（epothilone B）高产菌株，成功选育到了 2 株遗传稳定的高产埃博霉素 B 重组菌株。浙江工商大学在对阿维拉霉素（avilamycin）高产菌株绿色产色链霉菌 A11-13 的推理选育研究中，采用60 Co-γ射线诱变、NTG诱变等传统诱变手段，以阿维拉霉素、链霉素、2-脱氧-*D*-葡萄糖和α-氨基丁酸抗性为筛选压力，结合基因组重排（genome rearrangement）筛选，获得了比出发菌株提高近200倍的突变高产菌株。

2. 基因工程酶法替代化学合成生产技术的应用

头孢菌素C及其衍生物是目前全世界最畅销的抗感染药物，年增长速度约为30%。全世界头孢菌素市场仍由早先参与开发的几家公司所控制，奥地利的Biochemie和意大利的Antibioticos是目前头孢菌素的主要生产公司，供应世界7-ACA需求量的1/2以上。目前，我国头孢菌素主要生产企业有石家庄制药集团、哈药集团、山东鲁抗医药集团、华北制药厂、山西威奇达等，生产水平均在35 000～45 000单位。我国已开发了以青霉素G或头孢菌素C为原料，采用酶法工艺一步法或二步法生产β-内酰胺类系列抗生素关键中间体（如6-APA、7-ACA）的工艺技术。基于头孢菌素C酶法转化合成7-CAC途径（图2-10），是通过基因工程方法将头孢菌素C合成7-ACA的二步体外转化的两个酶——氨基酸氧化酶（DAAO）和7-ACA酰化酶（GLA）的基因整合到头孢菌素C菌株的染色体上，直接一步法生产出终产物7-ACA，从而实现了利用低能耗、低污染的生物法替代了高能耗、高污染的化学法。此方法已在山西威奇达、山东鲁抗等公司成功应用。另外，一步法酶法生产7-ACA也在采用体外进化的方法进行研究，有望在1—2年内实现工业化。

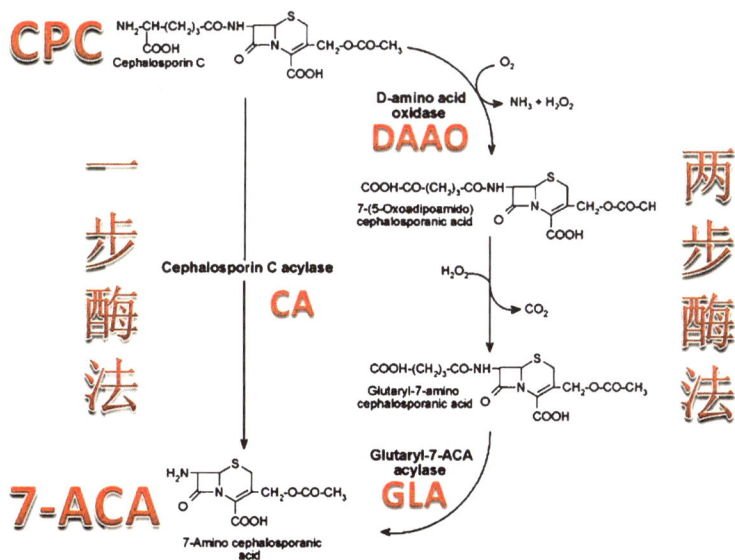

图2-10 头孢菌素C酶催化合成7-ACA途径

3. 新发酵优化与调控工艺研究

（1）培养基优化

我国有许多单位在进行发酵培养基的优化研究，主要技术表现在以下几方面：①采用数理统计方法设计的培养基优化。中牧股份采用聚类分析的方法应用于黄霉素（flavomycin）摇瓶发酵条件的优化过程中，确定其主要影响因素和黄霉素摇瓶发酵的控制参数分布范围，实现培养基优化；浙江大学采用响应面分析法（response surface analysis，RSA）对环脂肽类抗生素达托霉素（daptomycin）培养基优化，发酵水平提高了 2 倍；华东理工大学采用 Plackett-Burman 实验设计去甲金霉素培养基的优化，发酵水平提高了 30% 以上。②条件单一优化方法。雷帕霉素（rapamycin）是第三代新型免疫抑制剂，我国正在大力开发以实现产业化，鲁南制药采用条件优化方法，使雷帕霉素的产量达到发酵 190 ~ 200 小时为 1200mg/L，较优化前提高 1 倍，满足了工业化生产的要求；另外，上海医药工业研究院采用逐步优化法对抗癌药物格尔德霉素（geldanamycin）产生菌吸水链霉菌 SIPI. A. 2039 的发酵工艺进行优化，达到 50L 规模的发酵水平。

（2）发酵调控新策略

由于微生物发酵过程是一个开放的非线性系统，因此对发酵过程优化必须是动态优化。动态优化策略能使生物过程中随时间变化的参数，如补料速率实现其设定的值，从而使发酵过程性能参数，如产率、目的产物浓度、发酵指数等最大化。针对不同微生物开发的特有的优化控制程序则能够应用到相关的发酵过程中，如自适应控制、现代预测控制、神经元网络控制等，但这些方法均需要与生物过程特征相结合并获得满意结果。华东理工大学采用多尺度的过程优化技术，在红霉素工业规模发酵中，充分调控发酵过程中的碳源、氮源和前体正丙醇流加策略，使发酵水平由 8000μg/ml 提高到 10 000μg/ml；同时将生理代谢与过程放大相结合，以 OUR 为放大技术核心，成功从 120 吨放大到 370 吨，达到国际上单罐发酵最大规模。中国药科大学根据癸酸是达托霉素（daptomycin）的重要前体（precursor）的原理，采用补料培养流加方式研究了达托霉素发酵过程中前体物质癸酸对达托霉素的影响，通过控制前体癸酸流加量为癸酸：油酸甲酯（1∶1）70μL/12 h，变速添加癸酸溶液可使达托霉素的产量提高。

对于抗生素产量及有效组分比例的调控一直是发酵过程调控的难点。最新研究表明，使用玉米浆和酵母抽提物混合氮源能够有效地增加红霉素 A 的产量，但同时杂质 B 与 C 的产量不会明显增加；另外，硫酸铵的不同补料策略会明显影响红霉素的产量。以前的研究表明，在初始培养基中较高的硫酸铵浓度会因为甲基丙二酰辅酶 A 活性的降低而不利于红霉素 A 的生产，但是最新研究发现，在发酵过程中快速地流加硫酸铵不仅会增加菌体的生长速率，同时还会明显加快红霉素 A 的合成。

发酵过程培养基的动态替代是适合我国原材料情况和降低成本的重要手段。例如，山西威奇达开发了糖代油的新工艺，显著降低了原材料成本和动力成本，这项技术可以推广到以油为碳源基质的其他抗生素发酵工艺研究上，如盐霉素（salinomycin）、泰乐菌素（tylocin）和阿维菌素（avermectin）等发酵产品。

（三）主要面临的科学问题与关键技术问题

1. 主要科学问题

微生物药物往往是细胞结构较为复杂的丝状链霉菌或真菌的次级代谢产物，与一般的基因工程产品不同的是，该类次级代谢产物的生物合成由多基因控制，在遗传水平和代谢水平上受到复杂网络的调控。由于该类微生物往往具有复杂的形态分化和生理分化，其生物合成过程比一般氨基酸等初级代谢产物更为复杂。微生物药物因为其重要性，往往是大宗产品，其高产菌种的选育、大规模培养技术、组分控制技术、分离纯化技术、降能耗和清洁生产技术等问题，均是国内外生产厂商面临的技术挑战，即微生物药物生产的技术难度大、过程复杂等。

其主要科学问题是对次级代谢产物的调控机制仍然未了解清楚，目前只是对抗生素的生物合成途径在基因水平上有较好的阐明。同时，通过调节代谢途径中酶量（活力）表达动力学调控策略，可以有效控制目标代谢途径的通量和产率，是一种有效的生物过程优化和控制的手段，但是微生物中次级代谢途径多而复杂，目前为止没有一个完整的微生物次级代谢网络的模型。除此以外，基于动力学和物料平衡的代谢通量模拟计算也是建立在各种假设条件的基础上（如拟稳态），与实时代谢通量不一定完全吻合，这大大限制了代谢组学和代谢流分析在菌种遗传改造中的应用。为此，今后主要是以借助于基因组学的信息为基础，通过比较基因组和基因组规模下的代谢网络重构技术，通过对次级代谢调控的作用网络、调控因子详细研究，为采用合成生物学的方法重新构建新的高产菌株提供基础。

2. 主要技术问题

首先，大规模微生物药物（如抗生素）发酵技术主要是过程研究仍然不足，无法实时反映发酵过程中细胞的关键生理状态，如对过程检测的传感器研发不足，无法对发酵过程进行跟踪分析。其次，对于次级代谢的细胞内研究，如代谢流研究仍然无法实现工业化应用，其原因是发酵所用的原料是复合培养基和发酵过程的动态性，以及过程分析技术的发展和精确代谢途径网络模型的构建将推动代谢工程在工业菌种改造和发酵调控中的应用。再次，基因改造技术对于工业菌株的改造成功率较低，通常工业菌株均是通过大量的人工诱变得到的，其不少基因进行了突变、缺失等，如何实现"病态菌"的基因操作难度仍然很大。

（四）展望

1. 具有工业高产性能菌株的构建技术发展

我国生产菌株的发酵水平与世界先进水平相比还有较大的差距，单位产量能耗和排污量高。因此，必须利用合成生物学等现代生物技术构建高产微生物菌株，提高现有产品的生产能力和产品质量。目前，我国氨基酸行业主要生产菌种均来自国外，如谷氨酸、苏氨酸和赖氨酸等产品菌种主要来自日本味之素公司和韩国 CJ 公司，部分菌种来自欧洲公司（DEGUSA 和 DSM）。这些生产菌种主要是在其基因组信息的基础上，通过代谢工程方法构建的高产菌株。而对于主要的大宗抗生素，如发酵水平达 100g/L 的工业青霉素菌株，是由 DSM 公司在基因组信息的基础上，通过代谢工程优化由原来的 70g/L 菌株改造而获得。因此，我国必须继续加大菌种方面的科研投入，通过基因工程的方法获得更高性能的生产菌株。

2. 发酵优化和放大技术提高

我国在发酵优化技术上已由原来以静态为主的优化技术，逐步形成了动态优化，如多尺度过程优化技术。通过对发酵过程中微生物细胞动态代谢的在线分析，往往可以获得微生物的过程变化生理状态，为提高发酵产物合成提供了技术参数，克服了以往只以环境参数，如 pH、温度、DO 等为最佳条件的静态优化；另外，在工业发酵过程放大技术方面，已引入了可研究不同规模反应器温度梯度、营养成分梯度、剪切分布、CO_2 效应等的计算流体力学（CFD）研究手段，提出了将大规模发酵罐的流场特性与细胞生理代谢特性相结合的研究方法，实现发酵过程的高效放大。

五、生物育种

生物育种是建立在现代生物高科技基础上的一种改良农作物的育种方法。与经典的传统的育种方法相比，生物育种将转基因、分子标记、细胞工程、辐射诱变、杂种优势利用等现代生物育种技术应用于育种领域，不仅加速了新品种培育的进程，而且扩大了种质资源利用的范围。使优良新品种的培育破除了自然的种属隔离，并可依据人们的需要建立可操作的全新的育种程序，达到可控的育种目标。

生物育种包括了作物育种和动物育种。无论是作物育种还是动物育种，其基本目的就是改良原有品种的基因组成，使之出现更好的性状，提高产量，改善品质。自然生长的生物都有自然变异，这些变异的分子基础是其基因组中构成基因的 DNA 分子发生了突变。由基因突变产生了新的基因成员，有的缺失了原有的功能，有的产生了更好的功能，使其宏观表型具有更好的经济价值。现代生物育种的目的就是在已有的品种基础上，通过杂交或转基因技术，淘汰不利的基因，导入更好的基因，使品种的产量性状和品质或抗逆性状得以改良。根据采用的生物育种技术方法，可将生物育种分为两大范畴：分子标记辅助育种和转基因改良。

（一）分子标记辅助育种的国内外重要进展

1. 国外进展

（1）分子育种的现状

分子育种是英文 molecular breeding 的中译名，在更多的场合又称为分子标记辅助育种（marker-assisted selection）。顾名思义，分子标记辅助育种是根据分子标记检测所提供的信息，对育种过程中所产生的中间产品进行有目的的选择。分子标记辅助育种的理论依据是：当两个不同的品种杂交时，提供理想基因的亲本含有一个功能更好的基因成员。这个目标基因需要转移到被改良的品种中去。在常规育种中只知道这个基因与某个优良性状有关，因此，必须在杂交的植株后代出现这个性状时才能决定取舍。如果这个具有优良表型的基因是一个隐性基因，则要再等到下一代出现纯合子时才能加以选择，因此，费时费力，而且效率不高。由于现代生物技术的发展，研究人员目前已有可能知道优良基因的 DNA 序列或者该基因相关位置的 DNA 顺序，此时即有可能通过检测 DNA 序列来判断杂交分离群体中哪个植株含有所需的优良基因。这一方法不仅准确，而且快速。

2010 年 9 月，在中国北京召开了第三届国际植物分子育种会议，有 33 个国家的 700 位代表参加会议。会议讨论的议题包括国际上流行的分子育种的各个领域，如应用植物基因组学，基因功能的发掘与应用，转基因技术及其平台建设，分子标记及种质资源开发等。根据大会提供的各种数据和资料，可以毫不夸张地说，目前分子育种正在以前所未有的规模和速度发展，日益成为植物育种的主流方向。

从 2012 年分子育种所发表的文献可以发现，在全基因组水平上开发与应用分子标记是近年来国际上现代育种技术领域极具特色的一个发展方向，也是将来作物分子育种发展的主要趋势。

（2）分子育种技术的创新

分子育种的基础是寻找和发现与优良基因相关的分子标记，以便为杂交育种的分子选择提供理论依据和实际操作的指南。因此，尽可能多的发现与优良性状相关的分子标记是该项技术得以应用的源头。在农作物中，小麦是分子育种发展较为缓慢的一个作物，但在近几年，小麦的分子标记选择与辅助育种已取得显著进展。据统计，目前已有 30 多个涉及品质与加工、农艺性状和抗病相关的功能标记被克隆。在过去一年中，也有许多值得注意的农作物分子标记新方法和新技术。

巢式关联作图（nested association mapping，NAM）。这是一种结合遗传连锁作图和高代染色体区段渗入检测的筛选可用分子标记的方法，最早在玉米中采用。巢式关联作图主要应用于数量性状的鉴定，涉及连锁分析和关联作图两部分内容。

为了挖掘现有优良玉米品种中的优良基因，美国密苏里大学的研究人员以玉米优良品种 B73 为受体，将收集到的 25 个代表性玉米品系分别与 B73 杂交，由此获得 25 个杂交家系。每个家系连续自交 6 代，根据表型的观测与目标性状的评价，在每个家系中又分别建立 200 个自交系，总共获得 5000 个自交系。这些高代的自交系在选择过程中有目的地针对某些有利的性状，因而涵盖了绝大多数育种家们感兴趣的育种目标。与此同时，他们根据玉米基因组 DNA 序列，选择了覆盖整个基因组的 1106 个分子标记。由于 5000 个自交系都经历了染色体重组过程，保留了优良的组合，淘汰了不良的性状，因此这些基因型所提供的信息对解释和捕获优良基因是极有价值的。在获得的 5000 个自交系基础上，根据 1106 个多态性标记进行全基因组的关联分析（genome-wide association studie，GWAS）。由于重组自交系中含有许多来自不同亲本的染色体区段，这些区段没有发生过交换，因此根据分子标记的追踪分析，可以在这些具有优良性状的品系中发现有价值的功能基因。巢式关联作图的基本原理和构建程序可以应用于所有农作物，是一项极有价值的分子育种技术。

序列扩放多态性（SRAP）分子标记系统。分子标记辅助育种的前提是要获得一大批与优良性状紧密连锁的分子标记，以便在分离群体中寻找含有靶基因的个体。目前，常用的寻找分子标记的方法包括：限制性长度多态性（restriction fragment length polymorphisms，RFLPs）、随机扩放多态性（random-amplified polymorphic DNAs，RAPDs）、微卫星序列特征扩放区（microsatellits sequence characterized amplified regions，SCARs）、序列标签位点（sequence-tagged sites，STSs）、内简单重复序列扩放（inter-simple sequence repeat amplification，ISA）、放大长度多态性（amplified fragment length polymorphic DNAs，AFLPs）和单核苷酸多态性（single nucleotide polymorphisms，SNPs）等。上述这些分子标记的筛选方法大多是随机的，因而缺少与基因或调控区的有机联系。近年来，有一种称为序列相关扩放多态性（sequence related amplified polymorphism，SRAP）的标记筛选法在针对基因或调控序列多态性的应用方面有很大的改进。这是一种基于外显子和内含子在序列组成上的差异设计的两组正向和反向扩放引物。正向引物长 17~18nt，在第 10/11 个核苷酸位置后含有 4 个核心序列 CCGG，随后再连接 3 个随机碱基。这一引物可优先与基因组中的外显子区复性。反向引物也由 17~18nt 组成，在相同的核心位置则是 4 个碱基 AATT。反向引物可优先与内含子或启动子区互补复性。根据印度 CCSH 农业大学科学家的描述，正向引物有 13 个，反向引物有 16 个。这两组引物成员彼此之间可以随机组合构成引物对，在寻找与功能基因相关的分子标记实验中，其效果远远好于其他标记。

开发转座子分子标记。普通小麦是异源 6 倍体，含有 3 套染色体组 AABBDD。由于小麦是自交作物，遗传结构较为单一，这使得小麦多态性分子标记的鉴别非常困难。以色列本-古里安大学和土耳其艾杰大学的研究人员根据转座子具有高变异性的特点，选择了 55 个反向重复转座子（inverted-repeat transposable element，MITE）检测其在小麦和山羊草中的多态性。根据 MITE 在基因组中的存在或缺失，他们发现约 81.8% 的 MITE 标记在种间、亚种间或不同品系间显示明显的多态性。这一研究为挖掘与开发小麦多态性分子标记开辟了一条新的途径。法国玉米研究人员利用转座子的变异特性，采用转座子显示技术（transposon display）在玉米不同品系中鉴定了 33 个基于 PCR 扩放的 33 个 MITE 分子标记。检测显示，这些分子标记具有很高的多态性，有些与功能基因密切相关。

野生大麦分子标记开发。西班牙农业研究所的研究人员采用多态性阵列技术（diversity arrays technology，DArT）基因组文库，在大麦 H1 和 H7 品系杂交衍生的 92 个自交系中鉴定了 2209 个 DArT 分子标记。利用这些分子标记构建了一个高密度覆盖全基因组，遗传距离长约 1503cM 的连锁图。这是首次构建的大麦基因组分子标记连锁图。这份遗传图谱为谷类作物比较基因组学和大麦农艺性状的改良奠定了坚实的基础。

水稻突变基因组测序寻找农艺性状相关位点。由于 DNA 测序技术的改进大幅度降低了测序成本，因此目前已有可能在基因组测序水平上快速而准确地鉴定与优良性状有关的基因或分子标记。日本岩手县生物技术研究中心研究人员报道了一种基于水稻突变体的全基因组深度测序的方法鉴定农艺性状相关基因。该技术以一个基因组序列已知的水稻品种为材料，将这一品系进行化学处理诱导突变，然后将下一代出现突变表型的单株与原来的未处理亲本杂交。从杂交后代中再筛选突变表型纯合的个体用于全基因测序，并将获得的突变体 DNA 序列与已知的亲本序列比对，即可锁定突变基因的位置。

（3）作物农艺性状全基因组分子标记开发与关联作图

农作物全基因组关联作图（GWISE）在过去的一年也有许多新的进展。全基因组关联作图的研究已从具有很好研究基础的少数农作物扩大到基因组组成较为复杂的农作物，特别是棉花和麦类作物。

法国的一个研究小组利用棉花的种间杂交构建了 88 个陆地棉（*Gossypium hirsutum*）和海岛棉（*G. barbadense*）杂种自交系，随后在棉花纤维的伸长时期分离基因表达产物 mRNA，再利用 AFLP 技术检测并筛选与纤维发育有关的多态性分子标记。这一技术为在全基因组表达水平研究棉花纤维的遗传调控提供了很好的工作平台。

印度国家植物研究所的棉花研究人员在草棉（*Gossypium herbaceum*）中开发了一组基于短重复序列和转录物组的 SSR 分子标记。他们在 4 个棉花物种中检测了 150 个 qSSR 和 50 个表达 SSR，发现 68 个 qSSR 和 12 个表达 SSR 具有明显的多态性。利用这些开发的 SSR 分子标记对 15 个不同基因型的草棉进行了遗传多样性比较分析，证实具有应用价值。

英国伯明翰大学的一个研究小组收集了 615 个基因型不同的大麦品系，针对 32 个形态特征和 10 个农艺性状，采用 SNP 分子标记进行全基因组关联分析。研究发现，有 16 个形态特征和 9 个农艺性状表现出明显的多态性分子标记关联，说明建立一个遗传组成具有高多态性的群体对全基因组关联分析是一种可行的有效的方法。

美国杨百翰大学的研究人员采用一种称之为基因组还原实验（genome reduction experiment）的方法，分别利用两个陆地棉和两个海岛棉品系寻找与开发 SNP 分子标记。在陆地棉中组装并鉴别了 11 834 个 SNP，在海岛棉中鉴别了 679 个 SNP。其中已有 267 个非基因标记和 100 个基因标记在 F2 代作图群体中已标定到具体的染色体位置。根据上述全基因组 SNP 分子标记的作图分析，估算陆地棉基因组的遗传距离总长为 1688cM。这些全基因组范围的棉花 SNP 分子标记的开发与鉴定，为今后棉花重要农艺性状相关基因的定位与克隆奠定了很好的基础。

（4）分子标记辅助育种品种选育

分子标记辅助育种的目标大多集中于具有数量遗传特点的农艺性状或耐逆境性状。这些性状与质量性状不同，一般涉及许多位点，每个位点对表型的贡献力都比较小，因此，必须借助分子标记才能加以检测与鉴定。

1）农作物抗病性的鉴定。小麦是世界范围的重要粮食作物，小麦的抗病改良是分子育种的一个极其重要的目标。2012 年，小麦抗病分子育种主要集中在锈病和白粉病的抗性，包括小麦抗锈病的遗传定位分析，小麦叶锈病耐受抗性基因的遗传分析，基因组关联分析鉴定冬小麦种质中杆锈病抗性位点，春小麦高温条件下成株期抗条锈病位点的作图。美国华盛顿州立大学和印度的育种家对一个栽培近 30 年在苗期和成株期对条锈病（*Puccinia striiformis* f. *sp. tritici*）表现抗性的品种 Stephens，在 8 个不同环境条件下采用分子标记检测，在多个重组自交系中确定了 3 个抗性 QTL 位点。印度旁遮普农业大学研究人员采用 SSR、RFLP、STS 和 DArT 等不同分子标记从两倍体野生一粒小麦（*Triticum boeoticum*）中鉴定了白粉病抗性基因 *PmTb7A. 1* 和 *PmTb7A. 2*。以色列海法大学的小麦育种家在源自野生小麦抗白粉病基因 *PmG3M* 的鉴定及特征分析上也取得了显著进展。此外，在小麦赤霉病抗性和形态与发育性状的 QTL 作图方面也取得了一定的进展。

水稻纹枯病是由真菌感染水稻叶鞘引起的病害，对水稻生产造成很大损失。迄今为止，在水稻品种中尚未鉴定出对水稻纹枯病具有抗性的质量性状基因。美国路易丝安那大学的研究人员采用全基因组测序方法尝试检测分析水稻抗纹枯病基因候选基因。该研究小组选择了 13 个水稻自交系，将其分为两组，一组具纹枯病抗性，一组为敏感品系。随后对两组自交系基因组进行深度测序。以粳稻品种日本晴已知的基因组序列为参照，在上述两组全基因组测序数据中发现了 333 个非同义 SNP 仅在抗性品系中存在。这些 SNP 有许多位于基因内部，因而可以作为筛选抗性后选基因的标记用于进一步研究。这是应用全基因组关联分析技术寻找作物复杂抗病基因的一次有益的尝试。

玉米灰色叶斑病（SLB）是造成玉米产量损失较为严重的病害。美国北卡罗莱纳州立大学玉米研究人员将 SLB 抗性品系与栽培品种 B73 杂交构建了两个近等基因系 NC292 和 NC330，通过田间试验和分子标记检测确定了转移的 SLB 抗性基因的遗传位点。

豆薯层锈菌（*PhakopsorapachyrhiziSyd*）引起的大豆锈病（soybean rust，SBR）最早于 1899 年在中国吉林省被报道，到 20 世纪 60 年代大豆锈病已成为热带、亚热带地区普遍存在的病害。在大豆锈病的抗性研究中，美国农业部作物遗传研究所在美国 7 个州的田间种植大豆品系中发现 PI 567102B 品种具有明显的抗性表型。将敏感品系和抗性品系杂交，随后建立 $F_{2:3}$ 家系。遗传实验结果表明，PI 567102B 品种的抗性基因为单基因显性遗传。分子标记检测分析证实，SBR 抗性基因位于 18 号染色体。这一结果为大豆锈病抗性基因的转移和检测提供了理论依据和可行的检测方法。

油菜茎基溃疡病（blackleg disease）是一种真菌性病害，世界各地均有分布，对油菜生产造成很大的危害。澳大利亚农业改良中心和中国园艺研究中心的工作人员采用覆盖全基因组的 255 个分子标记检测质量性状和非质量性状的油菜茎基溃疡病抗性基因位点。分子标记检测表明，在所收集的抗病品系基因组中，存在至少 14 个涉及质量和数量遗传特征的位点。这些研究结果为改良油菜的茎基溃疡病抗性奠定了实验基础。

2）农作物抗虫基因的检测与定位。大豆蚜虫在北美属于新的大豆害虫，2000 年在美国中西部 9 个州被发现，2001 年已扩展到东部、西部各州及加拿大。由蚜虫引起的减产可达 33 %。这一新害虫已引起美国的高度重视。伊利诺大学对 3000 份大豆种质和野生大豆进行了鉴定，发现 30 份材料具有抗蚜性或推测具有抗蚜性。

Hill 研究表明，Dowling、Jackson、PI200538 表现出较强的抗生性（antibiosis），蚜虫在这些植株上寿命短、死亡率高、繁殖力低；而 PI71506 对两个基本点生物型芽虫表现出较强的排趋性（antixenosis）抗性，其植株上蚜虫群体发育与感性品种无明显差别。此外，有 6 个野生大豆具有抗蚜性，其中 3 个表现出抗生性。俄亥俄州立大学的研究人员将具有排趋性抗性的大豆品系 PI567301B 与敏感品系杂交，由此建立了 203 个重组自交系。从中挑选了 94 个重组自交系，利用 516 个 SNP 分子标记构建全基因组遗传连锁图。在所构建的连锁图上，他们发现了 2 个候选蚜虫抗性 QTL 位点。进一步精细作图确定，有一个主效 QTL 位点位于 13 号染色体，与以前定位的 Rag2 基因紧密连锁。这一实验成果是大豆抗芽虫遗传学基础研究的重要进展，对大豆抗蚜虫的分子育种具有重要的参考价值。

　　3）农作物耐逆境分子标记辅助育种。由于世界性的气候变化，提高作物耐旱性的研究显得越来越重要。农作物耐旱性的研究表明，大多数植物耐旱性都涉及许多基因，表现为数量性状遗传。这一特点也为作物的耐旱性遗传改良带来了不少困难。根据印度国际作物研究所研究人员的报道，目前采用分子标记检测已鉴定的具耐旱性 QTL 位点的水稻为 228 个，玉米为 190 个，小麦为 324 个，大麦为 243 个，高粱为 46 个，棉花为 96 个。采用分子标记辅助育种方法改良作物耐旱性的成功报道有来自水稻和棉花的育种实践。菲律宾国际水稻研究所和印度古尔中央大学在 2006～2010 年的 5 年时间中，通过回交群体鉴定了 4 个与产量相关的水稻耐旱 QTL 位点。澳大利亚阿德莱德大学和墨西哥国际玉米和小麦改良中心对澳大利亚南部限水环境面包小麦耐旱性与产量的关系进行了深入研究。他们将耐旱品种与敏感品种杂交构建重组自交系，然后在 4 个季节 16 种环境下对涉及产量的小麦耐旱 QTL 位点进行分子标记检测，共发现 9 个小麦耐旱性 QTL 位点。大豆在干旱条件下会有凋萎的表现，并影响大豆籽粒产量。美国佐治亚大学的研究人员将一来自日本的耐旱品系 PI416937 与敏感品系 Benning 杂交建立重组自交系，随后对重组自交系进行分子标记检测分析。在田间条件下，该研究小组鉴定了 5 个与大豆耐干旱凋萎形状相关的 QTL 位点，为大豆的耐干旱育种提供了一条可行的途径。在水稻耐淹性的研究中，菲律宾国际水稻研究所报道了 4 个 QTL 位点涉及渗水条件下提高水稻的耐受性。这 4 耐盐 QTL 位点分别位于水稻染色体 1、2、9 和 12。其中位于 9 号染色体的 SUB1 基因所在区域的 QTL 位点可解释 18% 的深水耐受性，可作为一个可靠的分子标记用于耐淹水稻的检测与筛查。

4）作物产量及品质改良分子标记辅助育种。粮食作物的产量与品质特征并不表现为直接的正相关或负相关。一般情况下，粮食作物的高产常常会对品质产生不良影响。普通小麦的籽粒硬度可以分为两种类型，即软粒小麦和硬粒小麦，它们与小麦的烹调和焙烤质量有很大关系。美国俄勒冈州立大学的研究人员选择一个常规软粒小麦品系和一个极软粒小麦品系杂交，随后自交建立重组自交系。分子标记检测分析鉴定了 47 个 QTL 位点涉及 9 个不同的性状，有些显示多种遗传效应。其中有 6 个 QTL 位点直接与小麦籽粒硬度和焙烤品质有关，分别位于染色体 1BS、4BS、5BS、2DS、4DS 和 5DL 上。澳大利亚阿德莱德大学的研究者分析小麦高分子质量谷蛋白品质遗传发现，决定小麦高分子质量谷蛋白品质的两个等位基因成员 *Glu-B*1 和 *Glu-B*1*al* 之间有一个 SNP 的差异。

大豆种子的大豆球蛋白（glycinin）和 β-伴大豆球蛋白（β-conglycinin）的含量是一个重要的品质性状，与豆腐的加工品质有关。加拿大与印度大豆育种专家获得了一批 11S 大豆球蛋白和 7S β-伴大豆球蛋白突变的品系，他们尝试从突变体中寻找分子标记用于大豆的品质改良。根据突变品系和现有的栽培品系基因组大豆球蛋白基因（*Gy*1—*Gy*5）的序列分析发现，在突变体中由于点突变而缺失了 A4 多肽。这一研究为寻找大豆球蛋白基因分子标记辅助育种提供了实验依据，在苗期即可鉴定大豆植株的大豆球蛋白基因组成，而不必须等到收获大豆种子。韩国首尔国立大学对涉及大豆豆瓣品味的大豆脂加氧酶基因家族成员 *LOX*-2 的变异进行分子检测，在 90 个重组系和 480 分来源不同的大豆材料中发现了缺失突变，为大豆品质改良提供了理论依据和技术支持。

5）生理与栽培性状改良。作物的栽培生理与产量及抗逆性有关，以往对这一领域的研究不多。2012 年，法国的小麦研究人员采用基因组关联分析技术鉴定与小麦早熟性有关的染色体区段取得了一些值得关注的进展。他们选择了 760 个分子标记，在连续 3 年的田间试验中，发现位于 33 个染色体区段的 66 个标记涉及早熟性状，其中有 7 个区段的 15 个标记显示互作效应。

2. 国内进展

（1）分子育种技术的创新

栽培稻在进化中基因组变异的一般特点，提供了全基因范围高密度含有基因变异信息的多态性标记，为水稻的全基因关联分析建立了可靠的和有效的技术平台。

全基因组范围检测亚种染色体区段的渗入对改良栽培稻具有重要意义。从 20 世纪 90 年代开始，我国北方的粳稻育种就不断采用亚种间杂交的方法，将籼稻的血缘引入粳稻，获得了许多农艺性状大幅度改良的品种和品系。为了从全基因水平评价亚种间杂交对粳稻改良的贡献，中国沈阳农业大学的研究人员选择了 78 个粳稻品种，选用了 65 个 SSR 分子标记，检测了 188 个位点，大约涉及 600 个基因。分子标记检测和性状分析证实，籼稻基因的渗入对改良粳稻的穗粒数和每株穗数具有非常明显的正效应。而与品质有关的基因，如籼稻的 *Waxy* 和 *qSH*1 基因在粳稻中是缺失的，这就保证了粳稻品质仍然维持原有的特征。全基因组的分子标记检测表明，亚种间杂交涉及复杂的多基因重组和选择过程，一个优良的亚种间杂交品种的培育不能只靠单个或少数基因的渗入。

另一项研究是利用水稻全基因组分子标记检测水稻亚种间杂种优势的遗传基础。在粳稻 Asominori 与籼稻 IR24Z 杂交衍生的 66 个粳稻代换系株系与亲本 Asominori 再杂交，根据杂种一代的表型分析籼稻渗入染色体区段对杂种优势的贡献。中国农业科学研究院作物研究所的研究人员在实验中发现有 36 个具有明显效应的 QTL 位点涉及约 70 个产量相关性状，其中 28.6% 为超显性，35.7% 为部分显性，30% 为加性效应。实验结果为亚种间杂交育种改量粳稻品种、提高杂交稻潜能具有理论指导意义。

（2）作物农艺性状全基因组分子标记开发与关联作图

华中农业大学的研究人员根据已有的棉花纤维合成相关基因的数据，采用计算机 SNP 鉴别和基因专一性标记设计方法筛选与合成具有多态性的分子标记，用于分析棉花纤维发育调控的遗传基础。他们筛选到 39 个标记，可覆盖 74 个多态性位点。与此同时该实验室还利用毛棉（*Gossypium darwinii*）和陆地棉杂交构建了一组由 105 个渐渗系组成的家系，根据覆盖全基因组的 310 个 SSR 标记检测到约 333.5 cM 距离的连锁区段，占总基因组的 6.7%。在这些分子标记中，有 40 个分子标记与棉花纤维发育有关。此外，在棉花高序列保守性和趋异性区域的鉴定和异源四倍体棉花 SNP 分子标记的开发与作图等方面也取得了显著进展。

（3）分子标记辅助育种

1）农作物抗病性的鉴定。中国农业大学小麦育种研究人员在一个从以色列引进的野生二粒小麦（*Triticum turgidum* var. *dicoccoides*）中鉴定了一个对小麦白粉病具有部分显性抗性的基因 *MlIW*170。采用 SSR、RFLP、EST-STS 和 AFLP 等分子标记，目前已将 *MlIW*170 基因定位于染色体区域 2BS3-0.84~1.00，遗传连锁图距离约 2.69cM。基因组同线性分析证实，*MlIW*170 基因处于水稻同线性区域中一个物理长度约 105kb 区段。南京农业大学的研究人员将小麦黄色花叶病毒（wheat yellow mosaic bymovirus，WYMV）高抗品种 Xifeng 与敏感品种 Zhen 9523 杂交构建了 164 个重组自交系用于鉴定面包小麦的小麦黄色花叶病毒抗性相关基因。在连续 4 年多的实验中，采用分子标记分析检测确定了 3 个与小麦黄色花叶病毒抗性相关的 QTL 位点，其中一个 QTL 位点 *QYm.njau*-5A.1 与分子标记 *Xwmc*415.1，*CINAU*152 和 *CINAU*153 紧密连锁。这一研究进展为面包小麦的小麦黄色花叶病毒抗性的分子标记辅助育种提供了有效的、可靠的选择手段。

玉米赤霉菌茎腐病是世界范围的重要病害之一。中国农业大学国家玉米改良中心在已经鉴定的两个玉米赤霉菌茎腐病抗性 QTL 位点（主效 *qRfg*1 和微效 *qRfg*2）的基础上，对 *qRfg*2 抗性 QTL 位点进行精细定位。在 *qRfg*2 位点区域寻找到 22 个分子标记，目前已锁定 *qRfg*2 基因位于 300kb 的物理距离范围。*qRfg*2 位点在连续的回交后代中可提高植株对赤霉菌茎腐病抗性达到 12%，在玉米赤霉菌茎腐病抗性改良中有广阔的应用前景。

2）农作物抗虫基因的检测与定位。褐飞虱（*Nilaparvata lugens*）是一种远距离迁飞能力强、繁殖速度快的水稻单食性、常发性害虫。在适宜的环境条件下，褐飞虱易于在水稻穗期暴发成灾，一般危害损失达 10%~20%，严重危害时损失超过 50%，甚至绝收。鉴定与积聚栽培水稻品种中的抗褐飞虱基因是一种提高抗水稻褐飞虱功能的经济而有效的方法。武汉大学生命科学院研究人员在籼稻品系 B14 中发现一个源自野生稻的褐飞虱抗性基因 *BPH*12，并将 B14 与敏感高产籼稻品种杂交构建定位群体。他们的实验证实，抗性基因 *BPH*12 位于水稻 4 号染色体，位于分子标记 RM16459 和 RM1305 之间。抗性基因 *BPH*12 表现为部分显性，可解释 73% 的褐飞虱抗性表型。由于目前在粳稻品种中尚未发现褐飞虱抗性基因，该研究小组已将抗性基因 *BPH*12 通过杂交转移的方法导入粳稻，进一步在粳稻遗传背景下评价 *BPH*12 的育种价值。

麦长管蚜又称小麦长管蚜，是同翅目蚜科长管蚜属的昆虫，主要为害小麦、大麦、燕麦、莜麦等作物。麦长管蚜分布于亚洲、东非、欧洲、北美洲等地区，1 年可繁殖 10~20 代甚至以上，以无翅孤雌胎生雌蚜繁殖为主，有翅孤雌胎生雌蚜迁飞扩散。一般以成、若蚜为害植株，在茎、叶和穗部取食。叶片被害处呈浅黄色斑点，严重时造成黄叶、卷叶，甚至整株枯死；穗部受害，造成麦粒干瘪，小麦千粒重下降及严重减产。为了寻找小麦麦长管蚜抗性基因，西北农业大学的研究人员在温室条件和大田环境下发现两倍体硬粒小麦（*Triticum durum*）品系 C273 含有对麦长管蚜表现抗性的表型。将 C273 与敏感品系杂交建立 $F_{2:3}$ 家系用于定位分析时发现，这个被称为麦长管蚜抗性基因 *RA*-1 位于染色体 6AL 上，与 3 个分子标记紧密连锁。这一进展为采用分子标记辅助育种转移麦长管蚜抗性基因提供了依据。

3）农作物耐逆境分子标记辅助育种。南京农业大学的研究人员将耐盐水稻品系与敏感品系杂交重组自交系，采用分子标记检测水稻耐盐性 QTL 位点。该研究鉴定出 7 个主效 QTL 位点和 11 上位性 QTL 位点涉及水稻的耐盐特性。

4）产量及品质改良分子标记辅助育种。中国农业大学国家玉米改良中心检测分析玉米籽粒含油量基因位点，共发现 58 个 QTL 位点，分布在 26 个基因组区段。其中有 8 个主效 QTL 位点涉及籽粒含油量和胚含油量及浓度，位于 1 号染色体的主效 QTL 位点可解释 90% 的含油量变异。玉米植株的抗倒伏性状与含油量密切相关。中国农业大学和中国农科院合作研究抗倒伏性状遗传基础与含油量的 QTL 位点的关系，结果表明，有 9 个加性 QTL 位点与抗倒伏有关，分别位于 9 条不同的染色体上。此外，还检测到一个上位性 QTL 位点与纤维素和木质素的合成有关。浙江大学农业与生物技术学院采用近等基因系分析油菜在高温条件下成熟期影响含油量的基因表达谱，研究发现，与脂类代谢相关的基因在含油量不同的品系中有明显的表达差异。

在大豆籽粒产量 QTL 位点定位研究中，东北农业大学构建了 3 个独立的重组自交家系，分别检测到 18、11 和 17 个大豆种子重量 QTL 位点。南京农业大学利用 153 个 SNP 和 209 个单倍型标记，收集了 191 份大豆地方品种，在 5 个不同环境条件下对大豆产量进行全基因组关联分析。分析发现，有 19 个 SNP 和 5 个单倍型标记与大豆产量性状有关。东北农业大学和中国大豆研究中心在 6 种环境下分析检测与大豆种子次亚麻油酸和其他脂肪酸含量相关的 QTL 位点分子标记，利用 125 个重自交系发现 6 个与次亚麻油酸相关 QTL 位点，44 个与亚麻油酸相关 QTL 位点，4 个与棕榈酸相关 QTL 位点，4 个与油酸相关 QTL 位点，1 个与硬脂酸相关 QTL 位点。

5）生理与栽培性状改良。玉米的耐深播特性与中胚轴长度密切相关。中国农业大学和浙江大学研究人员选择耐受深播玉米品系与常规品种杂交建立 F2 代分离群体和回交群体，然后在 10cm 和 20cm 深度播种条件下，根据出苗植株分析确定耐深播玉米 QTL 位点。分子检测发现，有 10 个 QTL 位点与 10cm 深播出苗有关，有 15 个 QTL 位点与 20cm 深播出苗有关。深播条件下的玉米出苗率决定于种子中胚轴的伸长特性。玉米的生长状态与根系结构有关，并直接影响玉米的产量。中国农业大学和浙江大学的科研人员在构建的 187 个高代回交群体中，调查了 5 个根的生长发育相关数量性状。结合分子标记的分析证实，有 30 个 QTL 位点影响玉米的根部性状及产量。大多数 QTL 位点位于 6 号和 10 号染色体上。这些分子标记的确定有助于在不挖掘玉米根部的情况下，直接利用分子标记检测筛查具有优良根部性状的单株。

作物生长的态势与其吸收和利用氮、磷、钾等营养元素有关。山东农业大学作物生物学国家重点实验室在涉及氮、磷、钾利用的实验中，检测了 380 个 QTL 位点。其中有 149 个 QTL 位点涉及营养含量，144 个涉及营养的利用效率。大多数 QTL 位点为新检测到的位点，有 26 个已定位到染色体 1A、1B、1D、2B、3A、3B、4A、4B、5D、6A、6B、7A 和 7B 的不同区域。

（二）基因工程作物育种的国内外重要进展

据国际农业生物技术应用服务组织（ISAAA）的转基因作物年度报告，2012 年全球转基因作物种植面积达到 1.7 亿公顷，比 2011 年增长 6%。全球转基因作物种植面积从 1996 年的 170 万公顷猛增到 2012 年的 1.7 亿公顷，17 年间的增幅为 100 倍。2012 年，全世界有 8 个发达国家和 20 个发展中国家种植转基因作物，种植面积排在前 5 位的国家是美国、巴西、阿根廷、加拿大、印度。中国种植面积约 400 万公顷，居世界第 6 位，其中绝大部分是转基因抗虫棉。据 ISAAA 预测，到 2015 年，全世界种植转基因作物的国家将增加到 40 个左右，种植面积也将增加到约 2 亿公顷。

1. 国外进展

ISAAA 创始者克莱夫·詹姆士博士最新编制了《2012 年度环球生物技术/转基因作物使用情况研究报告》，在这份最新的报告中，发展中国家的转基因作物种植量已经占到了全球转基因作物总种植量的 52%，首次超过发达国家。

目前，美国仍然是世界上种植转基因作物的超级大国，其种植面积高达 6900 万公顷，转基因作物的种类包括玉米、大豆、棉花、油菜、甜菜、苜蓿、木瓜和南瓜等。

排在第二位的巴西，共种植了 3030 万公顷的转基因作物，并且连续 3 年创增长率世界第一。转基因作物的种类主要是大豆、玉米和棉花等。

在世界农业领域占有重要地位的欧盟，历来对转基因食品持非常谨慎的态度，目前仅有 8 个国家种植转基因作物，而且种植面积都很小。全世界转基因种植面积最大的前十位国家中，并没有欧盟成员国。

尽管目前国际上种植转基因作物的面积在持续增加，但总体上看，除中国外，其他各国转基因作物研究的投入近年来一直维持在原有水平。2012 年，世界上 29 个国家 1670 万农户种植的 1.6 亿公顷转基因作物中，绝大部分仍然是数十年前研究成功的以 Bt 毒蛋白抗虫基因和除草剂草甘膦抗性基因为基础的转基因作物，如抗虫毒蛋白转基因玉米、大豆和棉花及抗除草剂玉米等，新型的创新性转基因作物类型比较少。

2012 年，有一项值得关注的作物基因工程技术的新进展与抗除草剂作物的基因工程改良有关。由于长期大量种植抗除草剂作物，有许多田间杂草已经发生了遗传变异，增强了对传统除草剂的抗性。为了寻找一种更好的可替代抗草甘膦转基因的方法，以克服田间杂草对除草剂的抗性，墨西哥的科学家报道了一种基于磷肥的利用方式用于杂草的控制。这一方法是基于一种假单胞菌（石油生物脱硫菌 *Pseudomonas stutzeri*）含有亚磷酸专一性氧还原酶（phosphite-specific oxidoreductase），可将亚磷酸转化为正磷酸，而植物和大多数微生物缺少该酶，不能催化这一反应。用亚磷酸专一性氧还原酶基因转化拟南芥，然后将转基因植株和杂草生长在同一环境。在施肥时减少正磷酸盐的用量，大幅度增加亚磷酸盐用量。由于杂草不能利用亚磷酸盐，转基因植株可以利用亚磷酸盐，从而达到抑制杂草生长的目的。

韩国明知大学报道利用一个含有与耐逆有关的 NAC 结构域的水稻基因 *OsNAC9* 转化水稻品系，*OsNAC9* 转基因过表达的植株根系结构得到改良，不但提高了转基因植株的耐旱性，而且提高了转基因株系的产量。澳大利亚的科学家在小麦的转基因研究中发现，利用 RNAi 干扰技术下调小麦葡聚糖水合二激酶基因表达水平可以使转基因小麦的生物量、分蘖数、穗粒数和籽粒重量增加。在葡聚糖水合二激酶活性整体下调情况下，转基因小麦的产量最高可增加 29%。

水稻的稻米品质与垩白程度有关，涉及灌浆时期 α-淀粉酶的活性。此外，灌浆期环境温度过高，垩白程度会加重。日本国家农业中心的科学工作者采用 RNAi 干扰技术，抑制水稻 α-淀粉酶基因的表达，尝试改良水稻稻米品质。实验结果证实，

灌浆时期 α-淀粉酶活性的降低可改变籽粒淀粉的积累方式，有效地降低稻米垩白程度，提高稻米的品质。

作物的耐旱性是重要的农艺性状之一，直接影响作物的产量。AtMYB44 是拟南芥转录因子 MYB 基因家族的成员，其功能与叶片气孔的开放及闭合有关，涉及植物的耐旱性表型。韩国首尔国立大学将来自拟南芥的 AtMYB44 基因转化大豆，转基因大豆植株在温室和大田均表现明显的耐旱性和耐盐性。大田试验中，AtMYB44 转基因大豆也表现明显的耐旱性和耐盐性。虽然转基因大豆植株高度略有降低，但籽粒产量却显著增加。

2. 国内进展

中国是继美国、巴西、阿根廷、加拿大、印度之后排名第六的转基因作物种植大国，种植面积达 390 万公顷，种植作物包括转基因棉花、番木瓜、白杨、番茄、甜椒等，其中转基因棉花的种植比例已高达 71.5%。然而，国内公众对转基因潜在危害的担忧一直存在，导致转基因主粮在获得安全证书后仍未获准进入商业化生产程序。

中国已为转基因番茄（耐贮藏）、棉花（抗虫）、矮牵牛（变色）、甜椒（抗病）、番木瓜（抗病）、水稻（抗虫）和玉米（产植酸酶）共 7 种转基因作物发放了农业转基因生物安全证书。2010 年，我国转基因棉花种植面积为 5000 多万亩（1 亩 ≈ 666.7m^2），转基因番木瓜仅有少量种植，其余转基因作物尚未大面积种植。

经国家农业转基因生物安全委员会评审，已先后批准转基因棉花、大豆、玉米和油菜共 4 种作物的进口安全证书。除批准了棉花的种植外，转基因大豆、玉米、油菜均只用于加工生产，如制造食用油。中国至今未批准任何一种转基因粮食作物种子进口到国内种植。

棉花的纤维品质改良涉及棉纤维长度、强度和马克隆值等多项指标，其中棉纤维长度是极其重要的一个品质性状。常规育种虽然也将棉纤维长度列为重要的目标之一，但进展极其缓慢。复旦大学和中国农业科学院棉花研究所合作，采用一个来自油菜可以调控植物细胞大小的 RRM2 结构域编码序列构建表达载体转基因棉花栽培品种棉 12。过表达 RRM2 的棉花转基因植株表现生物量增加。就单铃皮棉产量而言，4 个转基因株系与对照相比均有显著提高，增幅为 9%～40%；转基因株系的单株结铃数也明显增多，增幅为 12%～34%。结合单铃皮棉产量和单株结铃数两个因素，4 个转基因株系的单株皮棉产量增加了 35%～66%。

（三） 生物育种面临的科学与技术问题

从 2012 年分子育种所发表的文献可以发现，在全基因组水平上开发与应用分子标记是近年来国际上现代育种技术领域极具特色的一个发展方向，也是将来作物分子育种发展的主要趋势。这一领域在科学技术上面临的问题主要是，如何将已有的技术成果应用于生产实践。在分子标记辅助育种中，目前针对质量性状的改良相对比较成熟，但对许多数量农艺性状遗传规律的了解并不全面。由于环境因素对数量性状影响很大，分子标记辅助育种的效果还需要更多的实践和时间积累经验，并在更广泛的区域加以验证。

转基因育种领域正如前面所介绍的，虽然在某些方面，如抗虫基因与可抗除草剂基因的应用取得了很大的经济效益，但其潜在的生态学问题也逐渐显现。如何解决昆虫对抗虫基因的耐受性突变，如何克服"超级"杂草的出现，是作物转基因改良育种迫切需要解决的现实问题。这一问题如果没有新的思路和技术，将会影响到转基因育种未来发展的前途和方向。

（四） 展望

分子育种与转基因育种是生物育种中两个基本的技术领域，它们各有不同的理论基础和技术路线。随着农作物基因组学的全面展开及信息学的发展，对作物农艺性状分子生物学机制的了解会更加深入而全面。基因组学和常规育种的结合是一个不可避免的趋势，它们之间的相互交流和渗透，将会逐步改变常规育种的思路和手段，使常规育种由经验观测为主进入到理性分析的更高层次，更具有可预见性。

转基因作物改良的未来发展除了继续扩大抗虫基因和抗除草剂基因的应用范围，科学工作者将会更多关注和开发对耐寒、耐旱、耐涝、耐盐碱、丰产及优良品质改良的研究。如前面所介绍的利用微生物与植物对亚磷酸盐利用的不同，通过转基因和施肥措施开辟抑制农田杂草的新途径。这说明对生物生长发育的了解越是全面和深入，越能设想和设计新的转基因技术用于作物的各种性状的改良。生物育种的可持续发展必须依赖基础理论的发展，基础理论的发展是生物育种技术创新的源泉。生物育种的历史并不长，目前还处在发展的初期阶段。可以预见，随着理论研究的深入和技术的日益成熟，生物育种必将迎来一个全新的时代。

六、纳米生物技术

纳米生物学最初出现于 20 世纪的 80 年代，是伴随 STM、AFM 等纳米表征测量工具的发明及其被用来对生物微纳米结构，以及与这些结构相关生物性状或功能的研究而发展起来的。纳米生物学的研究范畴还包括受生物启发或以生物纳米结构作为模板的纳米结构制备，人工纳米材料或结构对生物作用及由此出现的生物效应与生物相容性等。在此基础上，为了适应特定的生物医学与健康事业发展的明确需求，发展出基于纳米材料、器件及系统用于医学技术的医学纳米技术，或纳米医学，以及用纳米材料或纳米技术发展新的药物载体、新型药物输运系统及相关药物新剂型、新型给药器械与系统等纳米药物或药学纳米技术。这些内容代表了纳米生物技术的总体发展方向。

（一）国际研究进展

1. 纳米生物学

纳米生物学是整个纳米生物技术的基础，源自采用纳米表征测量工具或技术对生物纳米结构及相关性质等的研究，现已进一步发展出有关纳米尺度生物体、生物分子或单细胞操控的综合研究、基于外源性纳米材料对生物作用的纳米生物效应与纳米毒理学，以及仿生纳米技术等研究的新分支。

（1）生物纳米结构的表征测量与控制

意大利热那亚大学采用 TEM 并结合新的制样方法，成功获得了之前只能通过 X 线结晶衍射技术才能间接获取的 DNA 分子的双螺旋结构的直接图像，甚至可以观察到单一碱基的结构。美国德克萨斯大学奥斯汀市分校与科克雷尔工程学院、波士顿大学合作，发现细胞机械性能的变化可能是肿瘤发生的原因。他们建立了一个三维肿瘤模型，显示软化的细胞是细胞内发生改变，导致了细胞癌变现象的产生。具体来说，就是通过精确的计算建立了一个组织内细胞的生命周期模型，便于观察细胞机械性能的改变如何对细胞的行为产生影响。首先是确定在这个健康的组织内有相同机械性能及黏附性的细胞，然后在组织中心将一些细胞软化，结果显示只要软化的细胞低于临界值，这个组织仍然会保持健康、稳定。如果超过了这个临界值，机械性能出现变化的柔软细胞就会出现倍数式增加，远远大于正常健康的细胞。除了这一点外，肿瘤的增长是依靠自身强大的繁殖能力替换周围健康的细胞，临床观察显示这也是恶性肿瘤的一个特征。细胞发生物理力学性能上的改变最终使得细胞分裂失控，结果是这些分裂失控的细胞出现较低的死亡率，导致恶性肿瘤的增长。Methodist 医院研究所与 MD 安德森癌症中心合作，基于物理变形测控及微流控芯片原理，研制出一种芯片称为 Mechanical Separation Chip 或 MS-Chip。采用该芯片可以从癌症细胞中分离获得一些类癌干细胞，进一步地证实了可以基于细胞的力学性质来分离获取特定的疾病细胞，并有望用于细胞分析与治疗等方面。

奥地利 GRAZ 技术大学的研究发现，如果作为构成血管基本要素的胶原蛋白、弹力纤维和平滑肌细胞等的结构或组合发生变化，不仅可能使血管硬化，也会导致血管病态力学特性改变。他们开展了动脉血管生物力学特性的分析研究，借助微细结构的充分观察和计算机模拟，初步弄清了动脉血管的这一复杂的生物力学过程，即动脉血管中的弹力纤维决定着血管壁的弹性，而胶原纤维则决定着血管壁的韧性和强度，其结构的改变会导致血管壁承受能力发生变化。胶原纤维是胶原蛋白行使生理作用的基本形态。在健康和病变状态下，动脉血管中胶原纤维的排列状态有着明显差距。通常，在健康血管壁中的胶原纤维呈现出螺旋状排列，而且方向一致，但病变血管壁中的胶原纤维排列却显得十分散乱。

日本自然科学研究机构和京都大学联合研究发现了细胞膜上的"水分子通道"。该通道的存在可使动物处于脱水状态或摄取大量水分使体液浓度发生变化时保持细胞的正常形态。此项研究将会对治疗艾滋病感染、癌症及 II 型糖尿病等疑难病症产生推动作用。此外，东京大学与奈良先端科技大学院开发出一种可根据温度变化而改变发光时间的特殊荧光试剂，借此可测量活细胞内部的温度情况并将其可视化。

（2）生物分子纳米技术

研究生物分子的结构及相关作用，甚至直接采用生物分子制造出特定的纳米结构或系统，是目前生物分子纳米技术研究的热点。依据生物分子的不同种类，又可将其分为 DNA 纳米技术、RNA 纳米技术（或者核酸纳米技术）及蛋白质纳米技术等。

核酸是生物遗传和所有生命过程的信息重要携带物质。所有的生命现象，包括正常的生理过程或病理变化都与核酸密切相关。以核酸纳米技术为例，基于 DNA 特别的分子自组装和识别能力实现精确的纳米构架，如同采用 DNA 分子搭积木构成纳米机械那样，将其用于生物计算与传感，以及携带特定的药物构成药物输运系统等，成为核酸纳米技术中一个重要的研究方向，也称为 DNA 纳米技术。目前，相当一部分的研究主要集中在利用单个长链 DNA 构建出特定的形状结构，或称之为 DNA 折纸。DNA 折纸就像折叠一条长带子那样，把一条 DNA 长链反复折叠，形成需要的图形，就像用一根单线条绘制出整幅图画。折叠后的 DNA 长链，通过"钉子"对设计位置上的 DNA 短链加以固定，从而构建出了一些特定的二维图案结构。来自哈佛医学院、Wyss 研究院的研究者提出了一种利用 DNA "积木"设计的纳米系统，就是将一种能环环相扣的 DNA 单链片（single-stranded tile，SST），形成 DNA "积木"，通过编程，再将这些单链片精确组装成一定的形状，比如各种字母。通过进一步设计，可将这种技术用于开发新型纳米输药系统，直接将药物送至生命体中的疾病位置。

亚利桑那州立大学的学者制造出尺寸比核糖和脱氧核糖更小，且能折叠成三维形状的特定结构，成为其间夹有一个特殊蛋白质的 TNA 分子。TNA 与 RNA、DNA 的不同之处在于构成核苷酸的糖链是不同的，构成 TNA 的糖链为四碳糖苏糖。而 RNA 为核糖，DNA 为脱氧核糖。他们是让 TNA 的各个组成成分在有一种蛋白质参与的情况下进化：3 代之后出现了一个 TNA，其拥有一个像酶一样复杂的折叠形状，而且能与该蛋白质结合。可以预期，这种结构简单的 TNA 也具备 RNA 的某些功能。

(3) 仿生或受生物启发的纳米技术

英国曼彻斯特大学的学者基于模拟核糖体功能的设想构建出一种分子纳米机器系统，即由杆状结构上的基因控制而提供一种新的高分子链序列，在其上套上一个分子环状物。当这种环状物沿着杆移动的时候就会作用于不同化学单元，并同时把它们组合成链条，就如同核糖体连接蛋白质的构建模块。具体的做法就是纳米环会穿过分子链并借助铜离子开展装配的过程；随后，一个"反应臂"将被附着在机器的剩余部分并开启操作。纳米环会沿分子链移动直至被前方的模块阻挡，之后"反应臂"将从轨道上卸除这一障碍，并将其传送至机器上的另一位置，激发"反应臂"上活性部位。这样纳米环就能自由地沿分子链移动，直到遇到下一个模块。如此反复，就能在纳米环上构建出新的分子结构。

2. 纳米医学

（1）微纳米生物传感器与系统

以功能纳米材料与结构为基础，研发各种形式的新型生物传感器或相关技术，提高医学检测技术与诊断水平，依然是纳米技术应用于医学的主要方向之一。以伦敦帝国理工学院为例，他们发展出一种超高灵敏度的病毒检测新方法，即通过检测血液样品中 p24 生物标志物及前列腺特异性抗原（PSA），来早期发现病毒感染的发生。其基本原理是在一次性容器中分析来自血液的血清过程中，如果结果出现了 p24 或 PSA 阳性，就会有一个化学反应生成不规则形状的纳米颗粒，从而容器中的溶液就会变成鲜明的蓝色。如果结果是阴性的，那么纳米粒子就会分离成球形，出现红色。这两个反应可以很容易地通过肉眼看到。这一感应器十分敏感，能在很低浓度下感应到样品中 p24，而这种检测病患低病毒水平的功能目前只能通过酶联免疫吸附实验（ELISA）检测和金标准核酸分析法实现。该技术的出现，有望能在更低浓度水平上发现 HIV 感染及癌症标志物，使更早进行治疗成为可能。此外，他们与有关机构联合研发出一种基于纳米金材料结合抗体，如果检测样本中含有与这种疾病相关的特征物质，则抗体会与其反应，再通过银染放大技术使这种变化易于光学检测。前列腺特异抗原的检测是目前诊断前列腺癌的一个重要指标。采用该方法检测了与前列腺癌相关的前列腺特异抗原。利用现有技术手段，检测每毫升样本含多少克前列腺特异抗原，灵敏度只达到小数点后第 9 位，而新技术可精确到小数点后第 18 位，相当于灵敏度提高了 10 亿倍。

（2）分子影像与纳米诊疗材料

美国斯坦福大学医学院研发出一种基于金纳米结构的三模态医学图像增强剂，主要通过静脉注射后定向于脑部肿瘤，可用于脑胶质瘤手术中的图像引导等需求。这种复合结构的纳米材料，主要包括纳米金与钆，可以达到磁共振成像（MRI）、光声成像和拉曼成像三种图像联合增强的效果。MRI 可在手术前较好地显示肿瘤的边缘及位置，而纳米金能吸收光声成像的光脉冲，并随着粒子的升温，生成可检测到的超声信号，由此可获得三维的肿瘤图像。光声图像具有透深大的优点，同时对纳米金的存在很敏感，所以能保证在手术过程中对肿瘤边缘的实时、准确地描述，从而引导医生提高手术精度。另外，利用纳米金可增强 Raman 图像的特点，将金纳米粒子用于分辨出一些残留的癌变组织，使肿瘤的彻底清除更加容易。此外，该技术还有望对难治且致命性脑癌的预报，并可延用于其他肿瘤。乔治亚大学与 Emory 大学合作研究发现，利用磁性纳米颗粒除可以使 MRI 图像增强外，在交变磁场下能轻易破坏上皮组织的癌变肿瘤细胞，在半小时内杀死位于小鼠头部和颈部的癌变肿瘤细胞，而未损伤健康的细胞和组织。

（3）再生医学与修复替代用纳米材料

美国加州大学圣地亚哥分校研发出一种新型可注射的水凝胶，可安全高效地用于治疗因心脏病发作受损的组织。这种凝胶包括取自剥离于心脏肌肉的结缔组织，经过清洁、冷冻干燥等步骤后研磨成粉状，然后液化成一种可容易进入心脏的注射液。注射液一旦进入人体，伴随着温度升高而变成半固体的多孔凝胶，形成支架，促进细胞重新填充到心脏病发作受损的心肌组织区域进行修复并维持心脏功能。此外，该凝胶可通过导管微创注入，有助于促进心脏损伤区域正态重塑而非促进炎性反应。

日本 NIMS 为了发展软组织修复材料，研发了一种新型智能纳米纤维凝胶，由采用光交联的温敏高分子通过静电纺丝制成的纳米纤维组成，可易于捕获和释放细胞，且此过程具有动态和可逆的特点，不含有任何交联或者降解的过程。在外界温度的变化下，凝胶表现出不同的溶胀性能，这就是能够捕获和释放细胞的原因。细胞在这个过程中表现出很好的活性和增殖能力。此外，这种智能凝胶，也可以用作多肽、抗体等生物大分子的固定和控释。

（4）医疗器械用纳米材料与结构

加拿大 Sunnybrook 健康科学中心发现超声能让肿瘤对放射性治疗更加敏感，在此基础上发展出一种利用超声改善放疗进行肿瘤治疗的新方法。他们通过静脉向实验鼠乳腺肿瘤部位注射了包裹惰性气体的微泡，然后采用一定频率的超声作用，部分肿瘤随后又接受了放疗。结果显示，这种组合式的治疗，对肿瘤细胞治疗的效果比单独使用放疗高出约 10 倍，相对于只使用放疗，组合疗法重复治疗能延长实验鼠的存活时间，并延缓肿瘤的生长。可见，放疗辅以超声波激发的微泡可能会增加癌症疗法的功效，并减少所需放疗的总剂量。俄罗斯的俄下诺夫哥罗德国立医学院开发出利用基因编码光敏剂 KillerRed 定向杀死癌细胞，发展出一种新型肿瘤治疗方法。

美国斯坦福大学医学院开发出一种类似于太阳能电池系统的视网膜假体。该装置有一对专门设计的配有微型摄像机和处理视觉数据流的微机目镜，生成的图像会显示在嵌入目镜中的微型液晶显示器上。显示器能发出近红外激光脉冲将播放图像投射在光电硅芯片上，而芯片可通过手术植入视网膜下方，来帮助那些因退行性眼病而失明的患者恢复视力。

3. 药学纳米技术与器件

美国麻省理工大学与哈佛大学达纳—法伯癌症研究所、布罗德研究所合作，利用 RNA 干扰技术（RNAi）开发出一种 RNA 递送纳米粒子系统，能大大加快筛选抗癌药物标靶进程。他们设计了一种以 ID4 为标靶的 RNA 递送纳米粒，能靶向并随后进入肿瘤。纳米粒表面标记了一种短链蛋白质片断，这使其能进入肿瘤细胞，并且蛋白质片断会被拉向肿瘤细胞中一种特殊蛋白质 p32。纳米粒进入肿瘤细胞后，蛋白质-RNA 混合物能穿过膜层进入细胞内部，开始破坏 mRNA。通过小鼠实验显示，这种以 ID4 蛋白为标靶的纳米粒子能明显缩小卵巢肿瘤，由此 ID4-标靶粒子可能开发为一种卵巢癌治疗的新药物，并可能拓延到包括胰腺癌在内的其他癌症。此外，该校与哈佛医学院及 BIND 生物医学公司合作，在较系统地比较了 100 余种纳米微粒载药系统的基础上，选择已获美国食品与药物管理局批准使用的 6 种材料作为膜材，主要包括 PLA 与特定修饰的 PEG 等，携载一种抗癌药物多西他赛，制备出新型药物系统。通过进一步研究诸如尺寸、载药量、表面躲避免疫系统攻击的特定基团密度、药物释放速度等不同的参数，优化获得了相关药物。采用小鼠、大鼠和猴子的体内实验表明，在 24 小时内，与标准的多西他赛注射所能产生的效果相比，用纳米微粒运输多西他赛产生的血药浓度是前者的 100 倍，并且在肿瘤上积聚的药物也是前者的 10 倍。对 17 个人进行的一项临床安全实验发现，药物在肿瘤上积聚，并且其临床毒性只相当于通常规定的多西他赛剂量毒性的 20%。

在对付血栓方面，美国哈佛大学模仿血小板的方式，采用聚合物材料研制出小于 100nm 的微粒，携带组织型纤溶酶原激活物等药物。像血小板一样，这些微粒能在血液中自由地流动，随着血液流向被堵塞的血管。一旦到达堵塞处，微粒会分裂成一些独立的颗粒，黏在血凝块上，释放出组织型纤溶酶原激活物将凝块溶解。小鼠动物实验表明，虽然包裹的药物剂量较低，但纳米微粒被注射入小鼠体内后，能够迅速使堵塞的血管重新张开，同时，这些粒子可以被生物降解而最终会在体内分解掉。

美国哈佛大学 Wyss 生物工程研究所安置人类活细胞于微型芯片上，模拟了肺水肿并研究相关药物的疗效与毒性等。他们基于"芯片器官"（organs-on-chips）的基本想法，建立了"芯片上的肺"（lung-on-a-chip），即采用一种透明、柔性且包含空心通道的多聚物，结合计算机设计和微芯片制造技术制成。两个通道用一种薄的柔性的多孔膜分隔，一面排列人类肺细胞并暴露于空气中；另一面上放置人类毛细血管血液细胞，让培养液流过其表面。向侧通道施加负压使这一组织间的界面变形，由此形成呼吸时人类肺组织的物理扩张和收缩。他们由此研究了 IL-2 癌症化疗药物的效果，以及作为主要毒性作用的肺水肿，即肺脏中充满液体和血凝块的致病性疾病。研究结果表明，呼吸的物理行为明显地促进了 IL-2 在肺水肿中的效应，对临床采用应对措施具有重要的启发意义。

美国麻省理工学院微芯片公司研制出无线遥控式的药物递送微芯片，在人体实验中首次获得成功。给骨质疏松患者植入该微芯片，一年后检查发现疗效与采用注射方式基本相同。

美国加州大学圣迭戈分校设计并制造出一种新型微马达，可在强酸环境中利用氢气气泡进行驱动，无需额外燃料，可以每秒钟 $1000\mu m$ 左右的速度行进，可望广泛应用于生物医学和工业领域。

南非科技与工业研究院开发出一种基于纳米技术的靶药物输送系统，能利用新型多重乳液喷雾干燥技术，将目前治疗肺结核病的 4 种药物包裹在聚合物中，制成大小为 250nm 左右的药物颗粒。这种颗粒可以使抗生素更容易寻找靶位，进入被结核病菌感染的巨噬细胞，持续并且长时间释放抗体，促进细胞对抗体的吸收。由此可以降低抗结核药物的服用剂量和频率，同时改善病人的服从性。而这种药物对多种药物抵抗型结核病（MDR-TB）患者来说，更具有重要意义。其将为 MDR-TB 患者提供一种简单、快速、安全和可负担得起的治疗方案。

（二）国内研究进展

我国纳米科技在科技部、自然科学基金委、中国科学院、教育部及其他相关部委的持续大力资助下，已经获得了长足的发展，其中在纳米生物技术等方面也取得了很大的进步。

1. 纳米生物学

（1）生物纳米结构的表征测量与控制

暨南大学采用原子力显微镜技术在纳米水平上探测了骨形成蛋白 2（BMP2）刺

激的乳腺癌细胞的形貌、骨架变化、细胞表面黏附力及硬度的改变。研究表明
BMP2 通过改变细胞骨架及黏附分子的表达提高了 MCF-7 细胞的转移和侵袭能力。
相关结果为 BMP2 在组织工程应用中的安全性评价提供了一种新的方案。

（2）生物分子纳米技术

中科院上海应用物理研究所提出了集合适配体（ensemble aptamer/ENS aptamer）
的新概念，利用 DNA 分子超强的序列组合能力，可以通过构建一组 DNA 序列形成
特定的指纹图谱来实现任意生物靶标的特异性识别。在此基础上结合氧化石墨烯的
检测平台发展出一种新型的模式识别生物检测方法，通过生物传感阵列实现了一系
列蛋白质和细胞生物靶标的特异性识别与检测。

中国科学院生物物理所等单位制备了一种新型铁蛋白纳米粒，该纳米粒由氧化
铁纳米核及铁蛋白壳组成，蛋白壳特异识别肿瘤组织，铁纳米核能催化颜色底物使
肿瘤显色，区分正常组织和肿瘤组织。基于此纳米粒发展了一种肿瘤诊断技术，通
过对 9 种 474 例临床肿瘤标本筛查，证明该技术癌症诊断灵敏度 98%，特异性
95%。该成果入选"2012 中国科学十大进展"。

（3）仿生或受生物启发的纳米技术

国家纳米中心将平面上的细胞图案化技术和由应力引发自卷曲技术相结合，成
功实现了多种细胞在三维管状结构上的层状分布，用以模拟血管的多层结构。该策
略可以作为一个通用的方法用于构建带有微纳米结构的三维管状结构。

中科院苏州纳米所为发展智能医用导管技术，研究基于碳管/石墨烯三维全碳电
极的离子型电化学驱动器，希望同时发挥一维碳管、二维石墨烯在智能驱动中的应
力应变增强效应。所研发的 3D 碳纳米结构具有高度稳定的电学、电化学、力学性质
和丰富的表面功能化途径，在仿生智能材料器件等方面显示出优势，在仿生机器人、
微流控、微医疗器械等方面具有良好的应用前景。

中国科学院化学所利用多尺度界面的细胞特异黏附性，结合混沌流技术构筑了
循环肿瘤细胞检测器件。混沌流的引入使细胞可以与纳米线界面之间进行多次动态
接触，从而实现了高于 97% 的细胞识别捕获效率，比传统流式细胞分选技术提高 3
个数量级。该芯片已对 70 余例乳腺癌病人的临床血液进行了尝试检测，为癌症早期
诊疗和术后监测提供了新手段。该成果除已申请中国专利外，还申请了国际专利。

（4）纳米生物效应与纳米毒理学

中国科技大学采用一系列特异性表面结合肽，人为调控稀土纳米材料的细胞自

噬行为，从而大大降低纳米材料体内外的毒性作用并提高对肿瘤靶细胞的杀伤效应。这一成果为解决稀土纳米材料的生物安全性问题及拓展其在体内的诊疗应用提供了新方法新思路。

军事医学科学院卫生学环境医学研究所与安徽大学等单位合作，发现水中的氧化铝纳米颗粒能促进耐药基因横向转移，从而增加抗生素的耐药性。具体表现在纳米氧化铝增加了移动的遗传物质从埃希大肠埃希菌向沙门菌转移的数量，是未经处理的细胞之间的 200 多倍。纳米氧化铝也促进了在其他细菌种类和细菌株之间的遗传物质输送。此外，采用电子显微镜可观察到纳米氧化铝破坏细菌细胞膜，并且促使细胞之间形成桥状连接。这可能是其参与到细菌之间的遗传物质输送的最初步骤之一。还有证据表明，这些纳米颗粒还影响了管理着基因输运过程的基因表达。

东南大学发现，氧化铁纳米颗粒具有 pH 依赖的类过氧化物酶和类过氧化氢酶双酶活性，并将其与细胞毒性联系起来。研究表明，在酸性条件下，氧化铁纳米颗粒能够催化 H_2O_2 产生羟基自由基，进而氧化多种有机分子，即具有类过氧化物酶活性；而在中性条件下，氧化铁纳米颗粒直接催化过氧化氢分解为 H_2O 和 O_2，即具有类过氧化氢酶活性。当被吞噬进入细胞以后，氧化铁纳米颗粒主要定位于酸性环境的溶酶体中，因而能通过类过氧化物酶活性增强 H_2O_2 诱导的细胞损伤。

国家纳米中心采用秀丽线虫对 PLL-PEG 修饰的氧化石墨烯（GO/PP）毒性研究发现，正常培养的线虫对其毒性不敏感，但其毒性是可被应激因子诱导的。电子自旋共振谱（ESR）结合理论计算表明，这种条件化毒性与 GO/PP 刺激线虫体内羟自由基过量产生和氧化性细胞色素 C 中间体形成有关。该工作提示，石墨烯独特的电子学、自由基特性所可能引发的毒性应引起我们重视。他们还通过正常和呼吸道敏感小鼠模型，证实外排型细胞膜泡结构——exosome 是介导磁性氧化铁纳米材料引起机体的 T 细胞活化的关键信号转运体。对于致敏机体，exosome 具有更强的引起机体 Th1 型极化（迟发型超敏反应）的能力，这是导致纳米材料引起呼吸系统疾病发生和慢性炎症加剧的重要机制。

2. 纳米医学与技术

（1）微纳米生物传感材料与器件

乙肝病毒是我国肝癌发病的主要原因之一，在我国主要有 A、B、C、D 4 种类型乙肝病毒，实现肝炎的基因分型诊断对肝炎治疗具有重大现实意义。上海交通大学设计制备了微流控通道巨磁阻传感器系统，结合乙肝病毒分型引物与磁性微球，初步实现了乙肝病毒的快速基因分型，灵敏度达到 200IU/ml，特异性好，该技术已获专利授权，展示出巨大的临床应用前景。国家纳米中心研发出一种基于功能化金纳米颗粒进行艾滋病与神经退行性疾病的早期诊断新方法。他们采用金纳米颗粒构建出了仅用肉眼就能实现读出的蛋白质检测新手段，以及乙酰胆碱酯酶的定量分析，在艾滋病和阿尔茨海默病等疾病的早期检测方面显示出良好的应用前景。清华大学深圳研究生院采用 Zn 掺杂 $CuInS_2$ 纳米晶的方法合成获得了绿色、低成本的高质量 $CuInZnxS_{2+x}$/ZnS 纳米晶，其荧光范围可覆盖 580 ~ 820nm，量子产率为 45% ~ 65%，已实现高灵敏 CRP 检测，近期正用于研发流感病毒检测的新方案。

（2）分子影像与纳米诊疗材料

东南大学基于发现普鲁士蓝纳米颗粒（PBNPs）在中性环境条件下（pH = 7.4）具有类过氧化氢酶的作用催化过氧化氢产生氧气的原理，发现在产生 O_2 超过饱和浓度后能形成 O_2 的自由气泡，实现了 PBNPs 在体外超声和磁共振双模式下的显影，以及在炎症动物模型状态下的体内超声和磁共振双模式成像。上海交通大学与有关机构合作，采用安全性好的纳米发光材料碳点与 Ce6 连接后形成一种新型纳米复合物，通过荧光共振能量转移原理，显著增强了 Ce6 荧光信号与光动力学治疗的效果，结合靶向分子如 RGD，在靶向肿瘤的同时，实现了肿瘤原位荧光成像与光动力学治疗，显著抑制肿瘤的生长。

中国科学院深圳先进技术研究院生物医药与技术研究所（筹）以具有近红外吸收特征的吲哚菁绿（ICG），聚合物磷脂纳米颗粒为载体，叶酸为靶向分子，通过纳米沉淀与自组装的一步合成法成功开发了一种荧光性能稳定且对乳腺癌肿瘤细胞具有特异识别功能的近红外荧光纳米探针。通过裸鼠尾静脉注射 ICG 纳米探针能够靶向识别肿瘤，且在体内的循环时间显著长于游离 ICG，表明该纳米探针可用于肿瘤实时检测，为肿瘤的早期诊断和药物递送系统的研究奠定了基础。

武汉大学发展出量子点标记结合快速荧光成像技术，系统地建立了一套单颗粒示踪新方法，可在单个细胞内同时示踪大量单个病毒的侵染行为，对单个病毒侵染行为进行统计分析，高效获取病毒侵染宿主细胞动态过程信息。在单病毒颗粒水平上实现了对病毒群体侵染行为的长时间、高效与实时研究，对认识病毒侵染机制，以及抗病毒药物设计及基因治疗均有重要意义，可望成为生物/医学研究的强有力工具。天津大学在量子点荧光探针研制和多功能高分子脂质体纳米探针的构建方面取得了一定进展。在量子点荧光探针方面，合成了一种新型双亲性高分子并利用其成功制备出高稳定性的量子点荧光探针。在高分子脂质体方面，自主研发了一种智能多功能核壳结构纳米探针，并在鼠脑胶质瘤模型上成功实现了载体诊疗一体化。

（3）再生医学与修复替代用纳米材料

大段骨缺损及骨再生能力弱（如老年人）患者的修复治疗是目前临床面临的难题。华东理工大学采用基因工程技术在原核生物中成功表达出高纯度、高活性的 rh-BMP-2 蛋白。研究了材料的组成、纳米表/界面与 rhBMP-2 的相互作用，以及小分子药物与 rhBMP-2 协同诱导活性的规律和相关机制；设计开发了适合 rhBMP-2 装载的纳米响应型控释载体。在此基础上，成功研制 rhBMP-2/CPC 复合人工骨，产品获得 2013 年国家食品药品监督管理局产品注册证。

（4）医用纳米材料、结构及医疗器械

东南大学研究了高性能磁性纳米颗粒的控制制备及稳定工艺，建立了纳米氧化铁国家标准样品及 MRI 弛豫率标准的定值方法，纳米 $\gamma-Fe_2O_3$ 弛豫率标准物质获国家标准物质证书。上海交通大学发展了高分散性磁流体的可控制备、高固份磁性颗粒自组装聚集体制备及氧化硅可控包敷技术。形成单分散系列超顺磁性纳米微球及用于 HBV/HCV/HIV 病毒核酸三联检测等产品，获得国内外多项发明专利及医疗器械注册证，在血液样本筛查等相关应用方面获得了明显进展。

中国科学院理化技术研究所创新研制出多功能纳米金壳夹心二氧化硅无创癌症热化疗诊治一体化新技术平台，研发的材料具独特的等离子共振性质，将光能转化为热能，通过纳米金壳偶联主动靶向的分子，可进行 CT，PET 等多模态医学影像增强，在诊治一体化方面具有良好的应用前景。苏州大学探索了包括石墨烯及其复合物体系、光磁复合纳米材料等在肿瘤光热治疗方面的应用，在小鼠肿瘤模型上实现了良好的治疗效果，对推动光热治疗的临床应用具有重要的意义。

3. 药学纳米技术

复旦大学针对脑部肿瘤生长发展的特点，提出血-脑屏障（BBB）或血-脑肿瘤屏障（BBTB）与肿瘤细胞的双级靶向纳米递药新思路。采用单个或两个小肽修饰纳米递药系统，赋予其跨越 BBB 或 BBTB 的能力，并进一步将化疗药物靶向递送至肿瘤细胞内，显著提高了药物对脑部肿瘤的治疗效果，降低了毒性作用，为临床治疗

研究提供了有价值的实验依据。

中国科技大学通过电荷反转纳米载体的设计，实现了纳米药物在体内长循环、肿瘤富集及肿瘤细胞的高效摄取，提高了药物输送的选择性和药效；提出了对细菌敏感的载体用于抗菌药物输送的思想，研制出相关纳米药物载体，实现了抗生素在细菌感染部位的选择性释放和药物选择性输送，有望改善药物缺乏治疗选择性的难题。

北京大学基于纳米技术研发的一类新药异噻氟定口服纳米制剂和盐酸头孢卡品匹酯（0.1g）均获得 SFDA 临床实验批件。

（三）展望

近年来，纳米生物技术的发展日新月异，尤其是对医学与健康领域中的新技术产生与发展起到了巨大的推动作用，由此可见其应用性越来越明显。此外，纳米生物技术的近期发展还表现出以下一些特点。

1）纳米技术与生物学及生物技术的结合越来越紧密、深入。围绕生命科学中的一些基本问题，如何将高通量、多变化、可视及高灵敏的纳米材料或结构与生物学的具体研究目标相结合，正逐渐受到生物学研究领域的重视并得到快速发展。

2）与生物医学应用目标直接相关的一些纳米材料的研究，已经具有了比较广泛的基础和很好的条件，大量的数据为进一步的发展提供了基础，同时也需要考虑如何对这些数据进行挖掘和利用，乃至发展一些新的方法。

3）基于纳米材料与器件等方面的快速发展，许多新的医学诊断与治疗方法被提出来，许多传统的方法与器械也获得提高与改善。甚至纳米技术的特点，为医学新方向，如医学诊疗新范式，提供了强有力的支撑。

由此可见，大力发展纳米生物技术，为社会发展提供更新更好的医药材料、器械等，将成为值得大力重视并积极推进的重要工作。

七、生物资源

生物资源是指在当前社会经济技术条件下人类可以利用与可能利用的生物，包括动植物资源和微生物资源等。生物资源是自然资源的有机组成部分，可分为基因、物种及生态系统等层次，对人类具有一定的现实和潜在价值，它们是地球上生物多样性的物质体现。

自然界中存在的生物种类繁多、形态各异、结构千差万别，分布极其广泛，对环境的适应能力强，如平原、丘陵、高山、高原、草原、荒漠、淡水、海洋等都有生物的分布。已经鉴定的生物物种约有 200 万种，据估计，在自然界中生活着的生物有 2000 ~ 5000 万种。它们在人类的生活中占有非常重要的地位，人类的一切需要如衣、食、住、行、卫生保健等都离不开生物资源。此外，它们还能提供工业原料及维持自然生态系统稳定等。

然而，在整个生物进化过程中，生物赖以生存的地理环境曾发生过多次重大变化，生物在自然选择和本身的遗传与变异共同控制下，也不断地发生分异与发展，旧种逐渐灭亡，新种相继产生，不断演化和发展而形成今日地球繁荣的生物界——丰富的生物资源。大约有数百万种生物，其中占绝大多数的是无脊椎动物和植物。物种的数量以热带地区最多，向两极逐渐减少。过去的灭绝大都是自然发生的，但近 400 年来，人类活动的影响日趋加剧，导致了大量人为的物种的灭绝。全球平均每 4 天有 1 种动物绝迹。今天，大约每 4 个小时就有 1 个物种在地球上消失。这种大量物种相继消失的过程，不亚于过去数百万年发生的灭绝的规模。因此，如何根据生物资源的特性，合理利用和保护生物资源，已成为当前国际科学界密切关注的问题之一。

（一） 国际研究进展

生物资源是农业生产的主要经营对象，并可为工业、医药、交通等部门提供原材料和能源。随生产发展和科技进步，生物资源作为人类生活和生产的物质基础，已越来越为人们了解和重视，同时生物资源的承载能力与人类需求间的矛盾也日益尖锐，故其研究已成为当今世界上最受关注和充满活力的领域之一。

1992 年，联合国环境发展大会《生物多样性公约》（*Convention on Biological Diversity*）指出："生物资源是指对人类具有实际或潜在用途或价值的遗传资源、生物体或其部分、生物群体或生态系统中任何其他生物组成部分。""最好在遗传资源原产国建立和维持移地保护及研究植物、动物和微生物设施。"也就是说明生物为我们提供食物、能源和各种原材料。调查身边的经济生物的种类，了解这些生物具有的经济价值，可以使人们进一步认识到保护生物多样性的意义。

1. 生物资源保护

世界各国政府在对本国的生物资源保护方面均不遗余力。以全世界生物多样性最丰富国家——巴西为例，为了保护本国的基因遗传资源，巴西总统在 2001 年就签署了一个临时法案，详细规定了以科学研究、技术发展或生物多样性调查为目的而获取巴西境内的基因资源，以及保护和使用生物多样性技术等方面的政府要求。该法案的主要内容包括：①在巴西环境部成立遗传遗产管理理事会（The Genetic Heritage Management Council）。②获取和运输有关资源必须事先经过 5 个机构批准。若是商业性行为，还必须事先与政府签订《基因遗产使用与利益分享合同》。③有外国法人参与的考察必须有巴西的有关公共机构参与才能被批准。④未按照该法规定程序获取基因遗传和传统知识并进行商业使用的，违反者将至少支付整个收入的 20% 的补偿金。⑤申请有关的知识产权必须披露资源来源。此外，该法案还有配套的实施细则。

巴西政府采取如此严厉的措施来保护生物资源与其惨痛的历史教训有关。1876 年，受英国皇家植物园委托，英国探险家和植物学家 Henry Wickham 前往南美收集橡胶树种。他在巴西亚马孙地区的马瑙斯从橡胶种树上采集了数万粒种子并运往当时英国殖民地马来西亚进行种植。由于影响亚马孙地区橡胶树生长的疾病在亚洲并未发作，而成活率及产量很快超过巴西，马来西亚的橡胶种植业开始主宰世界市场，巴西的橡胶种植业从此一蹶不振。20 世纪 70 年代，施贵宝制药公司利用巴西毒蛇的毒液研制出卡普多普瑞尔（captopril）用于治疗高血压和心力衰竭等疾病，巴西却分文未得。近年来，一些巴西印地安部落的血液样本也受到全世界的基因研究项目的重视和利用。

2. 生物资源利用

毫无疑问，人类进化的历史也可以说是一部利用生物资源的历史。从食物到药物，从穿衣到住房，无一不是生物资源利用的实例。近年来，能源危机和药物开发的巨大需求，促使人们重新将目光投向生物资源研究和应用。

仍以巴西生物能源产业为例。巴西是仅次于美国的全球第二大乙醇生产国，是全球最大的乙醇出口国。作为全球使用生物燃料比例最高的国家，巴西生物燃料使用的比例约占该国液体运输燃料需求的 18%。巴西的生物乙醇工业近年来取得了巨大进展，据 Petrobras 预计，到 2020 年巴西将消费 296 亿升的乙醇（目前的消费量为 125 亿升）。同时，该国的乙醇出口量将从当前的 34 亿升增加至 165 亿升。到 2020 年，巴西乙醇消费量将超过汽油，届时混合燃料型汽车将成为该国汽车的主流。跨国公司也纷纷在巴西投资甘蔗制乙醇项目，其中包括 Bunge 和日本伊藤忠的合资公司计划在巴西投资 8 亿美元新建两套乙醇装置。

事实上，以甘蔗为原料的乙醇生产成本仅约为以玉米为原料的乙醇生产成本的 1/3，这是促使巴西乙醇工业投资大幅增加的主要因素之一。近年来，一些甘蔗乙醇工厂将完全实现自动化，对人工的依赖也降低到最低程度。此外，来自甘蔗压榨厂的甘蔗渣将用于产生生物电，来自甘蔗加工过程中的废物也将用作甘蔗作物使用的环境友好型肥料。总之，丰富的生物乙醇、生物柴油和其他生物资源正促使巴西加大对生物资源下游产业链的投资力度，其中前景最看好也是最让市场认可的是以生物资源为原料的下游"绿色"塑料产业。例如，巴西 Braskem 已经开发出全球首个以甘蔗产的乙醇为原料生产聚乙烯（PE）的工艺。该工艺已由国际著名的 Beta Analytic 公司进行认证。证实最终的 PE 产品含有 100% 的可再生原材料。这种绿色的聚合物是高密度聚乙烯（HDPE）——一种广泛应用于弹性包装领域的树脂。Braskem 投资 500 万美元对这种新型的聚合物工艺进行研究和开发，使其尽快投入实际应用。

在药物开发方面的例子更是不胜枚举。国际药物制造商联合会（IFPMA）称，目前有 2/3 的人类疾病还没有治疗方法，制药企业将是未来最有前景的行业。在国际药品贸易迅猛发展的情况下，要保证医药企业的不断发展，新药研发是重要的环节。在 2006 年，制药巨头们的六大王牌产品将因为专利保护到期而结束其市场黄金期，包括默克的舒降之（辛伐他汀）、辉瑞的左洛复（舍曲林）、诺华的兰美抒（特比萘芬）、赛诺菲-安万特的思诺思（唑吡坦）、施贵宝的普拉固（普伐他汀）和葛兰素史克的枢复宁（昂丹司琼）等。从 2012 年开始，全球将有 600 余种专利药逐渐到期。制药公司的发展需要庞大的市场份额和能够进入国际市场的新产品、重磅炸弹式产品。因此，如果要达到 10% 的增长率，需要每年推出 4 个新化学实体药物，但近年来制药公司提交的新药申请明显减少，被批准上市的新药数目减少近 50%。这与当前新药开发过程费用昂贵、时间冗长及候选药物淘汰率高有密切关系。

巨大的研究成本压力迫使跨国制药企业纷纷把目光投向中国和印度等国。近年来，葛兰素史克、罗氏、诺和诺德等纷纷在中国设立研发中心，给我国医药生产企业带来了机遇和挑战。无可否认，中国目前在化学制剂研发方面无法抗衡跨国药企，但可以从生物资源及中药制剂方面有所突破。事实上，人们对中药的认识首先是从人体临床开始的，已具有上千年的应用历史，经过自然筛选，药效得到了充分证明，在此基础上利用分子和动物实验进行验证和开发是一条捷径。例如，在与诺华的合作项目中，上海药物研究所曾为诺华提供 6 批共 1828 个化合物供其进行高通量筛选后发现，这批可供化合物目录始终保持约 50% 的选中率。可见，从中药中发现生物活性化合物的几率显著高于从合成化合物中发现活性化合物的几率。

（二）国内研究进展

我国是生物多样性最丰富的国家之一。有 30 000 多种高等植物，6000 多种脊椎动物和 600 类陆生生态系统类型。其中生物特有属种比例大，动植物区系起源古老，珍稀物种众多。丰富的生物资源是具有战略价值的无形资产，也是我国在知识产权竞争格局中比较优势之所在；善加利用，可以对我国经济建设和科学技术发展发挥重大作用。生物资源具有重要的科学研究价值，为医学、农业、制药等生物技术创新提供样本或工具，进而形成产业应用。基因运用于基因工程，野生植物品系用于育种，野生动植物或其提取物用于生物制药，可能产生巨大的经济效益。

以青藏高原为例，青藏高原是世界上海拔最高、面积最大、最年轻的高原，号称"世界屋脊"，也被称为地球的"第三极"。它东起我国横断山脉东段，西迄帕米尔地区、兴都库什山和克什米尔地区，南抵喜马拉雅山，北界昆仑山、阿尔金山和祁连山，是一个极其独特的地理单元。青藏高原绝大部分位于我国境内，包括青海省和西藏自治区的全部，以及新疆维吾尔自治区、四川省、甘肃省和云南省的部分地区。青藏高原拥有类型多样的极端环境，如低温、低氧、低气压、强紫外线、多风多雪、温度剧变、干旱贫瘠的土壤等。这些极端生境中孕育着丰富多彩的生命形式，使青藏高原成为世界生物多样性热点地区之一，也是世界极端环境下物种最丰富的区域，是研究和开发利用生物资源理想的天然实验室。

因为青藏高原生物在长期的适应过程中受到了强烈的自然选择，产生了丰富的遗传变异，所以青藏高原生物资源非常丰富。从原核生物的细菌界、蓝藻界至真核生物的植物界、真菌和动物界均有发现。据不完全统计，青藏高原已记录的真菌约5000 种，维管束植物 12 000 种，脊椎动物约 1300 种，昆虫 4100 种，而其他如无脊椎动物、藻类、微生物的种类则有待于深入考察分析。这些生物能提供有价值的野生、家养或栽培生物的种质遗传资源与特殊的基因材料。青藏高原还是现代某些动植物种类的起源、分化或分布中心。哺乳类动物鼠兔属（*Ochotona*）在全世界共有约25种，而青藏高原占了16种，且大多数是特有种，是现存鼠兔的分布中心与演化中心。此外，青藏高原的隆起，古地理环境的变迁，使这里既保留了若干古老孑遗和残遗物种，又产生了许多新的种属（特有属和种），因而其基因、物种和生态系统多样性引起了全世界瞩目。众多的高等植物类群如风毛菊属（*Saussurea*）、杜鹃属（*Rhododendron*）、报春花属（*Primula*）、龙胆属（*Gentiana*）和马先蒿属（*Pedicularis*）等也在该区域急剧辐射演化，形成数量众多的特有种，说明这些种类是在高原隆起后，在较短的时间快速适应青藏高原特殊环境而逐渐形成的。青藏高原哺乳动物保留了许多古老孑遗种，典型的例子是中国国宝大熊猫（*Ailuropoda melanoleuca*），以及鸟类的三趾啄木鸟（*Picoides tridactylus*）和爬行动物的温泉蛇（*Thermophis baileyi*）等。另外也产生许多特有成分，如藏羚（*Pantholops hodgsoni*）、白唇鹿（*Cervus albirostris*）、藏狐（*Vulpes ferrilata*）、高原鼠兔（*Ochotona curzoniae*）、喜马拉雅旱獭（*Marmota himalayana*）、藏仓鼠（*Cricetulus kamensis*）和多种松田鼠（*Pitymys* spp.）等。

1. 珍稀生物资源

（1）植物资源

仍以青藏高原为例，其复杂而独特的自然条件，形成了品种丰富的植物藏药资源。青藏高原是我国药用植物的一大宝库，据初步统计仅野生药用植物资源就有千种以上，其中有16个属为中国特有属，约占中国特有属的3.2%，如黄三七属（*Souliea*）、羌活属（*Notopterygium*）等。由于藏药材大多生长于高海拔、高寒缺氧、昼夜温差悬殊、日照强烈的特殊地理环境中，因此藏药具备抗寒、抗旱、繁殖方式特殊、次生代谢产物复杂、光合作用有效积累高等特点，药用效能明显高于低海拔地区的药材。然而，由于青藏高原很多藏药材主要生长在海拔3000m以上的无污染地区，需多年才能长成，同时市场对藏药材的需求日益加大，掠夺性开发使青藏高原特有药材资源产量急剧下降，致使许多藏药资源处于濒危状态，对藏药可持续发展造成极大威胁。目前，列入濒危的野生藏药材已有多种。

一级濒危：独一味（*Lamiophlomis rotata*）、白花秦艽（*Gentiana straminea*）、毛瓣绿绒蒿（*Meconopsis integrifolia*）、大花龙胆（*Gentiana szechenyii*）、红景天（*Sedum* spp.）、雪莲花（*Saussurea* spp.）、船形乌头（*Aconitum naviculare*）、伞梗虎耳草（*Saxifraga pasumensis*）、梭砂贝母（*Fritillaria delavayi*）、尼泊尔紫堇（*Corydalis hendersonii*）、川滇小檗（*Berberis jamesiana*）、打箭菊（*Pyrethrum tatsienense*）、鸡蛋参（*Codonopsis convolvulacea*）、翼首花（*Pterocephalus bretschneideri*）、波棱瓜（*Herpetospermum pedunculosum*）、肉叶金腰（*Chrysosplenium carnosum*）、藏菖蒲（*Acorus calamus*）等。

二级濒危：麻黄（*Ephedra gerardiana*）、茅膏菜（*Drosera pelata*）、延胡索（*Corydalis* spp.）、美丽乌头（*Aconitum pulchellum*）、土木香（*Inula helenium*）、印度獐牙菜（*Swertia chirayita*）、迭列黄堇（*Corydalis dasyptera*）、高山党参（*Codonopsis alpina*）、掌叶大黄（*Rheum palmatum*）、唐古特大黄（*Rheum tanguticum*）、乌奴龙胆（*Gentiana urnula*）、天仙子（*Hyoscyamus niger*）、高山辣根菜（*Pegaeophyton scapiflorum*）、蚓果芥（*Torularia humilis*）、甘松（*Nardostachys chinensis*）、川木香（*Vladimiria souliei*）、岩白菜（*Bergenia purpurascens*）、云连（*Coptis teeta*）等。

三级濒危：胡黄连（*Picrorhiza scrop-hulariiflora*）、药用大黄（*Rheum officinale*）、手掌参（*Gymnadenia conopsea*）、川贝母（*Fritillaria cirrhosa*）、桃儿七（*Podophyllum hexandrum*）、角茴香（*Hypecoum erectum*）、毛蓝雪花（*Ceratostigma griffithii*）、黄精（*Polygonatum sibiricum*）、小大黄（*Rheum pumilum*）、喜马拉雅紫茉莉（*Mirabilis himalaica*）、马尿泡（*Przewalskia tangutica*）、延龄草（*Trillium tschonoskii*）、花锚（*Halenia corniculata*）、点地梅（*Androsace* spp.）、红花龙胆（*Gentiana rhodantha*）、小叶杜鹃（*Rhododendron capitatum*）、羊齿天门冬（*Asparagus filicinus*）、梭子芹（*Pleurospermum* spp.）、臭虱草（*Alloteropsis cimicina*）、兔耳草（*Lagotis spectabilis*）、黑节草（*Dendrobium candidum*）等。

长期以来，植物藏药资源的采集和收购缺乏计划，有的甚至是掠夺式采集和收购，如川贝母、冬虫夏草、红景天、大黄、麻黄、雪莲花等经济价值高、需求量大的物种。目前，可利用、可采伐的藏药材资源已越来越少，而价格日益上涨，部分常用藏药材日益短缺，直接威胁藏医临床用药需求。因此，藏药资源能否实现可持续利用已经成为21世纪决定藏医药生存与发展的瓶颈。

除了藏药之外，青藏高原还蕴藏着包括纤维、油料、香料、淀粉、糖类、鞣料、蜜源等多种类型的资源植物，这些资源具有类型多样、数量大、分布相对集中的特点，极具开发利用价值。同时，这里人烟稀少、污染少，是理想的绿色食品产区。

长期以来，受社会、经济、科技条件的制约，高原特色植物资源的开发利用一直未能形成真正特色产业。今后，科研工作者应对青藏高原资源植物分专题进行野外调查和多样性信息分析，对一些珍稀植物应摸索人工栽培方法或者用生物技术手段进行培养，以便在保护基础上合理利用。

（2）动物资源

青藏高原野生动物也非常丰富，但是受青藏高原本身极端环境条件，特别是低温、强紫外线辐射和低氧环境作用的影响，这使得高原动物自身的生长速度受到很大限制，使高原生物资源的数量相对较低。例如，受寒冷水体及有限饵料的制约，青海湖裸鲤的年生长量仅为 50g 左右。由于动物中也有许多藏药物种，受到经济利益驱动，越来越多的人进行盗猎活动，致使高原野生动物危机四伏，人为破坏非常严重。目前，很多物种受到了严重威胁而被列入濒危物种，如藏羚羊（*Pantholops hodgsonii*）、野牦牛（*Bos mutus*）、麝（*Noschus noschiferus*）、小熊猫（*Ailurus fulgens*）、白唇鹿（*Cervus albirostris*）、藏雪鸡（*TetraogaIlus tibetanus*）、藏马鸡（*Crossoptilon crossoptilon*）、藏野驴（*Equus kiang*）、喜马拉雅旱獭（*Marmota himalay-anus*）、水獭（*Lutra lutra*）、雪豹（*Panthera uncia*）、普氏原羚（*Procapra przewalskii*）、黑颈鹤（*Grus nigricollis*）、虎（*Panthera tigris*）、狐（*Vulpes ferrilata*）、黑熊（*Ursus thibetanus*）、马鹿（*Cervus elaphus*）等。

据统计，这一地区遭到破坏的生物物种占其总数的 60%～70%，远远高于世界 10%～15% 的平均水平，尤其是素有"高原精灵"之称的藏羚羊濒临灭绝，数量从 20 世纪 70 年代的 200 多万只急剧下降到现在的 1.8 万只，而且每年仍有大量的藏羚羊消失。此外，由于草地沙化，植被越来越稀疏，加上人为干扰和破坏，使青藏高原野生动植物的栖息生长环境受到强烈扰动，野生动物失去了良好的生存环境。使得食草动物无草可食，引发食物链上游的雪豹、棕熊等动物失去捕猎对象而死亡。因此，青藏高原动物资源多样性的保护刻不容缓。

（3）其他资源

冬虫夏草（*Cordyceps sinensis*）是麦角菌科真菌寄生在蝙蝠蛾幼虫上的复合体，兼有虫和草的外形，主要产于青藏高原地区。冬虫夏草是一种生长在高海拔地区的传统名贵中药材，有调节免疫系统功能、抗疲劳、抗肿瘤等功效。从冬虫夏草的形成过程来看，首先蝙蝠蛾科的蝙蝠蛾物种产卵于土壤中，卵孵化成幼虫。虫草真菌的孢子经过水而渗透到地下，找到蝙蝠蛾的幼虫进行专性寄生。菌丝与幼虫一起生长，直到菌丝繁殖充满虫体，幼虫就会死亡，形成冬虫。当气温回升后，菌丝体就会从冬虫的头部慢慢萌发，长出像草一般的真菌子座，称为夏草。在真菌子座的头部子囊内藏有孢子，子囊成熟时孢子会散出，再次寻找蝙蝠蛾的幼虫作为寄主，这是典型的冬虫夏草生活史型。

我国冬虫夏草资源分布在青海、西藏、四川、甘肃、云南5个地区，其中西藏和青海的采集量最大。据研究人员在冬虫夏草基地的多年观察，青藏高原虫草资源量近几十年大幅减少，部分破坏严重地区资源量不足。过度采集是冬虫夏草资源量猛降的主要原因。30年前，我国虫草采集量每年仅有几吨，而目前的采集量已经达到了近200吨。近年来，由于人为的过度采集和全球变暖影响，大部分地区冬虫夏草资源量锐减。随着全球变暖，雪线上升，使仅能在高寒条件下繁衍的虫草适宜生长环境逐渐缩小。此外，过度放牧也使冬虫夏草的生境遭到人为破坏，加之采集强度过大，这使得产区的土壤结构、水资源情况和植被遭受破坏，影响了蝙蝠蛾幼虫的生存条件和食物来源，致使虫源和菌源大幅下降，个别产地冬虫夏草已面临灭绝的危险。

松茸（*Tricholoma matsutake*）属于担子菌亚门，层菌纲，伞菌目，口蘑科，口蘑属食用菌，学名松口蘑。松茸富含粗蛋白、粗脂肪、粗纤维和维生素等元素，不但味道鲜美，而且还具有益胃补气、强心补血、健脑益智、理气化痰、驱虫及治糖尿病和抗癌等功能，是理想的保健食品。目前，在松茸资源的保护与可持续利用方面，还存在采集方式不合理等因素，如采集孢子未散发的童茸或菌伞未开放的未开花菌，已经导致了松茸种群数量及产量的逐年下降。

松茸的开发与利用要根据其生长特性进行，松茸靠与共生植物的根系形成的菌根来获得营养物质。因此，在采集松茸的过程中尽量减少对松、栎树等共生植物根系的破坏，保障松茸的正常生长环境。同时要多次采收，采大留小，清理林地卫生。松茸依靠自身散发数量庞大的孢子来维持它们在自然界中的种群数量。由于松茸从孢子散发到菌丝萌发及长成子实体需要5~8年时间，所以在松茸的采集管理中，需要有增加松茸孢子散发的措施。

2. 生物资源保护

生物资源（特别是重要种质资源）保护旨在强调科学管理，使生物资源开发利用与物种种群的恢复增殖相协调，即开发利用生物资源的强度与速度不能超出生物资源的生态耐受能力，不能破坏生物资源的复原和再生特性，使之不致出现衰退与灭绝。对于已经出现衰退的生物资源或退化的生态系统，则要通过科学的管理，采取重建或恢复的种种措施，使其结构与功能得到恢复，重现旺盛的再生能力。

种质资源保护的原则与战略分两大类：一类是就地保护，即在原生地既保护种群，又保护它们赖以生存的环境与整个生态系统；另一类是异地保护，将物种迁出原生地加以保护，例如种子库、基因库，也包括利用超低温对生殖细胞与胚胎的保护等。

近年来，由中国科学院主持，一批高校和科研机构参加的国家科技基础性工作专项重点项目"青藏高原特殊生境下野生植物种质资源的调查与保存"，针对重要类群、重要和薄弱空白地区开展了生物资源收集和种子库及基因库保存工作。该项目执行 4 年以来，共完成 155 科 806 属 4016 种 15 225 个采集单元 100 472 份种质资源的采集任务，并存入中国西南野生生物种质资源库。

国家微生物资源平台于 2011 年 11 月由科技部、财政部认定通过，其依托部门为农业部，依托单位为中国农业科学院农业资源与农业区划研究所，是首批认定的 23 个国家科技基础条件平台之一。其宗旨是根据社会科技或行业发展的要求，收集、保藏各类微生物资源，持续扩充平台共享实物资源量，对资源信息进行规范性整理、整合，通过数据化和网络化手段进行及时有效的共享，促进带动资源的共享利用。国家微生物资源平台建设工作分别以中国农业、医学、药用、工业、兽医、普通、林业、典型培养物、海洋 9 个国家专业微生物菌种管理保藏中心为核心单位，覆盖全国 24 个省市，在不同领域内组织资源优势单位 103 家进行资源的标准开展和微生物资源的整理整合。平台制定了微生物菌种资源的共性描述规范，制定了 60 个菌种资源描述规范和 38 套操作技术规程，在全国范围内统一描述微生物资源，纠正了过去描述混乱的局面；将共享资源标注安全等级，规范了相关人员在制备操作和运输菌种过程中的行为。

（三） 面临的主要科学问题及关键技术

在对特色生物资源进行开发利用中，要多途径对资源进行有效的保护和科学的可持续利用。一方面，要根据生物资源的特点制定合理的采挖和捕获的方法，加强对特色生物资源现状及动态变化等方面的调查研究。另一方面，应建立濒危生物保护区域，并通过规范化生态抚育、人工栽培、生物技术快繁、天然产物化学及合成生物学等高科技手段增加资源供给量。

1）根据当前我国生物资源研究水平，积极开展物种生物学研究，加强野生抚育及人工驯化栽培技术研究，按高产、高效、优质、无污染的原则生产药材。同时，通过现代分子生物学和种群遗传学手段，研究生物遗传多样性，建立需要重点保护的含有较多基因资源的有效种群，为保护生物资源提供科学建议。同时，在合适的地区建立生物种质资源基因库，确保特有物种生存繁衍，为人类可持续利用生物资源提供良好的环境。因此，高起步地采用当今生物高技术，才是最节约型生物资源持续利用的途径，能不断提高现有种群生存力，又能杜绝掠夺式的资源开发模式。

2）应重视应用现代高新技术对自然资源的高效利用。在传统的资源利用过程中，往往只利用某一药用部位而抛弃其他部位，造成大量的资源浪费。要对特色生物资源的综合利用进行深入研究，改变传统的单一的资源利用方式，对资源进行多途径增殖利用，提高资源实际利用率。可以先对天然产物进行提取、分离和纯化，在此基础上研究天然产物活性化学结构，药理作用机制，并尽可能通过人工合成方式获得相关活性物质。从而达到开发独特生物资源，产生天然产物活性物质，再到新产品研发产业链的形成与延伸。

3）生物技术手段为解决资源减少问题提供了有效手段。传统的生物技术如扦插、杂交、酿酒、造醋、制酱、生产抗生素等早已被人类使用。但是，随着科学技术的发展，当代的生物技术已演变成为一种高新技术，具备了划时代的意义和战略价值。如果能积极采用现代生物技术，如快速繁殖、组织培养、生物合成和转化技术等生产有效活性成分，将对保护资源起到重要作用。遗传工程技术能改造基因、改造蛋白质、改造生命，在医药、农、林、牧、副、渔、化工、食品、材料、环境监测与保护等方面起了划时代的变革，甚至可以对生命的奥秘进行揭示。但目前有些技术在特殊环境的生物资源中应用难度大，还难以工厂化生产，不能满足生产要求，需要生物学家突破理论与技术瓶颈并应用于生产。

4）近年来，基因组学、蛋白质组学、代谢组学已经成为生物学实验室的常规手段，随着生物信息学和系统生物学的快速发展，大量基因组和代谢通路得到解析，从而发展出了一个新兴的学科——合成生物学。合成生物学可以对现有的、天然的生物系统进行重新设计，也可以进行新的生物零件、组件和系统的设计与建造。目前，合成生物学家已经可以在活细胞里设计优化许多重要的化学反应。例如，可以在微生物中高效生产青蒿素、紫杉醇等重要药物的前体、丁醇等生物燃料和可降解高分子材料等。另外，合成生物学家可以利用生物快速进化的能力，以及生物酶的高催化活性和特异性，迅速地在活细胞中设计和优化化学反应。新的催化剂和化学反应被发现的速度，将远远高于利用传统的化学方法发现催化剂和新化学反应的速度。在合成生物学时代，科学家将发展合成生物学的理论与方法，采用工程模块化设计，改造和优化现有自然生物体系，从头创建可控合成、具有功能的人工生物体系。

（四）展望

我国是生物多样性最丰富的地区之一，尤其是生物多样性热点地区可以从基因、细胞、个体、群落或生态系统等各个层次为人类提供有价值的野生、家养或栽培生物的种质资源和特殊遗传材料。在人类衣食住行、医疗保健、经济发展、民族文化和国家生物安全等方面均具有重要意义，需要科学地进行开发与利用。例如，我国拥有丰富的药用生物资源，开发新型保健食品、饮料、天然色素、天然甜味剂、天然染料、天然化妆品的前景乐观，潜在经济效益巨大。

合成生物学对人类认识生命、揭示生命的奥秘、重新设计及改造生命等方面具有重大的科学意义。同时，为人类面临的资源、能源和环保等重大问题提供新的解决方案，逐渐减少对石油能源的依赖，以纤维素、非粮淀粉、非粮脂肪酸等农业物质为原料，生产能源、药品、材料、化工产品等。这样不仅不会导致资源的枯竭，还可能根据不同的需要设计并创造出世界上原本并不存在的新基因、新蛋白及用途不同的新产品。我国生物资源可以利用合成生物学方法进行重要资源及其产物的人工设计合成，从而可以保护野生资源，实现经济、环境和社会效益的高度统一。

八、生物能源

能源生物技术是指各类生物质资源生产能源产品所涉及的生物技术。由于能源产品是价低量大的大宗产品，通过技术创新提高其经济指标就显得尤其重要，特别是以汽油、柴油和航空燃油等石油基同类产品替代为目标的液体生物燃料（biofuels），如燃料乙醇、生物柴油、航空生物燃料等。

生物质是各类生物能源产品生产的基础原料，以农作物秸秆等为代表的木质纤维素类生物质虽然资源丰富，但加工转化难，导致生物能源产品生产成本高，使其无法同石油基同类产品竞争。研究木质纤维素类生物质资源高效低能耗预处理技术，在分子水平揭示纤维素酶水解过程机制的基础上，进一步优化纤维素酶的组成，提高其水解纤维素的效率，构建工程菌株，实现发酵过程全糖利用，开发高浓度发酵技术以提高发酵终点产物浓度，节省下游产品分离能耗，减少废糟液排放，仍然是能源生物技术的主要发展方向。选育抗逆高产，适宜于非耕地种植，且生物质产量高，易于加工转化的能源作物，对发展生物炼制，生产液体燃料及其他生物基化学品具有重要意义。

此外，以城镇居民生活垃圾和养殖动物粪便处理为目的的沼气发酵生产的生物燃气（biogas），是有机废弃物资源化利用与能源生产的结合，不仅环境效益显著，也是目前经济上有竞争力的生物能源产品。净化处理并加压后的产品，是城市公共交通运输燃料的良好替代。

（一）国际研究进展

自2000年以来，随着全球经济增长对原油需求的增加，特别是像中国和印度这样发展中国家经济快速增长对原油消费的拉动，国际市场原油价格持续上涨。加之石油和煤炭等化石资源大量消费导致生态环境问题日益严重，使欧美等发达国家再次重视生物能源基础研究和关键技术开发。特别是2008年7月原油价格达到每桶147美元的历史最高，使美国能源部（Department of Energy, DOE）加大了对以燃料乙醇为代表的生物燃料技术开发和示范装置建设的投入，重点支持以农作物秸秆为代表的木质纤维素类生物质生产第二代燃料乙醇（纤维素乙醇），并开始发展以生物丁醇和其他高级醇为代表的先进生物燃料。然而，随之而来的经济衰退使原油价格大起大落，目前稳定在每桶90～100美元，对生物能源产品现阶段的市场竞争力提出了挑战，认识也逐步回归理性。

1. 生物质资源

生物能源产品，特别是燃料乙醇和生物柴油等液体生物燃料，目前主要以糖质和淀粉质原料及植物油脂为主生产。由于原料价格高，原料成本成为生产成本的主要部分。例如，以玉米为原料生产燃料乙醇的原料成本占总成本的比例在60%以上，而生物柴油生产中原料成本所占的比例更是高达 80% 甚至以上。这些传统原料不仅价格高，而且用于生物燃料的大规模生产，会产生直接或间接的社会问题，是不可持续的。开发替代生物质资源是生物能源产品大规模可持续发展，解决石油资源短缺和石油基产品大量消费导致生态环境问题的根本出路。

以农林废弃物，如秸秆等为代表的木质纤维素类生物质不仅资源丰富，而且用于生物能源产品大规模生产不会引发诸如与人争粮和与粮争地等社会问题，早在 20 世纪 70 年代发生石油危机时就被认为是生物炼制生产燃料乙醇和生物基化学品的可靠原料来源，但长期自然进化过程使各类植物秸秆的主要组分纤维素、半纤维素和木质素紧密缠绕形成图 2-11 所示的超分子结构，对微生物降解具有极强的抗性，致使从这类生物质中获得糖的成本高，使秸秆类生物质资源量大、成本低的优势至今难以发挥。

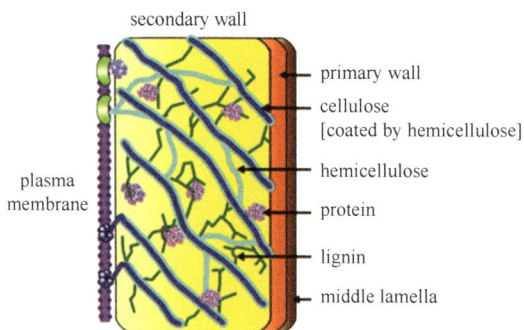

图 2-11　植物细胞壁纤维素、半纤维素和木质素紧密缠绕形成难降解超分子结构示意图

虽然植物基因工程在技术上可以改造植物品种，通过改变和调控秸秆主要组分合成代谢途径使其易于加工转化，但这可能会影响作物产量，而且对小麦、水稻和玉米等粮食作物来说，越是追求高产，其秸秆的强度就越好，加工转化难的问题就越突出。因此，发展专属能源作物（dedicated energy crops）是解决这一问题的有效途径。

与水稻和小麦等 C3 作物相比，一些 C4 植物如芒草（*Miscanthus*）和柳枝稷（*Switchgrass*）等对光的吸收及水分和养分的利用效率都比较高，单位面积生物质产量高，可以节省土地，同时这类植物常年生根系可以有效防止水土流失，是良好的能源作物品种，更重要的是可以利用植物基因工程技术对其进行改造，不仅可以提高生物量，而且还能使生物质易于加工转化，能源作物研究开发在欧美国家得到了高度重视。

2. 燃料乙醇

燃料乙醇是全球目前产量最大的液体生物燃料，主要以糖质和淀粉质为原料进行生产，其中巴西以糖质为原料生产燃料乙醇，而美国则以玉米为主要原料。虽然以玉米等粮食类淀粉质原料大规模生产燃料乙醇引起了很大争议，但以农作物秸秆为代表的木质纤维素类生物质资源生产的纤维素乙醇技术开发仍然停留在中试阶段。美国前总统布什2006年在《Advanced Energy Initiative》报告中宣布的到2012年纤维素乙醇生产成本能够与以玉米为原料生产燃料乙醇相竞争的目标没有实现。表2-5所示为欧美国家截至2012年建成的一些千吨级规模纤维素乙醇中试示范生产装置。

表 2-5 欧美国家的纤维素乙醇中试装置

公司	设计规模/（kt/a）	原料	建设地点
Inbicon	4.3	麦草	Kalundborg，丹麦
Abengoa	4.0	麦草	Salamanca，西班牙
Clariant	1.0	麦草	Straubing，德国
Iogen	1.6	麦草	Ottawa，加拿大
Blue sugars	4.5	多元化	Wyoming，美国
DuPont Danisco	0.75	多元化	Tennessee，美国
Vercipia	4.2	多元化	Florida，美国
Coskata	0.1	多元化	Pennsylvania，美国
INEOS Bio	0.1	多元化	Arkansas，美国

在原料预处理、纤维素酶解及发酵技术方法和工艺路线上，这些中试示范生产装置各有特色。例如，Inbicon公司的干物质浓度30%~40%的高浓度酶解和发酵技术及Clariant公司发酵前分离原料残渣的清液发酵技术等，但是最值得关注的应该是DuPont Danisco使用的具有C5和C6混合糖发酵能力的 Zymomonas mobilis 工程菌株，以及Coskata和INEOS Bio开发的热化学转化生物质原料为合成气后发酵生产乙醇技术路线。

与酿酒酵母 Saccharomyces cerevisiae 的糖酵解（embden-meyerhof-parnas，EMP）代谢途径不同，Z. mobilis 通过脱氧酮糖酸（entner-doudoroff，ED）途径代谢葡萄糖，这一过程ATP的生成量只有EMP途径的50%，乙醇发酵过程生物量的积累会降低，乙醇对糖的表观收率，这一燃料乙醇生产最重要的技术经济指标会相应提高，而且 Z. mobilis 细胞体积小，比表面积大，糖吸收速率快，发酵时间短，发酵罐设备投资降低。然而，*Z. mobilis* 的底物谱很窄，只能利用葡萄糖、果糖和蔗糖，而且代谢果糖和蔗糖时形成副产物果聚糖和山梨醇，使其无法应用于糖质和淀粉质原料乙醇发酵。因为纤维素酶解产物只有葡萄糖，代谢工程改造后赋予 C5 糖代谢途径的 *Z. mobilis* 工程菌株，用于纤维素乙醇生产，可能优于 *S. cerevisiae* 重组菌株。

Coskata 和 INEOS Bio 开发的技术路线不需要对原料进行预处理和酶解，直接气化得到合成气，回收热能并将净化后的合成气作为底物，使用厌氧细菌发酵生产乙醇，是热化学转化和生物转化的结合，对不同原料有较好的普适性，简要工艺流程如图 2-12 所示。但是，这一技术路线由于中试装置规模较小，目前仅为百吨级，工程放大技术还有待研究开发，技术经济指标的分析也需要通过更大规模示范工程装置运行提供完整可靠的数据。

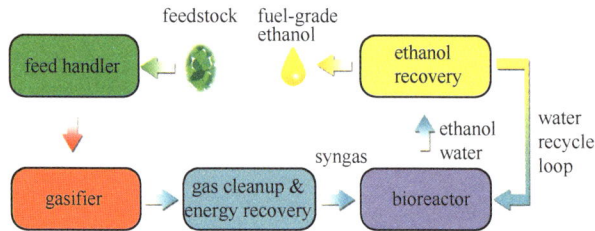

图 2-12　Coskata 和 INEOS Bio 生物质气化合成气乙醇发酵流程示意图

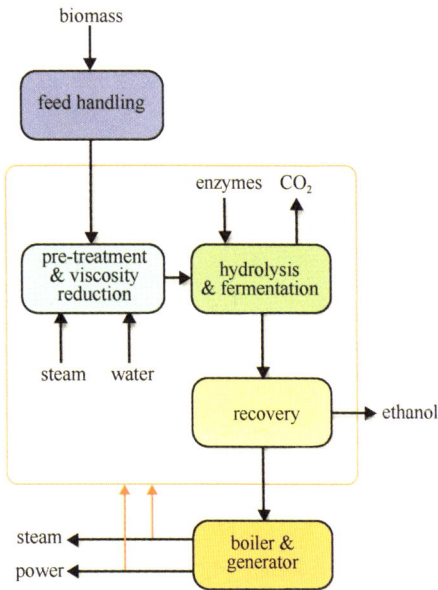

图 2-13　纤维素乙醇生产的 PROESA™
流程示意图

受预期全球经济复苏刺激原油消费快速增长及抢占市场先机的驱使，欧美国家的一些公司开始推进纤维素乙醇的商业化生产，如意大利的 Beta Renewables 公司率先在 Crescentino 建立了设计规模 4 万吨，可扩大到 6 万吨的纤维素乙醇示范生产装置，采用图 2-13 所示的 PROESA™ 流程。在美国，联邦和州政府承诺对纤维素乙醇生产给予税收优惠政策，推进了纤维素乙醇示范生产装置的建设。目前，INEOS Bio 在佛罗里达正在建设 2.4 万吨规模纤维素乙醇生产示范装置，POET 和 DSM 合作及 DuPont 和 Danisco 合作在爱荷华州建设的两套纤维素乙醇示范生产装置的项目也在推进，装置规模分别是 6 万吨和 9 万吨。

然而，全球经济衰退的持续及缓慢复苏，遏制了石油价格的预期上涨，使大石油公司投资纤维素乙醇商业化生产的计划纷纷搁浅。例如英国石油公司 BP 和荷兰壳牌石油公司 Shell 先后宣布取消在美国佛罗里达州和加拿大蒙尼托巴省建立大型纤维素乙醇生产项目。加强基础研究和关键技术开发，降低纤维素乙醇生产成本，在未来相当长时间内仍然是主要发展方向。

3. 生物柴油

生物柴油是继燃料乙醇之后的第二大液体生物燃料，在欧洲国家得到高度重视。欧洲生物柴油协会（European Biodiesel Board，EBB）的数据显示，2012 年 27 个欧盟国家生物柴油的产量已经达到 2300 万吨，与 2011 年的 860 万吨相比，增加了约 2 倍。全美生物柴油协会数据显示，美国的生物柴油发展很快，2012 年产量超过 300 万吨。

与燃料乙醇生产不同，生物柴油生产工艺技术路线相对简单，一般以动植物油脂为原料，与低级醇甲醇或乙醇进行转酯化反应即可生产生物柴油，同时副产甘油。转酯化反应可以通过使用酸或碱为催化剂的化学催化实现，也可以通过脂肪酶催化的生物转化来完成，简要流程如图 2-14 所示。虽然酶催化转化生产生物柴油的成本与化学法技术路线相比较高（主要是脂肪酶成本），但其反应条件温和、环境友好，是生物柴油产业未来大规模发展的主要趋势。

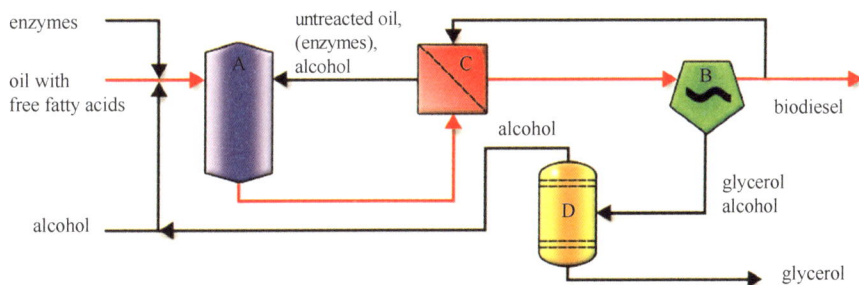

图 2-14 酶法催化转酯化生产生物柴油工艺技术路线

油脂来源仍然是发展生物柴油面临的最大挑战。目前，生物柴油的生产原料主要是植物油，如欧洲的菜籽油和美国的大豆油，但这些植物油是食用油的主要来源，特别是大豆油，以其为原料生产生物柴油与粮食类淀粉质原料生产燃料乙醇的情况类似，也是不可持续的。转基因油料作物可以提高油脂产量，降低生产成本，而且转基因产品作为食用油存在争议乃至被禁止，这为发展生物柴油创造了良好条件，但还是不能从根本上解决生物柴油生产用油料作物大规模种植占用耕地、影响粮食生产和供给的问题。

与油料作物相比，微藻生长快，细胞比表面积大，光合效率高，在特定培养条件下细胞内可以超量积累油脂，其产量可以达到油料作物的 10 ~ 100 倍，而且与油料作物相比，微藻大规模培养不挤占耕地，被认为是生物柴油产业大规模发展可供选择的油脂来源。欧美国家先后制定了微藻生物燃料发展规划，加强研发投入，如 DOE 组织了 200 多名科学家、工程师、工业界代表和项目管理人员，在分析美国微藻生物燃料技术开发现状和面临挑战的基础上，制定了《微藻生物燃料技术发展路线图》，并于 2010 年 5 月正式发布；欧盟第七框架（The Seventh Framework Program for Research and Technological Development，FP7）也对微藻生物燃料技术开发和示范给予资助。

微藻生物燃料并不是一个新概念，早在 50 多年前就已经提出，20 世纪 70 年代的石油危机使 DOE 在随后的二十多年里持续资助微藻生物燃料技术开发，虽然在高产油脂藻种选育、开放培养系统及光生物反应器开发等方面取得了诸多进展，但是与石油基燃料相比，微藻燃料仍然在经济上没有竞争能力。在原油价格上涨及温室气体减排双重背景影响下，微藻燃料再次成为热点，现代生命科学基础研究和生物技术进展为解决微藻生物燃料成本高的突出问题开辟了新思路，但距离工业化生产的目标还很遥远。

自 2008 年以来，欧美国家，特别是美国和加拿大的一些公司，为了获得政府研发投入，吸引风险投资，以虚假宣传编织微藻生物燃料神话。例如，位于加拿大温哥华的 Valcent Products 公司 CEO Glen Kertz 宣布该公司每英亩每年微藻油脂产量约达 300 吨，成本低于原油，而且提出微藻培养采用短时间光—暗培养交替与持续光照培养相比，微藻可以捕集更多光能的想法。DOE 微藻燃料项目咨询专家、加州大学伯克利分校的一位研究人员认为这一想法是荒谬的。尽管这些公司不诚信，科学界对发展微藻生物燃料的认识是冷静的。2010 年，荷兰瓦格宁根大学两位教授在 *Science* 发表了有关微藻生物燃料展望的评论文章，预期微藻油脂的生产成本至少需要降低到原来的 1/10，才可能在经济上有竞争力。

4. 先进生物燃料

以丁醇为代表的高级醇具有能量密度高、疏水性好、安全及与现有成品油输送和贮藏设施兼容性好等优点，被认为是替代燃料乙醇的先进生物燃料（advanced bio-fuel）。然而，丁醇对细胞的强抑制效应使丙丁梭菌（Clostridia）发酵的总溶剂浓度，即使是实验室研究也始终没有突破 30g/L 的水平，而且丙丁梭菌发酵过程副产大量丙酮和乙醇，总溶剂中丁醇比例仅为 60%～70%，使发酵法生产丁醇的原料消耗和能耗都远远超过燃料乙醇生产，丁醇无法作为生物燃料投放市场。

合成生物学研究方法为克服丙丁梭菌发酵过程副产物产量大的缺点开辟了新思路。2008 年，美国加州大学洛杉矶分校的研究组在 *Nature* 上报道了在大肠埃希菌（*Escherichia coli*）中构建高级醇合成途径的研究进展。在技术路线上，为了减轻外源代谢途径对宿主细胞的不利影响，*E. coli* 氨基酸合成代谢中间产物 2-酮酸被用来作为高级醇类生物燃料合成的起点，经酶催化脱羧生成醛类物质，进一步脱氢可生成相应的醇，其中异亮氨酸合成途径中间产物 2-酮基丁酸和 2-酮基-3-甲基戊酸转化为正丙醇和 2-甲基丁醇，其分支途径中间产物 2-酮基戊酸可以转化为丁醇，缬氨酸合成途径中间产物 2-酮基异戊酸转化为异丁醇，亮氨酸合成途径中间产物 2-酮基-4-甲基戊酸转化为 3-甲基丁醇，苯丙氨酸合成代谢中间产物苯基丙酮酸转化为 2-苯乙醇。

由于大肠埃希菌没有酮酸脱羧酶（KDC），不同来源的酮酸脱羧酶基因在 *E. coli* 中被外源表达，研究结果表明，来自乳酸菌和梭菌的酮酸脱羧酶及来自酿酒酵母的醇脱氢酶（ADH）具有表达活性，同时对 *E. coli* 自身的 2-酮酸合成途径进行过表达，研究工作的技术路线如图 2-15 所示。经过这些人工改造，*E. coli* 能够以葡萄糖为底物，发酵生产这些高级醇类生物燃料，虽然目标产物浓度较低，正丁醇约为 40mg/L，异丁醇更低，约为 20mg/L，从工业化生产角度看还缺乏实用价值，但其意义在于奠定了合成生物学技术应用于生物燃料生产的理论和技术基础。

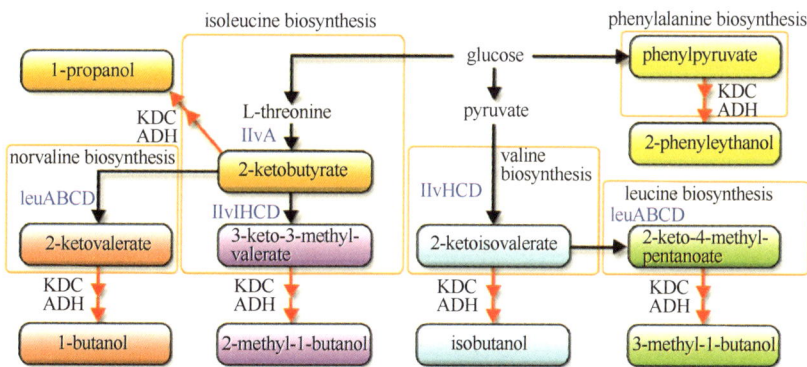

图 2-15　大肠埃希菌 *E. coli* 中构建高级醇类生物燃料的技术路线

2011 年，上述加州大学洛杉矶分校研究组进一步对 *E. coli* 中搭建的正丁醇代谢途径进行改造，增加了反式乙酰辅酶 A 还原酶催化反应，使巴豆酰辅酶 A 向丁酰辅酶 A 转化的通量增大，同时改造乙酰辅酶 A 上游途径，阻断还原力 NADH 和能量 ATP 的消耗，技术路线如图 2-16 所示，显著提高了正丁醇产量，达到 15g/L 的水平。与此同时，在其他菌株中构建丁醇合成途径的探索也在进行中。

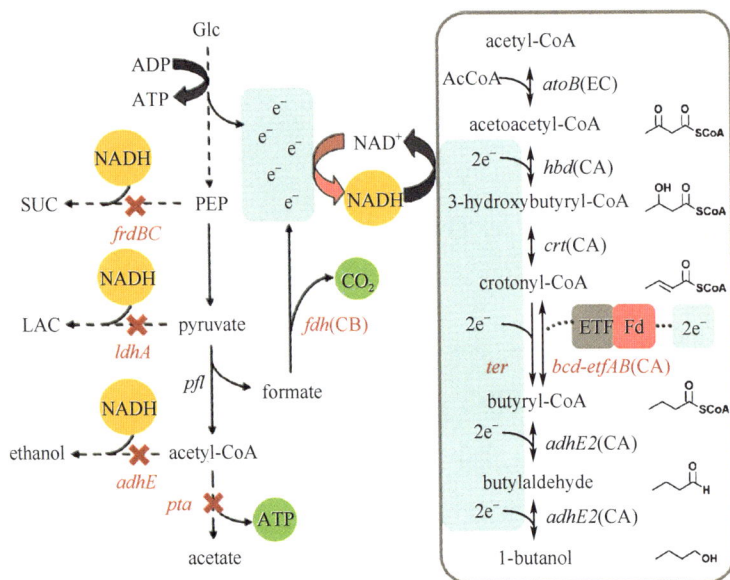

图 2-16 对 *E. coli* 中丁醇人工合成途径进行改造技术路线

5. 生物燃气

生物燃气（biogas），也称为沼气，是自然界中微生物厌氧发酵各类有机质产生的混合气体，以甲烷为主要成分。沼气发酵的历史悠久，几乎与人类文明的发展同步。微生物发酵产生的沼气经初级净化后可以直接燃烧发电，也可以进入燃气管网供应家庭使用，还可以进一步净化使甲烷浓度提高到97%以上，然后压缩作为车用燃料（bio-CNG）使用。与燃料乙醇、生物柴油和生物丁醇等液体生物燃料不同，沼气发酵通常与环境污染物中有机质的处理结合，特别是有机废水、动物粪便及生活垃圾等的处理，因此沼气是目前唯一经济上可行的生物能源产品。欧洲由于天然气资源短缺，生物燃气得到了很好发展。

图 2-17 和图 2-18 为欧洲沼气协会（European Biogas Association）统计的 2011 年欧盟沼气装置和车用沼气装置情况。可见德国、瑞士、意大利、法国、奥地利、捷克、英国、荷兰和瑞典 9 个国家的沼气发酵装置都超过 200 个，其中德国的沼气装

置最多，达 8000 多个，且德国、瑞典、荷兰、瑞士和奥地利的车用沼气发展较好，装置超过 10 个，德国车用沼气装置也是最多，为 81 个，产能达到 52 000 Nm³/h。

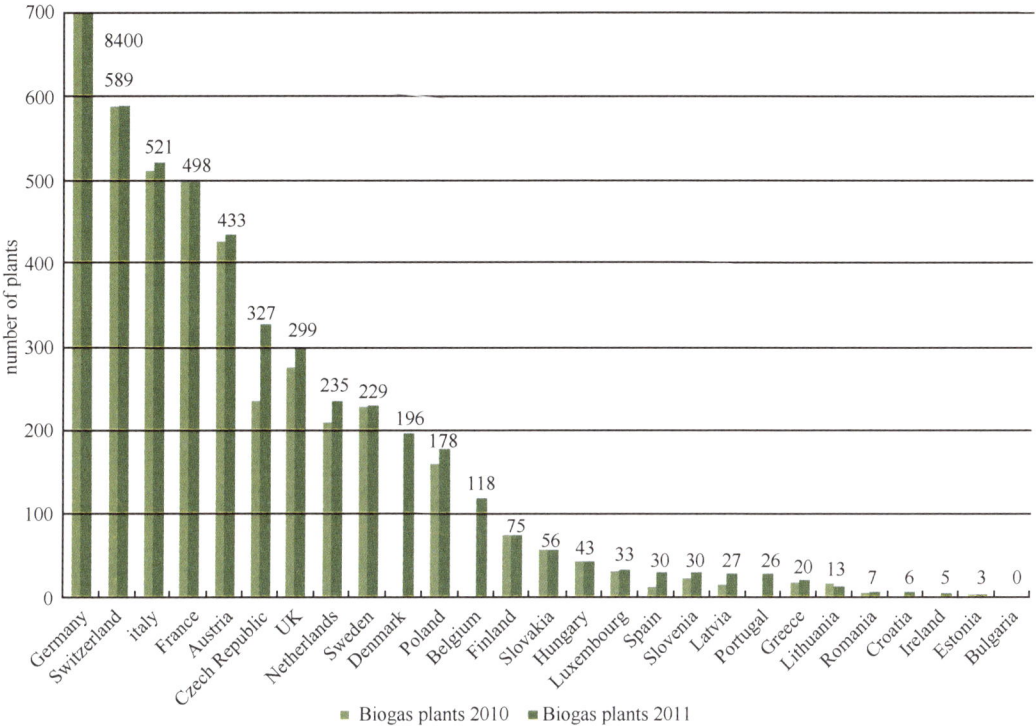

图 2-17 2011 年欧盟国家沼气发酵装置运行情况 （www. european-biogas. eu）

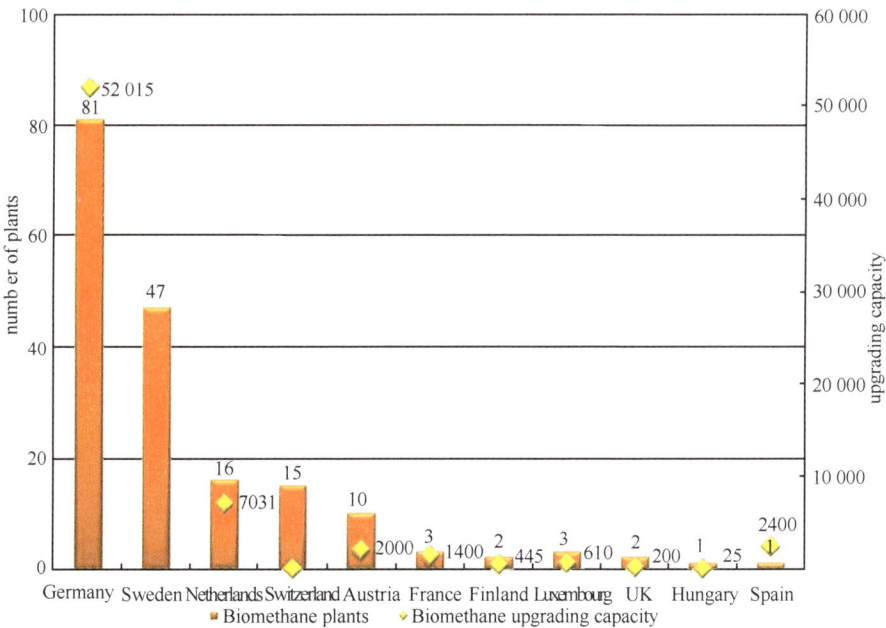

图 2-18 2011 年欧盟国家车用沼气发展情况 （www. european-biogas. eu）

（二）国内研究进展

与欧美国家相比，除沼气发酵外，我国其他生物能源产品如燃料乙醇、生物柴油和先进生物燃料丁醇等发展较晚，并且同样存在原料资源保障、低成本酶制剂开发、高效菌株选育与构建等突出问题。

1. 生物质资源

我国是农业大国，正常年份粮食产量稳定在 5 亿吨左右，加之油料作物和棉花等经济作物秸秆产出，使田间秸秆资源保有量达到 7 亿 ~ 8 亿吨，此外还有玉米芯等加工过程副产物约 1 亿吨，它们是我国生产生物能源产品和生物基化学品的可靠稳定原料来源。国家重点基础研究发展计划（以下简称 "973" 计划）、国家高技术研究发展计划（以下简称 "863" 计划）、科技支撑计划等都对秸秆资源开发利用给予了支持。到 2012 年底，"973" 计划共立项资助 5 个秸秆资源化利用基础研究项目，如表 2-6 所示。与此同时，"863" 和国家科技支撑计划对秸秆资源利用技术开发和工程示范的支持力度更大，"十一五" 和 "十二五" 期间，数十个项目获得立项资助，建立了多个示范工程，起到技术开发和产业发展的示范作用。

表 2-6　国家 "973" 项目资助秸秆类生物质转化基础研究情况

立项年份	项目名称	承担单位	首席科学家
2004	秸秆资源高值化关键过程的基础研究	中国科学院过程工程研究所	陈洪章
2007	生物质转化为高品位燃料的基础研究	中国科技大学 浙江大学	朱清时 骆仲泱
2009	生物质转化为高值化材料的基础科学问题	北京林业大学	孙润仓
2011	生物质的抗降解性及其生物炼制中的科学问题	山东大学	曲音波
2013	生物质制取高品位液体燃料基础问题研究（滚动支持）	浙江大学	骆仲泱

生物柴油生产基础原料是油脂，虽然以秸秆为代表的木质纤维素类生物质水解糖可以用来培养产油微生物获得油脂，但是异养条件下微生物油脂合成代谢途径收率低的特点决定了这类生物质资源不宜作为生物柴油生产原料，使我国发展生物柴油原料资源匮乏的问题更突出。近年来中粮、中石化和中海油等先后在四川、贵州和云南等地种植木本油料作物小桐子和文冠果等，以期解决制约生物柴油发展的油脂资源问题，但存在单位面积油脂产量低，特别是果实采收困难、成本高的突出问题。

受欧美国家发展能源微藻的影响，我国能源微藻基础研究和应用技术开发的科技投入不断增加，2011年，"微藻能源规模化制备的科学基础"获得"973"计划立项资助，在随后启动的"十二五"规划和"863"计划中，"新型能源藻培养与能源产品转化技术"也获得立项资助。

虽然我国耕地少，仅为18亿亩，人均不到2亩，但有40多亿亩非耕地或低产边际土地，有发展能源作物的土地资源，但我国非耕地主要位于北方，特别是西北地区，具有干旱缺水和低温等特点，欧美等国家致力于发展的草本能源植物如芒草等，不适宜于我国非耕地种植。

2. 燃料乙醇

到2012年年底，我国的燃料乙醇生产能力仍然为170万吨，与汽油以10%的体积比混配，形成E90、E93和E97乙醇汽油产品系列，在黑龙江、吉林、辽宁、河南、安徽、湖北、山东、江苏、河北和广西10省区使用。燃料乙醇生产企业包括：中石油吉林燃料乙醇有限责任公司（60万吨/年），河南天冠燃料乙醇有限公司（30万吨/年），中粮安徽丰原生化股份有限公司（32万吨/年），中粮生化能源肇东有限公司（28万吨/年），广西中粮生物质能源有限责任公司（20万吨/年）。除广西中粮生物质能源有限责任公司燃料乙醇生产使用木薯原料外，其余均使用玉米为原料。在燃料乙醇生产经济效益方面，除中石油吉林燃料乙醇有限责任公司借助当地玉米原料价格低能够自负盈亏微利运行外，其他燃料乙醇装置都完全依赖国家财政补贴。

我国发展燃料乙醇应该开发利用以农作物秸秆为代表的木质纤维素类生物质资源，但纤维素乙醇生产的关键技术始终没有突破，特别是高效低成本纤维素酶的开发和混合糖发酵菌株的构建。以中粮集团纤维素乙醇开发为例，其纤维素酶依托丹麦Novozymes公司，混合糖发酵菌株则购买美国普度大学Nancy Ho的重组酵母专利菌株，使用期限5年，目前专利使用权已临近到期，但在工程技术开发和放大方面未取得预期研究进展，其在肇东建立的千吨级规模纤维素乙醇中试装置难以稳定运行。河南天冠集团早在2007年就建立了万吨级规模纤维素乙醇示范生产装置，也存在同样的问题。

3. 生物柴油

我国已建立了50多套生物柴油生产装置，生产能力约为200万吨/年，但这些装置开工率只有 20%～25%。在生产原料方面，以餐饮业回收的废弃油脂（地沟油）为主。我国每年产生数百万吨地沟油，受丰厚利润刺激，这些地沟油大部分非法回流餐饮业，无法作为生物柴油生产稳定的原料来源。从生物柴油大规模发展需求看，地沟油总量有限，只能作为生物柴油生产的补充原料。在工艺技术路线方面，虽然北京化工大学和清华大学等单位研究开发并与中石化等企业合作建立了脂肪酶催化转化生产生物柴油中试和示范生产装置，但是酶法生产的生物柴油在成本上还无法与化学法竞争，我国已经建立的生物柴油生产装置几乎都是基于酸碱催化转酯化的技术路线。在产品销售方面，由于没有像燃料乙醇那样建立相对完善的产品质量监控体系、市场准入制度和财税优惠政策，生产的少量生物柴油只好以较低价格销往农村地区。

4. 先进生物燃料丁醇

与乙醇一样，我国目前发酵法生产丁醇均使用淀粉质原料，采用丙丁梭菌发酵的技术路线，其代谢途径特点和丁醇对细胞的强毒性决定了发酵过程不仅收率低，而且丁醇浓度低，工业生产条件下仅为 1.5% 左右。以吉林凯赛生物技术有限公司丁醇生产装置为例，玉米原料单耗高达 6.5～7.0 吨，蒸气消耗也高达 13～15 吨甚至以上，致使丁醇的生产成本超过 10 000 元/吨，无法作为生物燃料投放市场。开发利用以秸秆为代表的木质纤维素类生物质资源，解决发酵终点浓度低导致产品分离能耗高、废糟液量大的问题，是丁醇能够作为先进生物燃料替代燃料乙醇必须克服的瓶颈。

5. 生物燃气（沼气）

沼气发酵在国家各类科技计划中长期得到支持，特别是在"十二五"规划、"863 计划"和国家科技支撑计划项目中，沼气技术开发的支持力度很大。我国沼气发酵在产业结构方面已经从农村分散户用沼气向大型集约化养殖行业畜禽粪便处理、工业有机废水废渣处理及城市有机垃圾集中处理的大中型沼气转变，为发展沼气发电和车用燃料创造了良好条件。

沼气发酵是厌氧菌群协同完成的复杂生态过程，而且具有原料组成多样性和不稳定的特点，使我国沼气技术开发长期以来一直集中在较低水平的工程设计层面，建成沼气装置运行不稳定的问题非常突出，特别是北方农村建设的大量小型沼气装置，冬季几乎全部无法运行。

现代生物科学与技术进展，特别是针对复杂生态系统的宏基因组、转录组和代谢组研究方法的建立，为阐明沼气发酵系统基础科学问题奠定了良好基础。我国与瑞典等欧盟国家沼气车用燃料开发方面的合作也取得了较好进展。

（三） 面临的主要科学问题与关键技术

生物能源产品，特别是液体燃料，生产成本高的问题突出，对基础研究和应用技术开发提出了诸多挑战，主要体现在如下 5 个方面。

1）选育抗逆性状好，适宜我国非耕地条件下大规模种植，生物质产量高，易于加工转化的能源作物品种，开发规模化种植和采收技术，为生物炼制生产能源产品和化学品提供原料保障。

2）秸秆等农林废弃物虽然资源丰富，但其对降解的强抗性使从中获得生物转化生产能源产品和化学品基础原料糖的成本很高，研究开发低能耗预处理技术及高效低成本纤维素酶，是建立糖平台的先决条件。

3）基于现代生物技术进展提供的先进方法和高效手段，如代谢工程、系统生物学和合成生物学等，构建混合糖发酵菌株，实现生物转化过程全糖利用，是发展纤维素乙醇和先进生物燃料丁醇必须解决的科学和技术问题。

4）在过程集成优化基础上，提高原料资源利用效率，降低产品生产过程的综合能耗，最大限度降低成本，同时减少废水废渣排放，实现清洁生产。

5）从技术经济和生态环境等方面对各类生物能源产品生产过程进行系统的生命周期评价。

第三章 生物技术产业发展

一、世界生物技术产业发展综述

（一）总体发展态势

现代生物科技的发展正在为人类社会提供新资源、新手段、新途径，将有效缓解人类社会可持续发展所面临的健康、食品、资源等重大问题，具有广阔的发展空间。生物技术产业是发展前景广阔的战略性新兴产业，目前全球生物技术已进入大规模产业化阶段。

近年来，生物技术产业整体仍呈现出稳步增长势头。据 MarketLine 咨询公司的 2012 年年度行业报告显示，2011 年全球生物技术市场规模达到 2817 亿美元，较 2010 年增长了 7.7%，2007~2011 年的年复合增长率（CAGR）达到 9.9%（图 3-1）。据预测，2016 年全球生物技术市场规模将达到 4533 亿美元，较 2011 年增长 60.9%，5 年内年复合增长率达到 10% 左右。从行业分布来看，医疗/保健仍然占据市场最大份额，所占比例达到 67.4%。其余依次为服务业、食品与农业、技术服务和环境与工

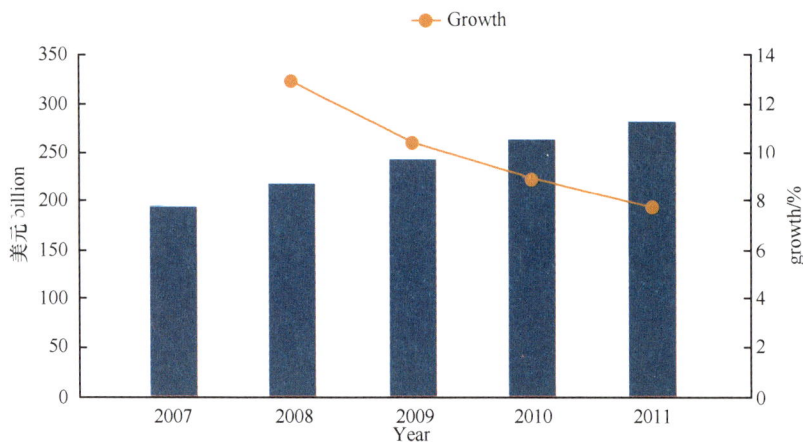

图 3-1 2007~2011 年全球生物技术市场发展趋势（资料来源：MarketLine）

业处理，所占比例分别为 13.9%、10.4%、4.3% 和 4.0%；从地区分布来看，美洲市场份额最大，占到 45.0%，欧洲与亚太地区分别占到 27.7% 和 24.8%，非洲与中东地区为 2.4%。

生物技术企业成长表现同样体现出生物技术产业正趋于平稳增长。据安永会计师事务所（Ernst & Young）2012 年生物技术产业年报显示，2011 年全球（统计范围包括美国、加拿大、欧洲和澳大利亚）共有上市生物技术公司 617 家，员工 16.4 万人；总收入 834 亿美元，同比增长 10%（报告数据计算均扣除三家大型生物技术公司被收购所带来的损失）；研发投入 231 亿美元，同比增长 9%；净盈利 38 亿美元，市值达到 3760 亿美元。2012 年，全球生物技术领域共募集资金 865 亿美元。其中，上市公司私募从 2011 年的 29.3 亿美元增加至 2012 年的 49.8 亿美元，增幅高达 70.3%；公募资金量为 753 亿美元，较 2011 年的 764.6 亿美元略有下降；而风险投资获得 112.4 亿美元，较 2011 年的 91.4 亿美元增加 23%。

生物技术是当今世界高技术发展最快的领域之一，因此研发创新也成为该行业的永恒主题。以研发为基础的生物技术产业，正不断地吸引着各国政府及产业界的政策、资金、人力的投入和转移。例如，国立卫生研究院（NIH）作为美国最主要的基础和临床医学研究机构，2012 年获得的预算经费达到 312 亿美元；2007 ～ 2012 年，印度政府在生命科学和生物技术的总投入达到 160 亿美元，是 1997 ～ 2002 年 5 年间总投入的 5.6 倍；新加坡政府在 2011 ～ 2015 年计划投入 161 亿新币（约合 125 亿美元）支持生物技术研究、创新和企业活动，较之前 5 年增长 20%。另据《2012 年欧盟研发排行榜》数据显示，制药与生物技术仍然是全球研发投入最高的产业领域，2011 年研发投入额达到占到所有产业研发投入总额的 17.7%，全行业研发投入强度（研发投入额占销售额比例）达到 15.1%。

（二）重点行业发展态势

生物技术产业主要包括生物医药、生物农业、生物能源、生物制造、生物环保等产业领域。以基因工程、抗体工程或细胞工程技术生产的，源自生物体内的，用于体内诊断、治疗或预防的生物技术药已成为生物技术产业中最重要的产品；生物农业方面，全球转基因作物的种植面积继续快速递增，2012 年达到了 1.7 亿公顷，全球有 28 个国家种植转基因作物；生物能源方面，以燃料乙醇和生物柴油为代表的生物燃料产量一直稳步上升，2012 年全球乙醇和生物柴油产量从 279 亿加仑（1 加仑＝4.54609L）增长到314亿加仑，销售额达到950亿美元，比上年增长120亿美元。同时，生物丁醇和以藻类为原料的第三代生物燃料也正日益受到关注；以生物基化学品和材料为代表的生物制造不断崛起，正不断从实验室走向市场。此外，具有众多优点的生物环保技术受到了各国的高度重视，并得到了巨资的推动。

1. 生物医药

生物医药包括生物药和小分子化学药，并非单指生物药。如今生物药和传统化学药的界限越来越小，这至少反映在两个层面：一是有些传统化学药是采用生物技术给药的，这样使化学药更有效，副作用更小；二是国际跨国大制药公司基本都生产或研发生物药，例如，辉瑞和阿斯利康等大公司都有专门的生物药研发部门。

(1) 欧美占据全球生物医药市场主要份额，新兴市场快速增长

全球医药市场经历了若干年缓慢增长后，正处于复苏反弹阶段。据艾美仕（IMS）咨询公司年度报告显示，2011年全球医药市场规模达到9420亿美元，同比增长5.1%，较上年4.5%的增长率有所提高。其中，北美洲、欧洲和日本三大成熟市场的规模分别为3462亿、2551亿美元和1147亿美元，合计达到7160亿美元，占到全球市场的75%以上。未来5年，成熟市场的规模基本保持平稳，预测年增长率为0~4%；相对而言，亚洲、非洲、澳大利亚和拉丁美洲的市场规模仍偏小，分别为1631亿美元和629亿美元，但增长势头强劲，未来5年预计年增长率将达到10%~13%之间（表3-1）。

表3-1　全球医药市场分布格局及增长趋势预测

地区	2011年		2010年	2007~2011年	2012年	2012~2016年
	市场规模/×10亿美元	增长率/%	增长率/%	年复合增长率/%	预测增长率/%	预测年复合增长率/%
北美洲	346.2	3.0	2.2	3.5	1~2	1~4
欧洲	255.1	2.4	2.9	4.9	0~1	0~3
亚洲/非洲/澳大利亚	163.1	13.1	14.0	15.5	10~11	10~13
日本	114.7	5.6	0.1	3.9	0~1	1~4
拉丁美洲	62.9	8.9	12.7	12.3	13~14	10~13
合计	942.0	5.1	4.5	6.1	3~4	3~6

资料来源：IMS Health Market Prognosis 2012

另据《全球药物使用——2016展望》报告指出，受新兴医药市场销量增加及发达国家药物消费升高的驱动，预计全球年药品消费支出到2016年将增至1.2万

亿美元，年复合增长率为 3% ～ 6%。发达国家和新兴市场发展趋势分化。尽管专利到期的药品数量处于史上最高点，但随着一些新药陆续问世，以及 2014 年《平价医疗法案》（ACA）的实施，药物在患者中的普及率将大大增加。因此，未来 5 年内，美国药物消费支出仍将增加 350 亿～450 亿美元，保持 1%～4% 的年平均增长率；在欧洲，由于其显著的财政紧缩计划和医疗健康成本控制措施，药物消费增长率将维持在 -1%～2% 的范围；日本医药市场在 2016 年以前，预计将以 1%～4% 的速度增长，略低于过去 5 年的速率，主要是由于日本实施的降价政策所带来的影响；另外，新兴市场消费大增，预计 2016 年规模将达到 3450 亿～3750 亿美元（或人均支出 91 美元）。这种增势得益于民众收入的增加、药物成本的持续走低，以及政府旨在通过减少病人花费和鼓励增加药物使用来提升治疗普及率的赞助项目。仿制药和其他产品（包括非处方药、诊断产品和非治疗产品），将为增长贡献约 83% 的份额。

（2）生物药全面崛起，制药公司趋于多元化发展

近十年来生物技术药行业已成为制药业中发展最快、活力最强和技术含量最高的领域，发展速度明显高于医药行业的平均水平。全球医药市场发展重心正逐步从小分子化学药转向生物技术药，据中国外商投资企业协会药品研发行业协会（RD-PAC）预测，预计到"十二五"末期，全球销量排名前一百的药物中生物医药将上升到 50 多种左右。据《基因工程与生物技术新闻》杂志（GEN）发布的 2012 年全球最畅销处方药排名可以看出，生物药已全面崛起，前十名中生物药占有六席（表3-2），雅培的修美乐（Humira）、罗氏的美罗华（Rituxan）、赛诺菲的来得时（Lantus）、罗氏的赫塞汀（Herceptin）、强生的类克（Remicade）和罗氏的阿瓦斯汀（Avastin）分别位居第一、第三、第四、第五、第七和第八位，且这 6 种药物发展前景良好，年增长率均在 6% 以上，其中修美乐、来得时、类克的年增长率在 10% 以上，市场扩张势头强劲。

表 3-2　2012 年全球最畅销处方药排名

排名	中文名	英文名	生产商	2012 年销售额/亿美元	2011 年销售额/亿美元	年增长率/%	第四季度增长率/%
1	修美乐	Humira	雅培	92.65	79.32	19.30	31.10
2	舒利迭	Advair	葛兰素史克	79.04	79.28	1	-1
3	美罗华	Rituxan	罗氏	72.85	65.23	9	7.60
4	来得时	Lantus	赛诺菲	66.48	52.49	19.30	22.60

续表

排名	中文名	英文名	生产商	2012 年销售额/亿美元	2011 年销售额/亿美元	年增长率/%	第四季度增长率/%
5	赫赛汀	Herceptin	罗氏	63.97	57.06	11	8.10
6	可定	Crestor	阿斯利康	62.53	66.22	−11	−7
7	种克	Remicade	强生	61.39	54.92	11.80	5.30
8	阿瓦斯丁	Avastin	罗氏	62.6	57.47	6	7.80
9	欣百达	Cymbalta	礼来	49.94	41.61	20	20.30
10	波立维	Plavix	赛诺菲 百时美施贵宝	27.71 25.47 合计 53.18	27.36 70.87 合计 98.23	−45.49	−69.60
11	恩利	Enbrel	安进	42.36	37.01	14.50	22.90
12	聚乙二醇非格司亭	Neulasta	安进	40.92	39.52	3.50	−0.40
13	利痛抑	Lyrica	辉瑞	41.58	36.93	12.60	13.40
14	捷诺维	Januvia	默克	40.86	33.24	22.90	18.10
15	立普妥	Lipitor	辉瑞	39.48	95.77	−58.80	−70.80
16	耐信	Nexium	阿斯利康	39.44	44.29	−10	−1
17	顺尔宁	Singulair	默克	38.53	54.79	−29.70	−67.10
18	依法韦仑、恩曲他滨和替诺福韦酯的复方制剂	Atripla	吉利德科技公司	35.74	32.25	10.80	6.30
19	信必可	Symbicort	阿斯利康	31.94	31.48	5	8
20	特鲁瓦达	Truvada	吉利德科技公司	31.81	28.75	10.60	11.50

此外，各大制药公司在研发布局也越来越倾向于生物药领域。例如，葛兰素史克重组研发中心，目标是至2015年其20%的研发产品线候选药来源于生物技术；赛诺菲-安万特加大了疫苗部门的研发力度，目标是生物制品占全部产品的30%；惠氏预计其75%的收入将来源于生物技术、疫苗、营养剂、医疗健康产品与动物保健产品；默克的分公司 Merck Serono 扩建了在瑞士的生物技术中心，其目标是提高处于开发中的自身免疫与炎性疾病治疗产品的生产。生物技术在新药开发中的地位日益提升，还表现在对产品组合的影响方面。普华永道会计师事务所发布的研究报告认为，未来制药公司的产品组合将出现显著的变化。到2016年，生物工程疫苗和生物制剂在全球市场中所占份额将由2009年的17%上升到23%。随着纳米技术、人体基因组学、干细胞研究、药物基因组学和其他相关科学技术的发展，产品将更加多元化（图3-2）。

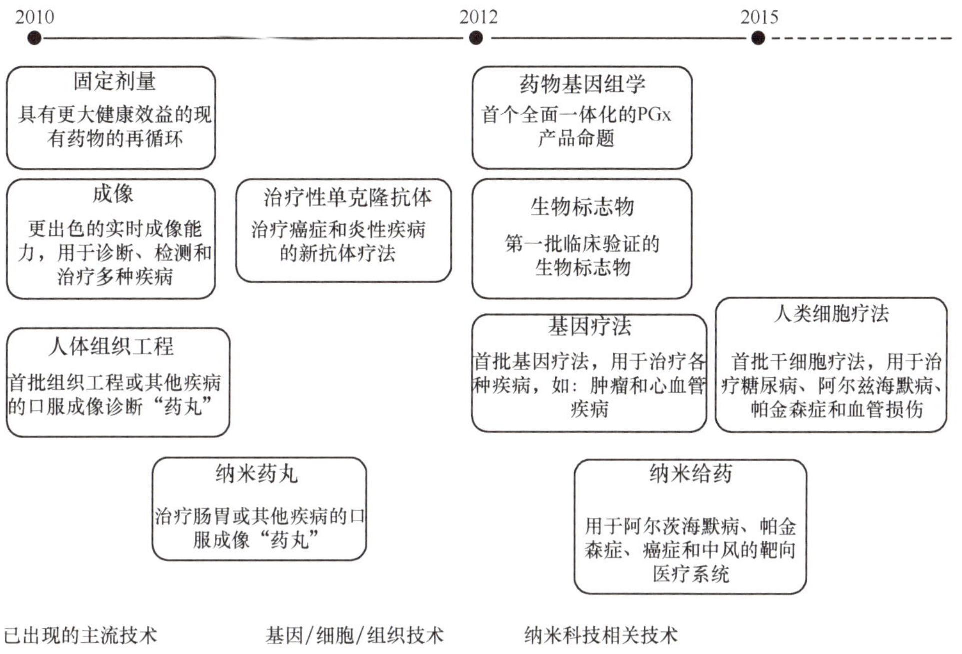
2010
2012
2015
固定剂量
具有更大健康效益的现有药物的再循环
成像
更出色的实时成像能力，用于诊断、检测和治疗多种疾病
治疗性单克隆抗体
治疗癌症和炎性疾病的新抗体疗法
人体组织工程
首批组织工程或其他疾病的口服成像诊断“药丸”
纳米药丸
治疗肠胃或其他疾病的口服成像“药丸”
药物基因组学
首个全面一体化的PGx产品命题
生物标志物
第一批临床验证的生物标志物
基因疗法
首批基因疗法，用于治疗各种疾病，如：肿瘤和心血管疾病
人类细胞疗法
首批干细胞疗法，用于治疗糖尿病、阿尔兹海默病、帕金森症和血管损伤
纳米给药
用于阿尔茨海默病、帕金森症、癌症和中风的靶向医疗系统
已出现的主流技术
基因/细胞/组织技术
纳米科技相关技术

图 3-2　制药公司向多元化产品发展［资料来源：普华永道（PwC）］

（3）新药批准个数创下 15 年来新高，研发投入趋于理性

美国食品药品管理局（FDA）药物评价和研究中心（CDER）在 2012 年批准了 39 个新药，为 15 年来的新高，其中包括 33 个新分子实体（NMEs）和 6 个生物制剂（BLAs）。这也是自 1997 年以来，通过绿色通道审评批准新药数量最多的一年，全年新药批准数量高于过去 20 年新药批准平均数量（每年 30 个）的 33%（图 3-3）。2012 年，首轮批准率（即经过初审就被批准的药物）约在 80%，也创下历史新高，这与药物研发过程中监管机构与公司之间增加的互动有关，也与更高质量的申报资

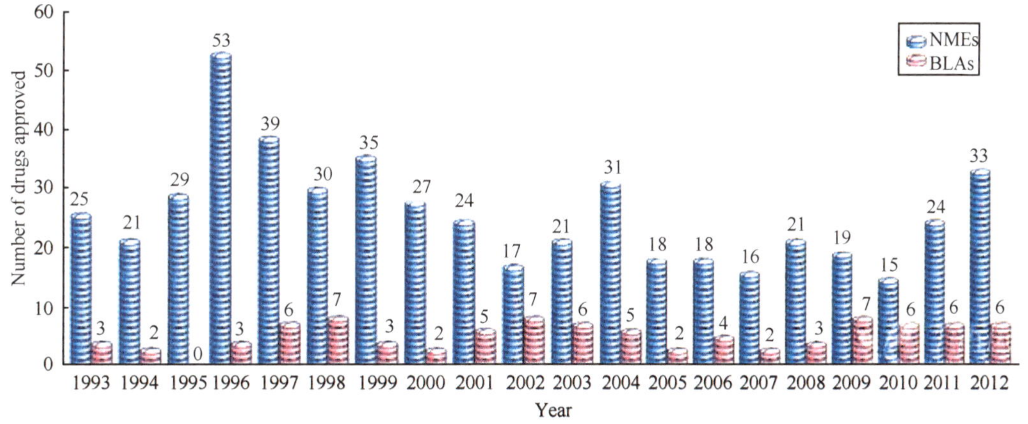
Number of drugs approved
Year
NMEs
BLAs
0
10
20
30
40
50
60
1993 1994 1995 1996 1997 1998 1999 2000 2001 2002 2003 2004 2005 2006 2007 2008 2009 2010 2011 2012
25 3
21 2
29 0
53 3
39 6
30 7
35 3
27 2
24 5
17 7
21 6
31 5
18 2
18 4
16 2
21 3
19 7
15 6
24 6
33 6

图 3-3　美国食品药品管理局 1993～2012 年批准的药品数量

料，更少的 me-too 类药物（去年 FDA 批准的新药中有 20 个药物为首创药物）的申报以及更加清晰的效益/风险平衡有关。

获准新药中，癌症药物和孤儿药物的批准数量均再创新高。FDA 在 2012 年批准了 13 个肿瘤药物（占获批总数的 33%），高于 2011 年的 8 个（22%）。其他有多个新分子实体获批的疾病治疗领域包括胃肠病、呼吸系统及抗菌药物等。考虑到产品研发线上处于临床阶段肿瘤药物所占的比重，肿瘤药物在未来几年可能会继续占据获批药物的最大份额。获批新药名单上另一个亮点是治疗罕见疾病的孤儿药，这些药物更加强调药品的专业性和盈利性。2012 年，FDA 批准了 13 个孤儿药（占获批总数的 33%），在过去 6 年，孤儿药每年的批准数量能占获批新药总数的 33%~37%。但去年有相当比例的孤儿药同时也是癌症药物（13 个孤儿药中有 6 个癌症药物；2011 的 11 个孤儿药中有 7 个为癌症药物），这也更好地反映了癌症患者人群的用药层次。

同时有迹象表明，大型制药公司在没有获得清晰的上市路径情况下对研发投资趋于谨慎。据《基因工程与生物技术新闻》杂志（GEN）发布的 2012 年全球生物医药研发投入排名前 20 位的公司名单显示（表 3-3），和 2011 年的研发投入相比，前 10 家公司有 6 家公司投入减少，前 20 家公司则有 7 家公司投入减少。其中削减幅度最大的是全球最大的（以销售额计）生物制药公司辉瑞（Pfizer），达到 13.3%，同时 2012 年辉瑞有数以千计的研发人员被解雇。此外，诺华（Novartis）、默沙东（Merck&Co.）、葛兰素史克（GSK）、阿斯利康（AstraZeneca）和德国默克（Merck KGaA）等制药巨头的研发投入在 2012 年也有不同程度的下降；而从研发投入强度（投入占销售额比重）来看，前 20 家公司中也有 11 家同比下降。与 2011 年相比，投入增加最显著的是生物技术公司吉列德科技（Gilead Sciences）（43.2%）、仿制药公司梯瓦（Teva）（23.8%）和医疗器械见长的百特（Baxter）（22.20%）。

表 3-3　2012 年全球生物医药投入排名前 20 位的公司

排名	公司名称	2012 年研发投入/亿美元	2011 年研发投入/亿美元	投入增长百分比/%	2012 年研发投入占销售额百分比/%	2011 年研发投入占销售额百分比/%
1	诺华（Novartis）	93.32	95.83	-2.60	16.50	16.40
2	罗氏（Roche）	89.90	85.64	5.00	18.60	19.00
3	美国默克（Merck & Co.）	81.68	84.67	-3.50	17.30	17.60
4	辉瑞（Pfizer）	78.7	90.74	-13.30	13.30	13.90
5	强生（Johnson & Johnson）	76.65	75.48	1.60	11.40	11.60
6	赛诺菲（Sanofi）	64.51	63.05	2.30	14.10	14.40

排名	公司名称	2012 年研发投入/亿美元	2011 年研发投入/亿美元	投入增长百分比/%	2012 年研发投入占销售额百分比/%	2011 年研发投入占销售额百分比/%
7	葛兰素史克（Glaxo Smithkline）	59.58	60.19	−1.00	15.00	14.60
8	礼来（Eli Lilly）	52.78	50.21	5.10	23.40	20.70
9	阿斯利康（AstraZeneca）	52.43	55.23	−5.10	18.70	16.40
10	阿伯特实验室（Abbott Laboratories）	43.22	41.29	4.70	10.80	10.60
11	百时美施贵宝（Bristol-Myers Squibb）	39.04	38.39	1.70	22.20	18.10
12	阿目金（Amgen）	32.96	31.16	5.80	19.80	20.40
13	拜耳（Bayer）	20.52	20.39	0.64	14.50	15.60
14	诺和诺德（Novo Nordisk）	19.16	16.92	13.20	14.00	14.50
15	吉列德科技（Gilead Sciences）	17.60	12.29	43.20	18.70	15.20
16	赛尔基因（Celgene）	17.24	16.00	7.70	32.00	34.10
17	德国默克（Merck KGaA）	15.82	16.34	−3.20	18.70	20.60
18	以色列梯瓦制药（Teva Pharmaceutical Industries）	13.56	10.95	23.80	6.70	6.00
19	百健艾迪（Biogen Idec）	13.35	12.20	9.50	24.20	24.20
20	百特国（Baxter International）	11.56	9.46	22.20	8.10	6.80

（4）生物仿制药前景看好，准入门槛逐步提高

相对于新药研发，生物仿制药在研发上的风险要小得多，同时具有价格便宜的优势，市场增长率有望超过专利药物。到 2015 年全球将会有 30 多种价值 510 亿美元的品牌药专利期满，这是推动生物仿制药市场快速增长的主要动力。据 Datamonitor 公司的报告显示，2015 年全球生物仿制药市场份额将增长到 37 亿美元。但受到技术门槛高，投入资金较大、申请审批程序不明确等因素影响，生物仿制药的开发和上市也面临种种困难。

目前，生物仿制药还面临着两个难题。第一，仿制药和被仿制药物的替代性。生物仿制药应与被仿制药物有多高的相似性才能被定义为仿制药。第二，生物仿制药是被用来治疗被仿制药物能治疗的所有病症，还是部分病症。另外，生物仿制药是否能够和被仿制药物用同一种商品名也存在异议。来自美国生物医药安全协会的成员呼吁，应给生物仿制药赋以特殊的命名规则以与原研药物区分。但也有人认为一旦施行以上措施可能会降低医生使用生物仿制药的积极性。美国生物技术工业组

织（BIO）表示，生物仿制药并不是单纯的抄袭原创药物，生物仿制药除了能够给医药行业带来数十亿的收入以外，还为患者们提供了更多样化的选择。但是只有和被仿制药物效力和安全性相当的仿制药才准许上市。

生物制药的美好前景正吸引着越来越多具有不同背景的生产商进入这一领域，其中包括仿制药公司、以原创药著称的生物技术公司，以及受产品专利到期且受到新药开发疲软拖累的大型制药公司，而未来新兴市场的生物仿制药竞争者将把眼光投向全球，通过与国际制药公司的合作，把业务延伸至全球市场。诺华、默沙东、礼来、辉瑞、葛兰素史克、拜耳等跨国制药巨头都在积极备战生物仿制药。但生物仿制药的前期研发投入将远远超过化学仿制药，其中生产设施建设耗时至少 10 年，还需要至少 2 亿美元的研发费用，这将成为全球制药企业进入生物仿制药领域的障碍。因此，综上来看，生物仿制药对于生物专利药的冲击力，不会像化学仿制药那般猛烈。生物仿制药进入市场后，生物专利药仍将保持 70%～90% 的份额。

在生物仿制药越来越受关注的大背景下，各国政策正逐步完善。欧盟生物仿制药政策制定最先启动，已于 2005 年出台《生物仿制药指导原则》，2006—2010 年陆续出台 9 个细分领域的指导守则；而美国则态度相对谨慎，2007 年参众两院通过《生物制品价格竞争和创新法案》（BPCIA）。2010 年，根据该法案为生物仿制药简化申请程序，并授权生产生物仿制药。2012 年 2 月，美国 FDA 又颁布了 3 项生物仿制药产品开发指南文件草案，为生物仿制药进入美国市场建立了一条快速审批通道。随后，美国包括安进（Amgen）、基因泰克（Genentech）在内的生物医药研发巨头成功推动美国弗吉尼亚州签署法案提高生物仿制药的门槛。日本、韩国、加拿大、世界卫生组织（WHO）等国家和组织也参照相继出台了生物仿制药申请指导原则。

2. 生物农业

近年来，由于粮食危机、粮价飞涨、饥饿和营养不良困扰着全球超过 10 亿人口，特别是发展中国家将农业生物技术视为粮食自给自足的重要手段，生物农业也成为各方关注焦点。一项由英国 PG 经济有限公司的调查表明，自 1996 年至 2010 年期间，生物技术农产品的推广和使用已经使全球的农业收入增加了 784 亿美元。如果没有生物技术，那么全球使用该技术的 1540 万农民需要多种植 510 万公顷大豆，560 万公顷玉米和 300 万公顷棉花。同时，在过去的 15 年里，生物技术减少了 4380 万千克杀虫剂的使用，而且该技术还能显著减少农业生产过程中温室气体的排放。

据全球产业分析公司的《农业生物技术市场研究报告》显示，2011年全球农业生物技术市场（包括新兴农业生物技术工具、合成生物学产品以及转基因种子等）为137亿美元，到2012年底预计将达到144亿美元，以复合年均增长率11.4%计算，到2017年预计将达到248亿美元。其中转基因种子市场所占比例最大，2011年全球市场为135亿美元，2012年预计达到141亿美元，按复合年均增长率7.6%估计，2017年全球市场将达到204亿美元。合成生物学产品市场2011年为1.93亿美元，预计2012年将达到2亿美元，2017年将接近39亿美元，2012~2017年5年的复合年均增长率为81%。美国是全球农业生物技术发展最早的国家，也是农业生物技术的龙头，其市场占47%，大大高于欧洲（29%）和亚太地区（24%）。转基因作物是美国农业生物技术产业的最重要领域。同时，亚太地区是全球增长最快的地区，预计到2015年其农业生物技术市场将以复合年均增长率14%的速度增长。

(1) 转基因作物种植面积持续增加，发展中国家的种植面积首次超过了发达国家

转基因生物育种已经成为发展现代农业、确保粮食供应的重要途径之一。伴随着安全管理的日趋规范和科学实践不断的积累，转基因作物的安全性也得到进一步保障。

据国际农业生物技术应用服务组织（ISAAA）报告显示，2012年生物技术作物种植面积继续增长，生物技术作物的种植面积已从1996年首次商业化的170万公顷增长到2012年的1.7亿公顷，增长了100倍（图3-4）。这一增长使得转基因技术以可观的利润成为现代农业史上应用最迅速的作物技术。2012年发展中国家的生物技术作物种植面积首次超过了发达国家，前者生物技术作物种植量占全球总量的52%，后者占48%。在2012年全球范围内共有1730万农民种植了生物技术作物，其中超过90%是发展中国家的小型、资源匮乏型农户。

2012年28个种植转基因作物的国家中，20个为发展中国家，8个为发达国家。排名前十位的国家转基因作物种植面积均超过100万公顷，前九位均超过200万公顷，为将来转基因作物的多样化发展打下了广泛的基础。美国依然是世界上生产生物技术作物的首要国家，种植面积达6950万公顷；巴西连续四年成为全球生物技术作物种植面积增长的主要动力，2012年在种植面积上仅次于美国，达到3660万公顷。快速审批制度使得巴西能够及时进行转基因品种审批。该国首次批准了抗虫和耐除草剂复合性状大豆，并将于2013年商业化。值得关注的是，年预算为10亿美

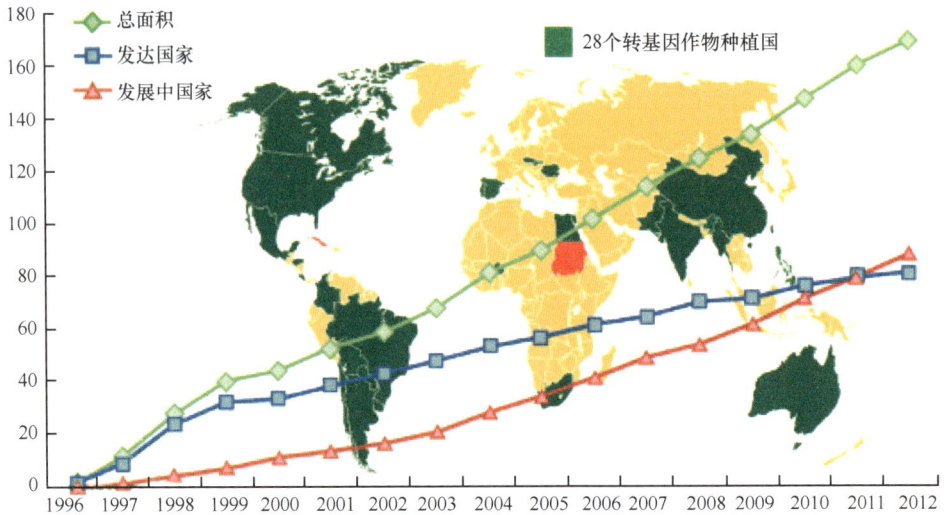

图 3-4 1996～2012 年全球转基因农作物种植面积（百万公顷）

[资料来源：国际农业生物技术应用服务组织（ISAAA）]

元的公共机构巴西国家农业研究公司（EMBRAPA）获批商业化生产拥有自主知识产权的转基因抗病毒大豆（水稻和大豆为拉丁美洲的主要产物），证实了该国研发、生产及审批新型转基因作物的能力；印度苏云金芽孢杆菌（Bt）棉花种植面积创历史新高，达到 1080 万公顷。

转基因种子市场份额也不断扩大，2012 年的全球市场规模达到了约 150 亿美元，研究估算，发现、研发并授权种植一个新转基因作物/性状的成本约为 1.35 亿美元。Croppnosis 公司统计显示，2012 年转基因作物的全球市场价值为 148.4 亿美元，这相当于 2012 年全球作物保护市场 646.2 亿美元市值的 23%，商业种子市场 340 亿美元市值的 35%。预计全球农场收获的"终端产品"（利用转基因技术获得的粮食及其他产品）价值将是转基因种子市场价值的十倍。

（2）生物农药正呈现快速上升势头

生物农药利用生物活体（真菌，细菌，昆虫病毒，转基因生物，天敌等）或其代谢产物（信息素，生长素，萘乙酸等）针对农业有害生物进行杀灭或抑制的制剂，具有毒性低，安全，疗效高，有利于生态链和环境，也能有效地控制农业害虫等优点。各种类型的生物杀虫剂，如生物杀虫剂，生物杀菌剂，生物除草剂适用于不同的应用范围。在各国政府的鼓励发展下，生物农药市场呈快速上升趋势。微生物生物农药，如细菌，原虫，真菌和病毒的活性成分，占据了全球生物农药市场超

#1
美国*
6950万公顷
玉米、大豆、棉花、油菜、甜菜、紫苜蓿、木瓜、南瓜

#4
加拿大*
1160万公顷
油菜、玉米、大豆、甜菜

#22
葡萄牙
少于5万公顷
玉米

#17
西班牙*
10万公顷
玉米

#23
捷克共和国
少于5万公顷
玉米

#28
斯洛伐克
少于5万公顷
玉米

#27
罗马尼亚
少于5万公顷
玉米

#24
古巴
少于5万公顷
玉米

#16
墨西哥*
20万公顷
棉花、大豆

#20
洪都拉斯
少于5万公顷
玉米

#26
哥斯达黎加
少于5万公顷
棉花、大豆

#19
哥伦比亚
少于5万公顷
棉花

#11
玻利维亚*
100万公顷
大豆

#18
智利*
100万公顷
玉米、大豆、油菜

#3
阿根廷*
2390万公顷
大豆、玉米、棉花

#7
巴拉圭*
340万公顷
大豆、玉米、棉花

#10
乌拉圭*
140万公顷
大豆、玉米

#2
巴西*
3660万公顷
大豆、玉米、棉花

#14
布基纳法索*
30万公顷
棉花

#8
南非*
290万公顷
玉米、大豆、棉花

#21
苏丹
少于5万公顷
棉花

#6
中国*
400万公顷
棉花、木瓜、白杨、番茄、甜椒

#5
印度*
1080万公顷
棉花

#15
缅甸*
30万公顷
棉花

#12
菲律宾
80万公顷
玉米

#13
澳大利亚*
70万公顷
棉花、油菜

#9
巴基斯坦*
280万公顷
棉花

#25
埃及
少于5万公顷
玉米

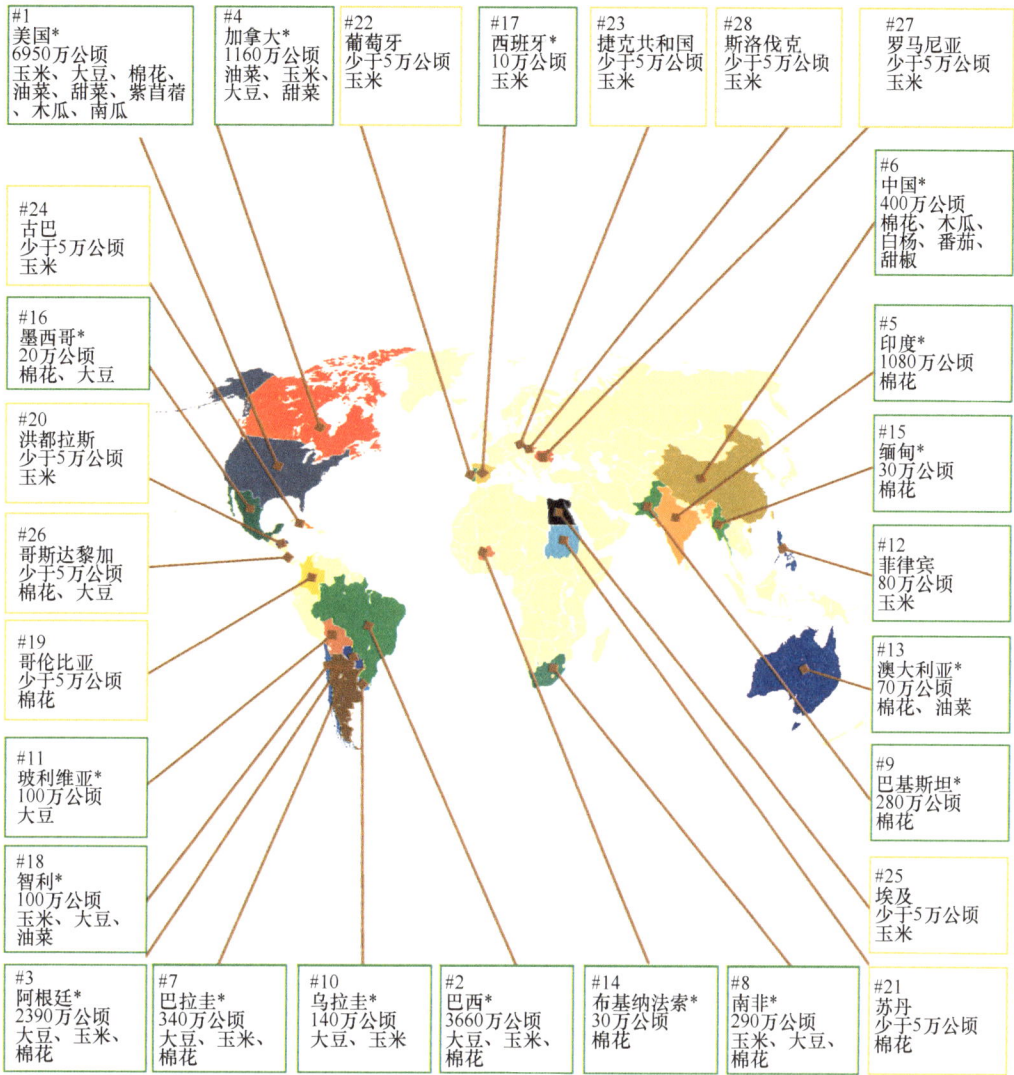

图3-5　2012年转基因作物主要种植国 ［资料来源：国际农业生物技术应用服务组织（ISAAA）］

过63%的市场份额。这些生物农药可以用来控制各种害虫，虽然每一个单一的活性成分显示了其目标的相对特异性。使用最广泛的微生物生物农药是苏云金芽孢杆菌（Bt）及其亚种。多年生作物对生物农药的需求主导市场，预计2012年至2017年的年复合增长率将达到16.1%。

为了充分利用全球生物农药市场的增长趋势，几家领先的作物保护化学品公司都在积极开展生物农药的开发和制造。领先的企业包括：AgBiTech（澳大利亚）、AgraQuest（美国）、安德马特生物防治（瑞士）、贝克尔·安德伍德（美国）、拜耳（德国）、BioWorks（美国）、Certis（美国）、高柏BV（荷兰）、Marrone（美国）、

W. Neudorff（德国）、诺维信（丹麦）、巴氏杆菌生物科技（美国）、植物保健（芬兰）、T. Stanes（美国）、Valent 生物科技（德国）、Prophyta Biologischer Pflanzenschutz GmbH（德国）、天然产业（美国）、Isagro SpA（意大利）及河北威远生化（中国）等。

3. 生物能源

受石油资源、价格、环保和全球气候变化的影响，20 世纪 70 年代以来，生物能源日益受到重视。从 2001 年开始，以燃料乙醇和生物柴油为代表的全球生物燃料产量一直稳步上升。清洁技术研究与咨询公司（Clean Edge Inc.）发布的《2013 年清洁能源发展趋势》报告显示，2012 年乙醇和生物柴油的销售额达到 950 亿美元，比上年增长 120 亿美元，产量也从 279 亿加仑增长到 314 亿加仑。预计从 2012 年到 2022 年，全球的生物燃料产业将增加到 1777 亿美元，而市场规模的增长主要由产量的增加和价格的上涨所引起的。由于受美国市场日趋饱和，巴西乙醇产量增长前景堪忧的多重影响，未来 5 年全球生物燃料产量增速将低于先前的预测水平，最新的预测认为 2016 年全球生物燃料产量约为 222 万桶/日。

目前，美国代表着全球最大的生物燃料消费市场。由于巴西的供应短缺以及蔗糖价格上涨，美国希望取代巴西在短期内成为世界主要的乙醇出口国。美国生物燃料的新兴市场吸引了决策层以及投资界的兴趣。行业中的领军企业加大了技术开发和生产设备上的投入。政府的支持、投资界增资以及技术上的创新促进了这个行业的快速发展。2012 年 7 月，美国农业部和能源部宣布投入 4100 万美元，对 13 个项目进行资助，用于推动更有效的生物燃料生产和原料供应。不过在增长方面，亚太地区表现出更大的未来增长潜力，预计最高年复合增长率将达到 28.8%。在生产原料方面，生物燃料行业也在不断进步，为减少对农作物的依赖以及解决有关生物燃料与人争粮的问题，行业研究者将目光转向了藻类、棕榈油等。

英国巴克莱银行（Barclays）认为，目前生物燃料和汽油供给已经形成动态的平衡。当生物燃料的产量降低时，市场对汽油和柴油的需求将增加，相应炼厂可以从中获利，而生物燃料生产商的利润则会下降。与第一代生物燃料相比，正处在开发中的下一代生物燃料（第二代及第三代）将具有更多的优势。这些燃料包括纤维质乙醇、固体生物废弃物的生物质液化、可再生柴油等。不过由于将纤维素转化为糖在发酵工艺上的困难，目前科学家正在研究如何利用微生物、酶以及真菌将纤维素分解为糖类。尽管长期向好的生物燃料行业近年略显低迷，但一系列新技术的诞生和发展仍受到广泛关注，如生物丁醇、藻类能源等。

（1）欧美生物柴油行业受政策影响较大，新兴市场发展迅速

生物柴油是指以油料作物、野生油料植物和工程微藻等水生植物油脂以及动物油脂、餐饮垃圾油等为原料油，通过酯交换工艺制成的可代替石化柴油的再生性柴油燃料。与传统柴油相比，生物柴油在经济性、环保等许多方面都具有明显优势。在生物柴油加工途径方面，加氢脂肪、石油以及动物油脂都具有很强的竞争力，成本大约在每加仑 2 美元到 4 美元之间，而传统的纤维及热裂化加工柴油的成本要在每加仑 10 美元左右。

欧盟是目前生物柴油生产和应用最多的区域，德国和法国在欧盟生物柴油产量最高，占到一半比重。有效监管、原料充足和财税扶持是欧盟生物柴油快速发展的关键因素。以德国为例，为发展生物柴油产业，成立生物柴油质量监管联盟对生产、销售和使用的各个环节进行监督；加大推广力度，提高服务质量，设立密集的生物柴油加油站；为保证原材料的供应，广泛种植油菜籽；出台优惠政策，减免增值税等。

美国生物柴油生产受政策影响较大。2012 年 8 月，美国议会宣布对生物柴油恢复每加仑 1 美元的联邦税收减免，政策将持续到 2013 年底结束，该利好消息对市场有较大的正面刺激作用。据美国环保部（EPA）公布数据，美国生物柴油行业已连续两年呈现增长态势，2012 年突破 10 亿加仑大关。目前美国几乎每个州都设有生物柴油工厂，全国就业岗位超过 64000 个。

巴西和阿根廷生物柴油生产地位举足轻重，原料充足是他们发展生物柴油的根基。巴西国家石油公司旗下的生物燃料公司（Petrobras Biofuel）2012 年 12 月宣布，已经对达西里贝罗（Darcy Ribeiro）生物柴油生产装置进行了扩能。扩能后该装置年产能力可达到 1.52 亿升，比此前的 1.086 亿升扩增了 40%。该装置迄今已生产约 2.6 亿升生物柴油。达西里贝罗项目扩建后，巴西国家石油公司旗下生物燃料公司总年产能力将增加至 7.65 亿升。

（2）生物丁醇优点明显，获广泛关注

相比燃料乙醇，丁醇因为具有热值高、性能好、使用便捷等优势，已成为国际科学界和企业界关注的焦点，被公认为生物燃料中的潜力股。生产丁醇的方法是主要基于各种细菌，如大肠埃希菌、梭菌等。丁醇尽管优点明显，但是目前并没有达到规模化生产，其主要原因是造价高且不容易制取。因此，科学家纷纷从改良细菌的角度探索提高生产率的方法。

国外公司与研究机构正在积极开发非粮食原料生产生物丁醇的技术，并努力扩大生产规模，拓展产品市场。美国 Cobalt 科技公司与美国 API 公司达成协议，建设世界首家工业规模纤维素生物丁醇生产厂，并在生物质发电厂和其他客户中共同推广生物丁醇解决方案；美国 Gevo 公司为将纤维素异丁醇的转化技术推向商业化，在完成密苏里州生物丁醇示范实验的基础上，于 2011 年开始其位于明尼苏达州的首家工厂改造工程，将乙醇装置改造为生物异丁醇装置。并与美国 Redfield 能源公司成立合资企业，准备将乙醇装置改造为生物异丁醇装置。此外，Gevo 公司还通过收购、改造其他乙醇装置等方式来提高生物异丁醇产量；加拿大 Syntec 生物燃料公司与美国北达科塔大学能源和环境研究中心（EERC）签署合作协议，开发宽范围生物质和废弃物转化生产生物正丁醇技术——B2A 工艺；BP 公司与 DuPont 公司联合开发生物丁醇（正丁醇）及第二代生物酶催化剂，用以生产可再生运输燃料，其生物丁醇采用与生产生物乙醇相似的发酵技术。

4. 生物制造

随着生物科技的进步及其向工业领域的快速渗透，现代生物制造正在引发一场新的工业革命。世界主要经济强国都把生物制造作为保障能源安全、环境质量和经济发展的国家战略，促进形成与环境协调的战略产业体系，抢占未来生物产业的竞争制高点。美国明确将"生物制造技术"作为战略技术领域，并列为 2020 年制造技术挑战的 11 个主要方向之一，期望通过应用生物技术，降低经济发展对化石能源的依赖和人类社会活动的碳足迹。欧洲制定规划，计划通过大幅度降低对化石资源的依赖，于 2025 年取得向基于生物技术型社会转变的实质进展。经济合作与发展组织（OECD）"面向 2030 生物经济施政纲领"战略报告预计，到 2030 年，将有大约 35% 的化学品和其他工业产品来自生物制造。

（1）生物基材料产能持续攀升，政府推动作用明显

生物基材料是指利用可再生物质，包括农作物、树木、其他植物及其残体和内含物为原料，通过生物、化学以及物理等手段制造的一类新型材料。主要包括生物

塑料、生物基平台化合物、生物质功能高分子材料、功能糖产品、木基工程材料等产品，具有绿色、环境友好、原料可再生以及可生物降解的特性。

力士研究（Lux Research）公司报告认为，生物基化学品和材料产业已从实验室走向市场，已达到了一个转折点，到 2016 年，产能将增加一倍，市场潜在规模将达到 197 亿美元。全球 17 种主要的生物基材料的生产能力翻了一番，达到 2011 年 380 万吨，在未来五年内将攀升至 920 万吨。该报告认为，第一生物塑料有发展，但速度将有所放缓。从 2006 年到 2011 年，生物塑料经历了 1500% 爆炸性的增长，达到目前的累计能力 47 万吨，全生物基材料占 10.9%。预计未来将温和地扩能，从 2011 年至 2016 年其能力仍将增长 57%；第二纤维素聚合物和淀粉基塑料占主导地位。纤维素聚合物和淀粉衍生材料仍将获得发展，因为它们耐用、坚固和易生物降解，它们已被广泛地用于高性能塑料涂料、按钮和纱线，甚至用于早期的乐高（LEGO）积木。然而，它们占总能力的份额将从 2011 年 45% 下降至 2016 年 21%；第三，产业将进一步整合发展，包括生物基材料的制造部门以及技术和原料。例如，来自甘蔗乙醇的乙醇正在被转化成乙烯和丙烯。

生物塑料是目前最主要的生物基材料，通常用于包装袋和麻袋以及松散填充包装，而在包装薄膜、汽车和电子行业中的应用也在快速增长。据欧洲生物塑料协会预测，全球生物塑料总产量在 2013 年可达到 146 万吨，并保持年均增长 20% 以上。到 2025 年，亚洲将是生物塑料市场的领导者，约占 32% 的市场份额，其次是欧洲占到 31%，美国占 28%。预计中国生物塑料生产量将占到亚洲的 40% 以上，全球的 12% 左右。

国外出台的一系列强制政策和投资计划在不同程度上推动了生物塑料产业的发展。例如，意大利从 2011 年开始禁止使用非降解的塑料购物袋；美国要求每一个联邦机构都必须制定使用生物降解塑料的计划；日本则确立了生物塑料产业发展目标，即到 2020 年，日本消费的所有塑料袋中将有 20% 来自可再生资源；而英国生物塑料开发商网络组成（Net Composites）领军启动了一项名为结合（Combine）的研究计划，此项计划首次利用可再生资源制造结构材料和产品，开发一种耐耗性强的塑料；法国创新署（OSEO）2012 年 11 月决定，在"工业战略创新"计划项下出资 960 万欧元支持联营企业 Thanaplast 研究可生物分解型塑料，至此 Thanaplast 在此项目上获得了各类资金支持已达 2200 万欧元。这一研究计划得到了法国众多企业和科研院所的支持和参与，旨在进一步改进法国垃圾回收和再利用工作，提升法国生物聚合产业的研发和生产能力。

（2）酶制剂未来仍被看好，新兴市场增速较快

酶制剂产业是知识高密集的技术产业，它涉及基因、蛋白、细胞、发酵等几乎所有的生物技术。据美国弗里多尼亚集团的最新研究报告显示，未来 4 年全球酶市场需求将以年均 6.8% 的速度快速增长，2015 年将达到 80 亿美元。多数市场的年均增速将超过 5%，不过生物燃料以及其他小型工业用酶市场的需求增速将低于 5%。就全球各个地区的增速而言，中美、南美和非洲/中东地区等较小的市场对酶的需求增速最快，以中国和印度为首的亚太市场也将快速增长。北美和西欧市场的需求增速将低于全球平均水平，主要是受生物燃料增长趋缓以及债务危机的影响；就酶的应用领域而言，受过去 10 年中 DNA 测序成本大幅下降的刺激，用于诊断、研究和生物技术的酶需求将引领全球酶需求快速增长至 2015 年。酶的应用已进入医疗护理领域，发展中国家和美国的医疗保健改革将刺激诊断用酶需求增长。在工业用酶市场中，动物饲料以及食品和饮料用酶的需求增长速度将超过平均增速。此外，清洁产品对酶的需求也将强劲增长。

5. 生物环保

微生物是自然界最重要的污染物分解者，发现新的污染降解微生物资源、污染物降解途径和代谢过程等，可以有效促进环保产业的发展。同时利用环境微生物技术可以进行环境友好产品的生产、难降解化合物污染的处理和生物修复等。微生物技术在处理环境污染物方面具有速度快、效率高、消耗低、成本低、反应条件温和，以及无二次污染等显著优点。环境微生物技术的发展虽然刚刚开始，但已经渗入了现代生产生活的各个环节，在重工业、日用消费品工业、石油产业、运输产业、农业、渔业、食品产业、污水及其他污染物处理等产业应用中产生了一定的影响。

目前生物环保技术已受到了各国政府的高度重视。美国能源部（DOE）斥巨资启动了"由基因组到生命"的系统生物学技术平台，重要目标之一是服务于二氧化碳隔离、环境生物整治和生物能源的研究和开发；日本提出了"国家生物资源计划"，并投入 32 亿日元，以确保优势研究领域的生物资源，科学评价生物资源的质量和数量，建立菌株、群落、组织、细胞、基因材料，以及动植物与微生物信息等战略生物资源；我国在《国家环境保护重点实验室"十一五"专项规划》将典型有

毒有害和生物难降解污染物的迁移转化规律、其生物降解性能与处理处置技术作为重点领域和优先主题，先后启动了微生物基因资源利用、抗辐射和有机污染物的模式微生物功能基因组、废水生物处理新的共性平台技术等应用基础研究项目，以及石油污染生物治理技术及产品、城市废水的生物治理及产品研发和新型生物脱氮工艺的研究等应用性研究项目。

（三）主要国家和地区发展态势

1. 美国

作为生物技术产业的全球领跑者，美国始终保持着较快的发展速度和比较优势。据安永报告显示，2011年美国生物技术产业收入达到588亿美元，较上年增长12%（报告数据计算均扣除三家大型生物技术公司被其他行业公司所带来的损失）；其中，上市公司318家，市值达到2780亿美元，较上年增长4%，年募集资金254亿美元，较上年增长了49%；而1552家私人企业，年募集资金44亿美元，较上年下降1%（表3-4）。2011年美国生物技术领域的商业领袖（年收入超过5亿美元的企业）有16家，与2010年持平。连续两年进榜的企业有亚力兄制药（Alexion Pharmaceuticals）、安进（Amgen）、艾米林（Amylin）、百健艾迪（Biogen Idec）、伯乐（Bio-Rad）、塞尔基因（Celgene）、Cubist、基因探针（Gen-Probe）、吉利德（Gilead）、Illumina、生命技术（Life technology）、IDEXX、联合治疗等，今年新晋入榜的三家企业为Salix制药、Vertex制药和ViroPharma。去年进榜的三家生物技术企业今年被制药企业收购，从而退出榜单，分别是Cephalon被梯瓦收购、健赞被赛诺菲收购、Talecris生物治疗被Grifols收购。

表3-4 2011年美国生物技术产业基本表现

项目	2011年	2010年	变化率/% （扣除大型收购带来的损失）
上市公司数据			
产品销售额	58.8	61.1	12
研发支出	17.2	17.2	9
净收益	3.3	5.2	−21
市值	278.0	292.6	4
员工数量	98 560	113 010	5

续表

项目	2011 年	2010 年	变化率/% （扣除大型收购带来的损失）
融资			
上市公司募集资金	25.4	17.1	49
首次公开募股数量	10	15	−33
私有公司募集资金	4.4	4.4	−1
公司数量			
上市公司	318	320	0
私有公司	1 552	1 594	−3
上市公司与私有公司合计	1 870	1 914	−2

资料来源：Ernst & Young

美国不仅在生物技术领域的理论研究处于领先地位，而且风险资本市场发达，投资收益率较高，生物技术产业具有明显的区域聚集特征。主要的聚集区有旧金山湾、新英格兰、圣地亚哥、新泽西、洛杉矶等（表3-5）。旧金山生物技术产业是自发型集群的典型。在19世纪70年代末期，以斯坦福大学、加利福尼亚大学伯克利分校与旧金山分校等名校为强大的科学技术基础，以及充足的风险投资，促使该地区生物技术集群形成和发展。旧金山交通便利，服务业、商业和金融业发达，区内云集2万多家高技术公司，是硅谷所在地，创新氛围浓厚，而云集在斯坦福大学旁 Sand Hill 路两侧的风险投资公司及40余家银行又为产业发展提供了资金后盾。2011年，旧金山地区生物技术产业上市公司达到68家，市值611.1亿美元，收入143.8亿美元，研发投入39.5亿美元，同比分别增长5%、4%、7%和11%。

表 3-5　2011 年美国主要地区生物技术上市公司表现（单位：百万美元，较 2010 年变化%）

地区	上市公司 数量	市值 /×10^2 万美元	收入 /×10^2 万美元	研发投入 /×10^2 万美元	净收益（亏损） /×10^2 万美元	现金及等价物 /×10^2 万美元	总资产 /×10^2 万美元
旧金山湾	68 5%	61 108 4%	14 376 7%	3 954 11%	1 412 −31%	16 698 129%	30 691 55%
新英格兰	46 −2%	64 994 2%	10 326 −17%	3 473 −17%	842 207%	6 685 −10%	18 935 −29%
圣地亚哥	33 −3%	21 215 −31%	6 733 11%	1 383 6%	(810) 148%	4 252 46%	16 655 27%
新泽西	24 −4%	42 723 29%	5 570 26%	1 541 3%	964 56%	3 836 −2%	11 908 −8%
纽约州	23 10%	7 607 17%	1 164 19%	770 18%	(336) −28%	1 188 60%	2 479 17%
东南地区	20 5%	3 211 9%	209 −29%	200 −17%	(238) 11%	528 29%	828 36%

地区	上市公司数量	市值 /×10² 万美元	收入 /×10² 万美元	研发投入 /×10² 万美元	净收益（亏损）/×10² 万美元	现金及等价物 /×10² 万美元	总资产 /×10² 万美元
中部-亚特兰大	18 -5%	6 658 -45%	1 399 9%	816 10%	(400) 74%	1 720 -17%	4 465 3%
洛杉矶/橙县	13 0	51 791 -3%	15 787 4%	3 358 9%	3 320 -23%	20 716 18%	49 165 12%
太平洋西北地区	13 0	3 916 -48%	501 137%	431 16%	(701) -8%	585 -23%	756 -40%
宾夕法尼亚/特拉华	11 -21%	5 021 -48%	907 -76%	378 -51%	(186) -157%	994 -58%	2 104 -70%
得克萨斯	10 0	1 463 5%	214 34%	143 28%	(112) 22%	398 74%	738 87%
北卡罗来纳	9 -25%	3 564 -55%	739 -67%	310 14%	25 -71%	711 -42%	1 816 -44%
中西部	9 -10%	406 -32%	29 -10%	129 37%	(227) 48%	162 139%	272 155%
科罗拉多	8 14%	825 8%	148 66%	167 46%	(206) 7%	354 49%	420 34%
犹他	3 0	1 861 -17%	402 11%	48 -4%	60 -42%	453 -16%	735 -2%
其他	10 25%	1 638 109%	295 79%	101 12%	(71) -36%	394 159%	676 201%
合计	318 -1%	278 000 -5%	58 800 -4%	17 202 0	3 334 -36%	59 676 24%	142 644 5%

资料来源：Ernst & Young

圣地亚哥生物技术产业则是典型的政府政策驱动型集群。2011 年，圣地亚哥地区生物技术产业上市公司达到 33 家，市值 212.2 亿美元，收入 67.3 亿美元，研发投入 13.8 亿美元。圣地亚哥生物技术产业集群开始于 1986 年，当时的圣地亚哥地区已经建立了大量的专业研究机构，如加利福尼亚大学圣地亚哥分校（UCSD）、斯克里普斯海洋研究所（SIO）、斯克里普斯研究所（TSRI）、索克研究所（Salk）等，并且储备了大量世界一流的专业人才。20 世纪 90 年代，政府为了解决当地的就业问题，结合圣地亚哥的特点，选择了生物技术产业作为快速发展的高技术产业，并制定了一系列的产业支持政策，如直接提供资金支持、税收减免等，鼓励生物技术集群的发展。在政府的直接干预下，大量新的生物技术公司以及一些相关的服务性企业及组织机构兴起，极大地促进了当地生物技术集群的发展。圣地亚哥附近风险投资公司聚集，并且形成了高效的、相互有机联系和互动的风险投资网络。默克、辉瑞、强生、诺华、安进、华生等世界知名大型生物医药制药公司入驻圣地亚哥，并与周围众多的新创企业通过多种方式和渠道建立企业联盟关系，新创企业与龙头企业的联动互补正是圣地亚哥现代生物技术产业集群的活力所在。

美国大学研究机构对生物技术产业和经济贡献巨大。据美国生物技术工业组织（BIO）的研究报告显示，大学和非盈利机构对美国经济的贡献很大，在专利许可方面尤为显著。仅 2010 年，大学和非盈利性机构就分离出 651 家公司，并从大学和研究机构获得专利技术转让和独家许可。此外，美国的基础研究奠定了生物科技发展的良好基础，许多生物技术公司和医疗器械公司是靠联邦政府资助的研究项目起家的，包括乙肝疫苗，宫颈癌疫苗和紫杉醇等。美国生物技术产业做大做强，离不开联邦政府大量投入基础生命科学研究。而著名的拜杜法案让学校和企业更有积极性推进成果转化，这也是美国生物技术产业得以迅猛发展的重要前提。美国科学家和教授对兴办企业的浓厚兴趣，同时也尊重投资界的偏好和办企业的经济规律，自觉地扮演科技创始人，也促使了技术流转和转让变得更加顺畅和高效。

美国政府确立了以创新为动力的生物经济发展目标，同时采取“拉推并重”（pull and push）的政策，营造了极具吸引力的市场环境，并积极培养生物技术药物产业所需的创新能力。2012 年 4 月，美国白宫发布了“国家生物经济”蓝图，宣布将加大对生物学研究的支持力度，并将生物学作为推动美国科技创新和经济发展的主要驱动者之一。“国家生物经济”蓝图提出了 5 项战略使命，以促进新市场的产生与经济增长。一是加大生物学领域研究和开发的资金支持力度，为未来生物经济的发展奠定坚实的基础；二是促进生物学相关成果从实验室到市场的转化；三是完善和修改现有条例以减少生物经济发展的障碍，提高管理过程的可预见性，同时降低保护环境和人类健康的成本；四是改进教育和培训机制，以确保未来生物经济有可持续和训练有素的劳动力支撑；五是抓住机遇，促进公私部门的伙伴关系和竞争关系的良性发展，从以往的成功和失败案例中吸取资源、知识和人才等方面的经验。

2. 欧洲

以英国生物制药技术和德国工业生物技术为代表的欧洲生物技术产业一直发展良好。据安永报告显示，2011 年欧洲生物技术产业收入达到 189 亿欧元，较上年增长 10%；其中，上市公司 167 家，市值达到 715 亿欧元，较上年下降 9%，年募集资金 16 亿欧元，较上年下降了 35%；而 1716 家私人企业，年募集资金 13 亿欧元，较上年下降 4%（表 3-6）。领先的国家有英国、法国、瑞典、以色列、丹麦、德国、瑞士、挪威、荷兰、比利时等（表3-7）。2007年至2011年欧洲生物技术领域的商业领袖（年收入超过5亿美元的企业）一直保持在8家，分别是瑞士的阿克泰龙（Actelion）、爱尔兰的义隆（Elan）、法国的欧陆检测（Eurofins）、法国的益普生（Ipsen）、瑞典的Meda、丹麦的诺维信（Novozymes）、德国的快而精（Qiagen）以及英国的沙尔（Shire）。

表3-6　**2011年欧洲生物技术产业基本表现**（单位：百万美元）

项目	2011年	2010年	变化率/%
上市公司数据			
产品销售额	18 911	17 233	10
研发支出	4 921	4 513	9
净收益（亏损）	(0.3)	(568)	−100
市值	71 519	78 639	−9
员工数量	48 330	46 450	4
融资			
上市公司募集资金	1 570	2 407	−35
首次公开募股数量	6	10	−40
私有公司募集资金	1 321	1 371	−4
公司数量			
上市公司	167	170	−2
私有公司	1 716	1 758	−2
上市公司与私有公司合计	1 883	1 928	−2

资料来源：Ernst & Young

表3-7　**2011年欧洲主要国家生物技术上市公司表现**（单位：百万美元，较2010年变化%）

国家	上市公司数量	市值/×10^2万美元	收入/×10^2万美元	研发投入/×10^2万美元	净收益（亏损）/×10^2万美元	现金及等价物/×10^2万美元	总资产/×10^2万美元
英国	36	23 173	4 967	1 073	626	1 346	8 662
	−10%	7%	13%	0%	54%	0	14%
法国	19	5 985	3 371	588	(80)	1 098	4 989
	−14%	−26%	12%	−5%	925%	14%	8%
瑞典	24	4 964	2 612	676	124	438	7 798
	9%	−22%	14%	121%	4 943%	−7%	17%
以色列	21	1 604	82	92	(176)	202	454
	11%	−11%	−8%	−20%	26%	−26%	7%
丹麦	9	10 737	2 195	529	(12)	422	3 657
	0	−2%	12%	3%	−172%	−56%	5%
德国	14	1 458	295	249	(151)	208	1 123
	0	−28%	34%	14%	−6%	−53%	3%
瑞士	9	4 664	2 128	762	(425)	1 861	3 636
	0	−37%	5%	32%	−214%	1%	5%

续表

国家	上市公司数量	市值 /×10² 万美元	收入 /×10² 万美元	研发投入 /×10² 万美元	净收益（亏损） /×10² 万美元	现金及等价物 /×10² 万美元	总资产 /×10² 万美元
挪威	9 0	1 581 1%	117 2%	78 30%	(44) -2%	219 -16%	361 1%
荷兰	5 -29%	3 329 -56%	1 185 -31%	150 -55%	40 109%	290 -79%	3 839 -31%
比利时	6 0	1 617 -22%	232 -12%	256 7%	(209) 142%	367 -1%	768 0
其他	15 15%	12 407 36%	1 727 51%	467 3%	307 -132%	834 16%	3 879 18%
合计	167 -2%	71 519 -9%	18 911 10%	4 921 9%	(0) -100%	7 285 -13%	39 166 12%

资料来源：Ernst & Young

英国生物技术产业以生物制药产业实力最为突出，产业的高速发展主要得益于精英式教育、高素质劳动力、强大的财政支持和完善的知识产权保护。2011 年，英国生物技术产业上市公司达到 36 家，市值 231.7 亿美元，收入 49.7 亿美元，研发投入 10.7 亿美元。近年来，英国在人类基因测序、克隆技术和基因治疗等方面都有不俗表现。英国生物制药技术产业主要集中在伦敦、牛津、剑桥、爱丁堡等高等院校科研机构密集地区。英国的生物医药产业经过 20 多年的发展，已经成为一个包含终端产品生产者和专业服务提供者的高度网络化体系。典型的英国制药公司通过将非核心业务外包给其他专业公司的方式来实现新药开发，有大量专业服务外包公司为制药公司提供诸如生物大规模生产、基因组学和蛋白质组学，以及临床实验等一系列专业技术服务。此外，绝大多数生物制药公司在早期阶段会采用"虚拟"模式，也将许多业务外包给服务公司，而公司只拥有核心技术。英国已建立了强有力的知识产权保护机制，提供 11 年的数据保护期、高效的监管审批制度以及全民医保覆盖。如今，政府更关注培育和提升产业能力方面的政策杠杆，利用投资和激励政策，鼓励生物药的研发，尤其是针对处于成长初期的生物技术公司。此外，英国政府还着眼于培育国内多个产业集群的创新力量。

德国的生物技术产业发展虽然与美国、英国有一定差距，但较为全面，在医疗生物技术、生物制药和工业生物技术方面都处于世界领先水平，其中又以工业生物技术最为著名。2011 年，德国生物技术产业上市公司有 14 家，市值 14.6 亿美元，收入 3.0 亿美元，研发投入 2.5 亿美元。德国的许多跨国集团，例如巴斯夫（BASF）、拜耳（Bayer），以及数量众多的中小企业都在从事工业生物技术生产。德国国立研究机构、大企业的科研机构和新创立的生物技术公司形成了雄厚的研发基础，在分子生物、发酵工程、化工、植物基因学等学科占据世界领先地位，并且在生物技术向工业转化方面具有丰富的经验。目前德国存在四大生物技术产业集群，分别是慕尼黑-莱茵河地区、柏林-勃兰登堡地区、巴登-符腾堡地区以及北莱茵河-西伐利亚地区。其中柏林-勃兰登堡地区和巴登-符腾堡地区的生物技术产业发展得益于较强的经济实力和良好的教育基础；而慕尼黑-莱茵河地区和北莱茵河-西伐利亚地区，主要受益于当地强大的工业基础。

欧盟一直密切关注生物经济的发展，一些成员国已经对此形成了国家战略，而欧盟"地平线 2020 计划"将为此直接投入 47 亿欧元的经费，并将细化成多种行动计划。在地平线 2020 计划框架下，欧洲生物经济战略将促进陆地和海洋可再生资源的可持续生产，将其转化为食品、生物基产品、生物燃料和生物能源。并增强生物经济部门的市场竞争力，加强政策互动和利益相关方的参与，加大在创新、研发和技能等领域的投资。从而增加食品供给链的弹性、可持续性和产出率，降低石化资源的依赖和应对气候变化的能力，增进欧洲产业竞争力，创造经济增长和就业机会。随着生物经济的崛起，欧盟对生物技术研发的投资将从健康领域逐渐向初级生产和工业领域转移。欧洲争取到 2025 年，在生物技术研发上每投入 1 欧元，将产生 10 欧元的附加值，而高附加值产品在增进就业和税收方面比初级产品更有 4～5 倍的潜力。

3. 印度

近年来，海外投资、研发及基础设施投资的增长，新兴合同研发市场、新药研发及外包加工的增加等因素驱动着印度生物技术产业迅速崛起。据波士顿咨询集团（BCG）发布的《生命科学研发现状：印度创新方式的改变》报告指出，目前印度的生物技术行业主要由 3 部分组成：一是拥有专有技术并专注于创新的国内药物开发者如木星生物科技（Jubilant Life Sciences）和博枥（Biocon）等；二是 CRO 公司和外包生产企业，但是这些公司随着新药研发投入乏力不得不降低开支；三是全球制药巨头在印度本土建立研发中心，为寻找印度生物技术企业以降低研发和生产开支。

从各领域发展情况来看，得益于低廉的制造成本和强大的仿制能力，生物仿制药已然成为印度生物技术的重要阵地。药品出口促进委员会局长近期表示，印度生物仿制药 2015 年的收入将从 5 亿美元上升到 100 亿美元。预计未来 5 年印度生物仿制药将占有全球 20%~25% 的市场份额，超过 100 家印度主要制药企业正加大生物仿制药的研发投资。

印度政府在推动生物产业发展中起到了重要作用。波士顿咨询集团报告对过去 10 年的统计数据显示，印度政府对生物技术行业的投入有所增加。2009~2010 年，印度主要的生命科学部门如生物技术局、印度医学研究委员会、印度科学与工业研究委员会和科学与技术局的投入达 7 亿美元，是 2000~2001 年的 3.7 倍。在印度第 11 个 5 年计划（2007~2012）中，印度政府在生命科学和生物技术的总投入将达到 160 亿美元，是上一个 5 年计划（1997~2002）的 30 亿美元的 5.6 倍。2010 年，印度政府还宣布计划设立一项 22 亿美元的风险基金用于资助药物发现和研究基础设施发展的计划。此外，各级政府还与私营企业合作，继续投资生物技术园区等。

二、我国生物产业发展趋势

（一）总体发展态势

目前，我国生物产业发展正面临重大机遇：一方面是由于我国日益严峻的人口增长和老龄化趋势，健康保障需求不断增长。另一方面则是人民群众生活水平不断提高，对健康、绿色食品、优质环境将提出更高要求。随着经济发展，我国面临资源短缺和环境恶化等严峻形势，经济结构的调整，以及资源节约型、环境友好型社会的建设，对生物产业发展提出了迫切要求。同时，我国具备发展生物产业的较好基础。近年来，中国生命科学与生物技术研究取得长足进展，在后基因组学、蛋白质组学、干细胞等生命科学领域具有较高的研究水平，在杂交水稻、转基因抗虫棉等生物育种领域具有一定的优势，一批具有自主知识产权的生物新药已进入临床实验。拥有一支水平较高的研发队伍，海外留学人员和华人在生命科学、生物技术领域具有重要地位和影响。

从产业结构来看，生物医药仍在我国生物产业中占比最大，增速也较快，年平均增长在 15% 左右；近年来随着国家对生物农业支持力度进一步加大，转基因棉花、生物农药、畜禽疫苗等农业生物技术产品的应用范围不断扩大、经济效益和社会效益日趋显著；生物能源产业已形成了初步规模，产业集中度较高，在生物质发电、生物柴油、燃料乙醇等方面获得持续投入；我国生物制造产品主要集中在生物基材料、生物发酵和酶等食品及工业用产品，产值约在 3000 亿元左右；生物环保在我国仍属于新兴领域，是生物技术与产品在环保领域的应用，估计"十二五"期间将实现年均 30% 以上的增长。在部分领域，我国已处于世界领先水平，如杂交水稻的研究和产业化。但在大部分领域，我国都和国际水平存在差距。在企业规模上，我国还缺乏能够和国际生物产业竞争的企业。近几年，随着我国生物产业的快速发展，与国际先进水平的差距正在不断缩小。目前我国涉及生物技术的企业超过 3000家，但现有企业中大部分规模较小，生物技术及研发平均人数不到 35 人。

目前，我国已建立一批国家层面的生物产业基地，国家发改委、科技部、工信部分别建立了一批国家高技术产业基地、火炬计划特色产业基地、国家新型工业化示范基地，总投资超过 4000 亿元。依托产业基地，中国生物产业发展呈现集群态势。长江三角洲已经成为中国最大的生物产业聚集区，围绕上海、杭州等基地逐步形成产业链上下游配套较好的产业集群；珠江三角洲的市场经济体系比较成熟，民营资本比较活跃，围绕广州、深圳等基地形成了商业网络发达的产业集群；环渤海地区的生物科技力量雄厚，各省市在医药产业链和价值链方面具有较强的互补性，围绕北京、天津等基地形成了创新能力最强的产业集群；中西部和东北地区利用当地动植物资源丰富的优势，迅速发展现代中药产业和生物农业，推动地区特色产业的发展。

政策一直是生物医药产业发展的重要推手。生物技术产业是我国重点培育发展的战略性新兴产业之一。目前，我国已确定以重大技术突破和重大发展需求为基础，把生物技术产业培育成先导性、支柱性产业的战略目标。

（二）重点行业发展态势

1. 生物医药

我国生物医药产业正处于大规模产业化的开始阶段。国民经济较快增长、庞大人口基数及老龄化趋势、人民生活水平的提高、健康意识的增强等需求合力，拉动我国生物医药产业的快速发展。2012 年生物医药企业表现十分突出，营业收入和净利润获得跨越式增长。我国生物医药产业 2012 年产值规模达到 18000 亿元，同比增长 15% 以上，高于其他制造业。

国务院于 2012 年 7 月印发《"十二五"国家战略性新兴产业发展规划》首次明确了对包括生物医药产业的七大战略性新兴产业的发展路径、发展方向、发展策略和支持政策等。规划从当前全球生物医药产业发展趋势、我国生物医药产业发展现状及遇到的问题出发，明确提出了生物医药产业发展路线图，对我国未来五到十年生物医药产业发展具有极强指导意义。

（1）药品市场规模快速扩张

我国药品市场呈现出高速扩容、市场竞争激烈、行业集中度低、受政策的影响很大的特点。《中国药品市场报告（2012）》蓝皮书称，2012 年我国零售终端的药品销售规模为 1726 亿元，可以计算得出 2012 年我国药品市场的总规模为 9261 亿元。预期 2013～2020 年我国药品市场的平均增长达到 12%，2013 年我国药品市场规模突破 1 万亿元，2019 年我国药品市场规模突破 2 万亿元；到 2020 年，我国药品市场的规模将达到 2.3 万亿元。我国药品市场呈现以下三个特征。第一，在人口老龄化及经济发展的双重因素作用下，我国药品市场高速扩容。结合生产、销售终端的各类数据，2005～2010 年，我国药品市场的复合增长速度超过 20%；第二，我国药品市场竞争激烈，但国内制药企业并没有很快地实现规模经营，导致行业集中度低。因此，在高端的三级医院药品市场上，外资企业扮演着重要角色；第三，药品市场受政策的影响很大。以基本药物制度为例，由于基层推行的药品销售零差率政策，基层医疗机构药品市场陷入停滞。

（2）单克隆抗体行业发展渐入佳境，潜力巨大

单克隆抗体是最有潜力的药物，截至 2012 年 5 月，FDA 批准上市了 45 个单抗治疗性药物，2011 年全球单抗药物的市场总量达到 628 亿美元，同比增长 30.8%。我国单克隆抗体药物还处于起步阶段，拥有巨大发展空间，增长幅度超过中药和化学药。目前，我国已获批生产的单抗产品有 8 种，进入临床实验的有 16 种（表 3-8）。在培育单抗产业基地方面，国内形成了北京、上海、西安三大研发及产业化基地。北京有百泰生物，上海有中信国健、张江生物、上海美恩，西安有华神集团。中信国健依托丰富产品线，是国内抗体药物领域领军者；百泰生物引进古巴技术，打造了我国首个人源化单抗"泰欣生"。国内准备或已涉足单抗产业的上市公司有华神集团、丽珠集团、复星医药、双鹭药业、国药一致、海正药业、独一味、沃森生物等。

表3-8　我国已获批生产和进入临床研究的单克隆抗体

国内已经获批生产的单抗产品			
公司名称	商品名	通用名	适应证
武汉生物制品研究所		注射用抗人T细胞CD3鼠单抗	器官移植排异
东莞宏逸士生物技术药业		抗人白细胞介素-8单克隆抗体乳膏	银屑病
恩博克大连亚维药业		抗人白细胞介素-8单克隆抗体乳膏	银屑病
上海中信国健药业	益赛普	注射用重组人Ⅱ型肿瘤坏死因子受体/抗体融合蛋白	类风湿关节炎等
上海美恩生物技术	唯美生	碘［131I］肿瘤细胞核人鼠嵌合单克隆抗体注射液	肝癌治疗
百泰生物药业	泰欣生	尼妥珠单抗注射液	结直肠癌
上海赛金生物医药	强克	注射用重组人Ⅱ型肿瘤坏死因子受体/抗体融合蛋白	强直性脊柱炎
上海中信国健药业	健尼哌	重组抗CD25人源化单克隆抗体注射液	抗移植排斥
国内进入临床研究的单抗产品			
公司名称		通用名	适应证
上海张江生物技术		重组抗EGFR人鼠嵌合单克隆抗体注射液	结直肠癌
		注射用重组抗CD25人鼠嵌合单克隆抗体	移植排斥
		重组抗CD52人源化单克隆抗体注射液	慢性B细胞白血病
		注射用重组人LFA3-抗体融合蛋白	银屑病
		重组人肿瘤坏死因子受体-Fc融合蛋白	类风湿关节炎
		注射用重组抗TNF人鼠嵌合单克隆抗体	
深圳龙瑞药业		重组人CD22单克隆抗体注射液	肿瘤
上海复旦张江生物医药		重组人肿瘤坏死因子受体-Fc融合蛋白	类风湿关节炎
上海美烨生物		折射用重组人促红细胞生成素-Fc融合蛋白	肾性贫血
华北制药集团		重组人源抗狂犬病毒单抗注射液	狂犬病
上海美恩生物		肿瘤细胞核人鼠嵌合单克隆抗体注射液	肿瘤
		碘［131I］恶性淋巴瘤嵌合单抗注射液	恶性淋巴瘤
东莞宝丽健生物工程研究		重组人红细胞生成素（Fc）融合蛋白注射液肾性贫血	肾性贫血
北京迪威华宇		冻干注射用重组抗肿瘤融合蛋白	肿瘤
海正药业		注射用重组人Ⅱ型肿瘤坏死因子受体-抗体	类风湿关节炎
武汉生物制品研究所		注射用抗肾综合征出血热病毒单克隆抗体	出血热

（3）生物医药产业形成创新集群，研发交易达到一定规模

据《自然》杂志上刊登的《2012年中国生物医药产业版图》一文显示，我国生物医药产业主要分布在4大创新集群中（见图6），东北部产业集群（红色）包括北京、天津、辽宁、河北和山东；华东产业集群（黄色）包括上海、苏州、泰州、杭州和南京；华西产业集群（绿色）包括重庆、成都、西安和武汉以及南部产业集群（蓝色）包括广州、深圳等。这4大创新集群聚集了7500家生命科学公司、500所大学和研究机构、2500名顶尖研究人员、200多个生命科学孵化器、100多个生命科

学园区、200 个新药物专利、25 万名行业员工和 15 万名刚毕业的生物科学学生。

从 ChinaBio LLC 数据库（ChinaBio LLC 是成立于 2007 年的生物医药咨询公司，为研发、临床实验、投资、合作交易等提供市场调查和数据库）检索发现，2008~2011 年，我国生物医药行业共进行了 458 项交易。从子行业类型来看，医药领域成交 252 项，占到半数以上，生物服务成交 41 项，医疗仪器、传统中药、诊断试剂分别成交 31 项、29 项和 23 项，疫苗领域交易最少，只有 21 项；从药物实验阶段来看，临床前交易项目最多，占到 45%，上市后阶段占到 33%，临床 1 期、2 期、3 期分别占到 6%、7% 和 9%；从研发方式来看，授权研发（34%）、共同研发（23%）、广泛合作（17%）和市场分配（22%）4 个方面大体平衡（图 3-6）。

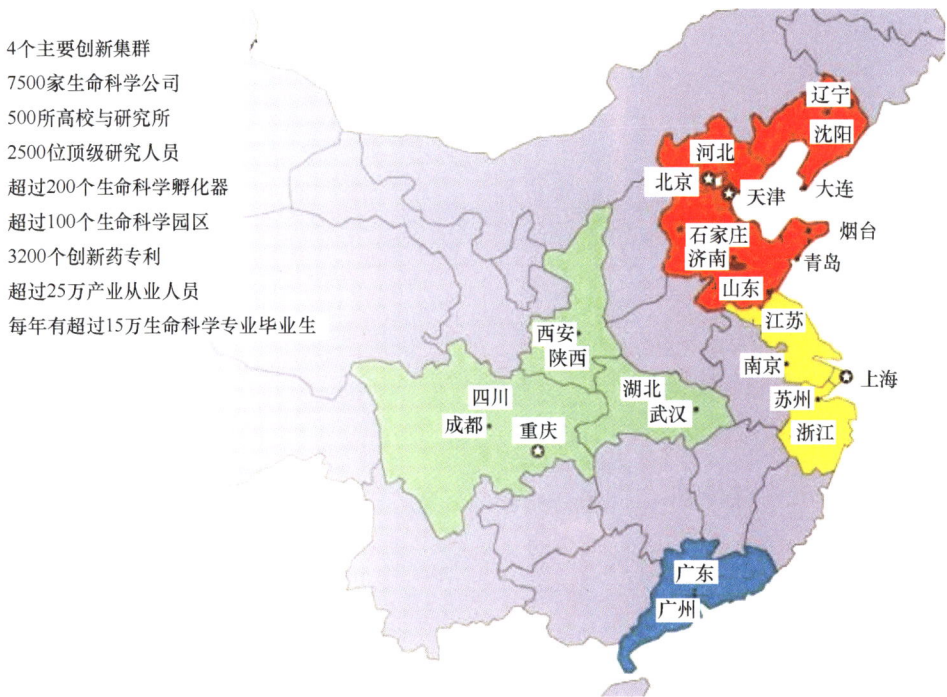

4 个主要创新集群
7500 家生命科学公司
500 所高校与研究所
2500 位顶级研究人员
超过 200 个生命科学孵化器
超过 100 个生命科学园区
3200 个创新药专利
超过 25 万产业从业人员
每年有超过 15 万生命科学专业毕业生

图 3-6 中国生物医药产业四大创新集群

（4）风险资本跃跃欲试，投资仍面临诸多风险

在行业政策的大力支持下，大量的风险资本正在对我国的生物医药产业跃跃欲试。不过，受到行业特性的影响，再加上国内目前存在的诸多政策性难题，生物医药产业的投资仍然面临诸多风险。2012 年，我国生物技术/医疗健康获得创投案例为 124 起，投资金额则达到了 7.26 亿美元，在所有行业中位居前列。而在私募股权投资方面，2012 年，生物技术/医疗健康的投资案例也达到了 64 起，仅次于房地产投资，投资金额则达到了

11.72 亿美元，同样位居前列。因此在 2012 年，我国投向生物技术/医疗健康的创投与私募案例合计达到了 188 起，投入资金达到了 18.98 亿美元，合计约 118 亿元人民币。

(5) 大部分医药企业以生产仿制药为主，国家药监局调整相关审评策略

我国上市的十八万种药品绝大多数都是仿制药。这些仿制药在满足人们的医疗保健需求方面发挥着举足轻重的作用，但整体而言在质量方面与国际先进水平还有一定的差距，相同品类的仿制药之间也存在较大的质量差异。2012 年我国新申报的仿制药申请共 2095 个，已有 15 个以上批准文号的药品数量，占 2012 年全部仿制药申报量的 81.3%。2012 年国家药监局调整相关审评策略，一方面建立优先审评领域，将审评力量重点倾斜，另一方面通过开展上市价值评估和药物经济学评价，引导企业理性申报。国家药监局出台的新法规规范对仿制药品的选择原则、增加了批准前生产现场的检查、按照申报生产的要求提供申报资料、强调了对比研究，强化了工艺验证。

2. 生物农业

据国际农业生物技术应用服务组织（ISAAA）报告显示，2012 年我国生物技术作物种植面积达到 400 万公顷，继美国、巴西、阿根廷、印度、加拿大之后，排名全球第六，有 720 万农民参与生物技术作物的种植，主要种植的品种有棉花、木瓜、白杨、番茄和甜椒，其中转基因棉花的种植比例已高达 71.5%。我国已为转基因番茄（耐贮藏）、棉花（抗虫）、矮牵牛（变色）、甜椒（抗病）、番木瓜（抗病）、水稻（抗虫）和玉米（产植酸酶）共 7 种转基因作物发放了农业转基因生物安全证书。

"转基因生物新品种培育" 国家科技重大专项实施五年以来，我国生物育种自主创新能力和水平有了全面和显著提高，进展令人瞩目。我国已发掘了具有自主知识产权的抗病虫、抗除草剂、优质、抗逆等重要功能基因，棉花、玉米、水稻等农作物生物育种基础研究和应用研究已形成了自己的特色与优势，并已拥有一批达到国际先进水平、具有产业发展潜力的创新性成果。

而跨国种业公司全面进入，也给国内种业带来严峻挑战。我国是世界第二大种子需求国，2012 年的种子市场价值超过 600 亿元，并呈递增之势。自 2001 年实施《种子法》、国内种业市场开放以来，跨国种业公司纷纷来华开展业务。截至目前，美国的孟山都、先锋，瑞士的先正达，法国的利马格兰，德国的 KWS、拜耳等包括全球前 10 强在内的跨国种业公司陆续进入我国。到 2012 年，已有 25 家外商投资的

合资企业和独资企业在华开展业务，经营的品种从蔬菜、花卉，到玉米、棉花等大宗作物。据统计，目前我国约 95% 的甜菜、50% 以上的食葵、部分高端蔬菜，都是外国品种；外国玉米种子在我国市场的市场份额，已从 2001 年的 0.13%，迅速扩大到 2011 年的 11%，10 年间扩大了 80 多倍。在带来新品种、新技术和先进的经营、服务理念的同时，跨国种业的进入也产生了不可忽视的挤出效应。研究借鉴国外种业研发管理模式，加快实现我国种业技术创新已迫在眉睫。

生物农药方面，我国现有生产企业超过 200 多家，但规模普遍较小。2012 年，我国生物农药投资首次出现下降局面。据中国农药市场月报显示，2012 年我国农药行业投资总额为 348.7 亿元，同比增长 6.7%，远低于上年 20.6% 的同比增幅。其中，生物农药投资 141.2 亿元，同比下降 5.9%，生物农药投资在总投资中所占比重为 40.5%，较上年同期下降了 5.4%。但从投资的单位规模来看，生物农药项目平均投资额为 7512 万元，同比增长了 7.6%（表 3-9）。

表 3-9 我国 2011 年和 2012 年农药行业投资额

	2012 年 1 月至 12 月	2011 年 1 月至 12 月	同比增长率/%
化学农药	2 074 239	1 766 744	17.4
生物农药	1 412 323	1 500 344	−5.9
合计	3 486 562	3 267 588	6.7
施工项目数量			
化学农药	327	371	−11.9
生物农药	138	215	−12.6
合计	515	586	−12.1
新开工项目数量			
化学农药	227	253	−10.3
生物农药	123	144	−14.6
合计	350	397	−11.8
竣工项目			
化学农药	216	248	−12.9
生物农药	124	117	6.0
合计	340	365	−6.8

3. 生物能源

战略咨询公司 Solidiance 最新发布的《中国可再生能源》报告认为，我国很快就会迎来可再生能源开发热潮，而各种可再生能源的产业发展阶段各不相同。其中，生物燃料还处于起步阶段，现在生物燃料行业的一些技术问题已经得到解决，预计未来增长迅速。我国生物能源发展的主要障碍是投资范围小，缺乏必要的生产设备和配套基础设施。我国重点发展的第二代生物燃料是航空燃料，根据民航总局预测，到 2020 年，生物燃料将占全国喷气燃料总使用量的 30% 左右。另外，我国藻类生物燃料的投资规模和生产能力已居世界领先地位。

我国纤维素乙醇已进入产业化规模，目前正在建设一批示范工程。2012 年 5 月，龙力生物的 5 万吨/年纤维燃料乙醇项目获国家发改委核准，并获得了国家燃料乙醇定点资格，项目享受生物燃料乙醇财税扶持政策。2012 年 10 月，龙力生物纤维素燃料乙醇向中石油和中石化供货 2500 吨。同处山东的圣泉集团也已建成 2 万吨/年纤维素乙醇生产装置，并正在办理燃料乙醇的定点生产资格。

我国生物柴油面临供不应求状况，藻类转化技术正式应用于生产。据统计，2012 年我国柴油产量 17063.6 万吨，按照生物柴油 B5 标准，大约需要 850 万吨的生物柴油，但实际上我国 2012 年生物柴油产量只有 100 万吨左右。由于生物柴油成本的 75% 为原料成本，因此目前我国生物柴油发展的主要制约是成本因素。以中国石化集团为首的国内企业正加速生物能源研发，开发用微藻与地沟油转变为生物柴油的新技术，并加快工业装置的建设步伐。2012 年 7 月，中国首个以炼厂二氧化碳废气为碳源的"微藻养殖示范装置"在石家庄炼化建成并投入运行。该基地占地 500 平方米，可以很好满足微藻养殖的环境条件，保证二氧化碳减排与微藻养殖实验的开展。

同时，我国生物能源相关研究不断取得新进展，如中国科学院广州能源研究所承担完成的"生物柴油连续清洁生产新技术开发及其工程应用"项目获 2011 年度国家能源科技进步二等奖。该项目针对现有生物柴油技术的瓶颈问题，开发了生物柴油连续清洁生产新工艺，包括生物柴油固体酸碱催化剂、生物柴油活塞流连续反应器、生物柴油干洗与分离纯化新工艺、甲醇高效分离、循环工艺等。具有运行连续稳定，能耗可控，油品质量优，转化率高，污染物可控与杂质回收利用、原料有保障等优点。项目共申请生物柴油生产技术相关的国家专利 15 件，其中授权专利 10 件，形成了成套的生物柴油连续清洁生产技术的专利体系。目前，该项目已和企业建立了广泛的合作关系，共同推进生物柴油的市场技术开发和产业化应用。

4. 生物制造

我国生物制造产品主要集中在生物基材料、生物发酵和酶等食品及工业用产品，

2011 年生物制造产业实现总产值 3000 多亿元,同比增长超过 20%,主要产品出口额达 80 亿元。目前我国生物制造的主要原料 80% 来自玉米、小麦、稻米等粮食,随着国家粮食安全问题日益突出,打造非粮原料产业链已经成为必然趋势。目前,一批大规模的研发生产基地正在建设中,譬如武汉华丽环保科技有限公司的年产 6 万吨 PSM 生物塑料的项目,计划将在 2014 年年中实现竣工投产,项目建成后有望成为全球最大的生物塑料制造基地。可以看出,我国在生物塑料原材料生产技术上已经处于国际领先地位,然而开发的终端产品却仍然在低端市场徘徊。国内从事降解塑料制品加工研究的力量尚显薄弱,大部分企业将关注的重点集中在材料合成上,而忽略了制品加工开发,一些制品在耐热、耐水及机械强度方面与传统塑料制品相差较远,而这一点恰恰是生物塑料能否大规模市场化的关键。

可以预见我国生物制造产品未来发展空间巨大,目前正需要政策的大力推动。2011 年底,科技部发布《"十二五"现代生物制造科技发展专项规划》,计划到"十二五"末期,初步建成现代生物制造创新体系,突破一批核心关键技术,提升生物制造产业技术水平与国际竞争力,带动形成现代生物制造产业链,使生物制造领域技术水平进入世界先进行列,推动我国经济结构调整,加快转变经济发展方式。2012 年 2 月,由工业和信息化部会同国家发展改革委、科技部等单位编制的《新材料产业"十二五"发展规划》正式发布。其中提出,到 2015 年,新材料产业总产值达到 2 万亿元,年均增长率超过 25%。在生物材料领域,预计 2015 年,需要人工关节 50 万套/年、血管支架 120 万个/年,眼内人工晶体 100 万个/年,医用高分子材料、生物陶瓷、医用金属等材料需求将大幅增加。可降解塑料需要聚乳酸(PLA)等 5 万吨/年、淀粉塑料 10 万吨/年。

三、我国生物技术产业园区

(一) 总体情况

目前我国共有各类国家级和省级园区 607 家,其中将生物医药作为主要产业之一进行发展的有 179 家,占全部园区数量的 30%,形成了以上海张江、北京大兴、江苏泰州医药城、山东济南-潍坊-烟台医药产业带、天津滨海、本溪药都、武汉光谷、苏州生物纳米园等为代表的一批专业化园区,以及以长三角地区、环渤海地区、珠三角地区为核心的生物医药产业聚集区。

长期以来，各省、市生物医药产业处于自我发展的粗放型发展模式，医药企业数量多但聚集度小、龙头企业不突出，医药产品种类多但高端产品较少，同质化现象比较突出。近年来，一系列政策措施的引导，调动了各方的积极性，加强了各园区及医药企业之间的紧密合作，促进了园区间医药资源的交流、共享和整合，带动了地区间医药领域的互动。园区内凝集了一批领军企业，医药产值和销售额迅速增长，领军企业的发展带动了所在区域医药产业的集成和发展。孵化基地吸引了一批国内外知名科研机构，这些新的科技资源的加入极大地提高了新药研发创新能力。园区内、园区间形成了系列合作创新联盟，园区所在省、市高等学校、科研院所等分别建立了长期合作关系，有助于扩大各园区技术转移能力凝聚企业—高校—研究机构各方力量形成了"产学研"结合体，共同支撑园区的研发体系。

各园区内，药物大品种销售额或产值增长迅猛，药物大品种质量提高，产能扩大。一大批新品种、新原料通过了新版 GMP 认证和国际认证。药物大品种技术水平显著提高，取得了一大批成果和专利。创新平台公共服务能力凸显，新药集成创新能力得到较大提高。新建成数量众多的生产线，带动园区内新产品的产业化，加速园区经济效益的增长，激励了制药企业把品种做大做强的激情。济南国家高新区2012 年实现企业新增销售额 160 亿元，相对 2010 年增长 45.7%；上海张江高科技园区 2012 年实现企业新增销售额 292 亿元，相对 2011 年增长 24.3%，相对 2010 年增长 87.5%；北京大兴生物医药产业基地 2012 年产值达到北京生物医药整体产值50% 以上；辽宁本溪高新技术产业开发区 12 个大品种技术改造项目新增产值 80368万元，净利润 192577 万元，出口额 12725 万美元，实交税金 83239 万元，2012 年销售额达 290132 万元等。

各园区积极引进海外高层次人才，入选国家"千人计划"共计约 51 名，对高端创业及创新人才进行引进以及鼓励扶持。引进的人才中，大部分为博士，引进留学归国人才以美加地区为主，聘用国外专家多人。各园区所在政府启动了如"泰山学者——药学特聘专家"专项建设工程、济南市"5150 计划"、上海"千人计划"、浦东"百人计划"等人才梯队建设工程。培养了大批博士、硕士及优秀企业家，整合和组建了高素质的生物医药研发团队，有力推动生物医药的研究和转化。

（二）部分特色生物医药园区的发展情况

1. 上海张江高科技园区

（1）总体情况

园区在新药研发方面取得了显著进展，获得 2 个新药取得新药证书（治疗用 1 类生物制品注射用重组人尿激酶原、1.1 化药艾力沙坦酯及艾力沙坦酯片），3 个新药申请新药证书（治疗用 1 类生物制品重组人凋亡素 2 配体、预防用生物制品 1 类新药口服重组 B 亚单位/菌体 O139 霍乱疫苗肠溶胶囊、1.1 类化药赛米司酮及片剂）。取得 1 类新药临床批件 6 个（AT-406 原料药及胶囊剂、CM082 胶囊、MRX-I 片、甲苯磺酸艾力替尼圆形片、注射用重组人粒细胞集落刺激因子-Fc 融合蛋白注射剂及澳大利亚 I 期临床批件 1 个），申请 1.1 类化药新药临床实验批件 1 个（艾诺赛特及片剂）。1 个新药进入美国临床 III 期研究（创新植物药 HMPL-004 治疗溃疡性结肠炎）；1 个新药完成澳大利亚临床 I 期研究（一类基因工程创新药 F627 奔格司亭），并已进入美国临床 II 期研究。大品种技术改造成效明显，销售额超 11 亿元品种 1 个、6 亿元 1 个。多肽药物合成与修饰等 2 项关键技术取得突破，有效带动相关产品销售。

（2）公共服务平台建设情况

建成了多个新药研发技术服务平台并发挥积极作用，综合服务能力强，管理体制健全，特别是涉及知识产权管理、新药审评技术沟通等方面公共服务平台建设运行取得了良好效果。园区引进"国家千人计划" 7 人。

（3）产业促进情况

园区有效集成了创新企业、人才、资金、项目等科研和产业要素，积极培育创新型中小企业，对园区经济增长及产业发展提供了有力支撑。

（4）组织实施经验

园区建设紧密围绕国家战略性新兴产业发展要求，加强园区医药创新与产业化体系及中试产业化平台建设，取得了积极进展；充分发挥园区对优势资源的聚集效应，优化基地创新发展环境，企业新药创制能力得到提升，扶持了一批满足国家战略需要和较大市场需求的创新药物研发项目，在加快经济发展方式转变和产业结构调整中发挥了重要作用。

2. 济南国家高新区

（1）总体情况

取得 10 个新药证书，26 个临床批件，52 个生产批件，38 个产品在临床审评中，77 个产品在生产审评中；其中 77 个子课题取得 10 个新药证书和生产批件。形成了在新药研发的各个阶段均有在研项目的良好态势。取得 40 个专利到期药和独家专利产品的生产批件，为园区提供了更多的药物大品种储备。新药研究成果丰硕，1 项化药 1 类新药完成 Ⅱ 临床，进入 Ⅲ 期临床；3 项化药 1 类新药，1 项生物 1.1 类新药完成 Ⅰ 期临床实验，开始 Ⅱ 期临床研究；1 项化药 1 类正在进行 Ⅰ 期临床研究。1.1 类创新药物氯桂丁胺进入 Ⅱ 期临床研究；1.1 类生物药物注射用重组人 B 淋巴细胞刺激因子受体-抗体融合蛋白进行 Ⅱ 期临床；抗癌 Ⅰ 类新药卡莫司汀缓释植入剂治疗乳腺癌的临床研究已完成 Ⅰ 期临床实验，目前全面启动了 Ⅱ 期临床研究。

对 19 个大品种进行了技术改造，代表性品种有重组人粒细胞集落刺激因子、利培酮片、甲氧苄啶、丹红注射液、氯霉素滴眼液、神经节苷脂 GM1 等，提高了产品质量和国内市场份额，部分产品通过了国际认证，在国际上占优一席之地。攻克了多项关键技术（如新型缓释药系统），建成了特色鲜明、新药研究和产业化功能齐全的生物医药园区。

（2）公共服务平台建设情况

自建或联建了多个新药研究技术服务平台，开展了有效服务，实现了共享。引进"千人计划"10 名，"泰山学者"22 名，聘用国外专家 12 人，培养博士 48 名，培养优秀企业家 4 人，培养国家科技奖获得者 28 人，园区形成了多个优秀研发团队。

（3）产业促进情况

园区聚集了一批骨干和创新企业，打造了山东步长制药、齐鲁制药、山东瑞阳制药等一批领军企业；吸引了一批国内外知名科研机构，包括中科院上海药物所、同济大学、中国药科大学、博士伦亚太研发中心等。医药产值和销售额获得迅速增长，2012 年实现新增销售额 160 亿元，较 2010 年增长 45.7%，并对淄博、菏泽等医药产业园起到了辐射作用。

（4）组织实施经验

当地政府制定了切实可行的管理措施和相关的制度，在高层次人才引进方面对园区制定了特殊倾斜政策，起到了示范作用。

3. 北京大兴生物医药产业基地

（1）总体情况

获得国内首个抗抑郁中药"巴戟天寡糖胶囊"（郁乐）等6个创新品种获新药证书和生产批件，"甘精胰岛素"（长秀霖）等8个大品种技术升级改造，品种累计年销售额达到38.2亿元，并培育出了北京本土第一个突破10亿元的大品种"前列地尔注射液"（凯时）。对一批大品种进行了技术升级改造，提高了产品的质量和市场份额，部分获得国外认证，产品进入国外市场。建成了以企业为主体、国际化为目标、创新特色突出的新药成果转化和产业化孵化基地。

（2）公共服务平台建设情况

组建了创新服务联盟，并建成了高通量 DNA 测序等一批新药研发技术服务平台，在开展对园区内企业有效服务的同时，服务对象扩展到全国，产生了较好的带动和辐射作用。首都生物医药科技条件平台2010~2012年累计服务创新品种470项，实现收入18亿元，国际收入7.8亿元；建成10条高水平 GMP 生产线，其中5条通过美国 FDA、欧盟的 cGMP 和日本厚生省认证等国际认证。通过"人才、团队、项目"一体化引进方式，引进高端海外人才179人，25名入选国家"千人计划"。

（3）产业促进情况

汇聚了一批创新骨干企业，2012年园区实现产值对北京市医药产业额贡献率超过50%，具有较强的产业聚集能力。

（4）组织实施经验

政府和领导高度重视，关注企业发展，充分利用中关村先行先试的政策，创造性的采取了"三个协同创新"：一是政府与园区协同服务创新，依托 G20 工程形成委办联动、市区联动的工作机制，调动资源，服务产业，开展以 ABO（创新企业联盟）为代表的品牌服务，形成思路向创新凝练，人才向研发集中，技术向产业扩散发展态势；二是金融协同投入创新，实现了银行向生物医药企业贷款100亿，引导民间资本投资180亿，上市融资累计100亿，整合创新投资近400亿；三是园区间协同布局创新，紧密联系北京大兴、亦庄和中关村生命科学园企业及资源，充分体现了北京生物医药南北两翼协同发展的产业布局。

4. 辽宁本溪高新技术产业开发区

（1）总体情况

建立了 12 个新药研发与产业化公共服务技术平台，获得 4 个药品注册批件、13 个新药注册受理通知书、6 个临床批件、5 个新药源或新中药资源证书；新增 10 项药品质量标准及检测方法；完成 9 项大品种工艺及质量研究。

（2）公共服务平台建设情况

聚集了一批企业、高校，形成了多个优秀研发团队，搭建了多个新药研发服务平台，开展了有效平台服务，实现了资源共享。累计完成申请专利 88 项，已获授权专利 36 项；发表文章 334 篇，其中 SCI 文章 127 篇。

（3）产业促进情况

园区建设以来，本溪医药产业大幅提升，2012 年年产值达 200 亿元，产生了显著的经济效益。大品种技术改造项目实现新增产值 80368 万元，净利润 192577 万元，出口额 12725 万美元，实交税金 83239 万元，2012 年，销售总额达 29 亿元。

（4）组织实施经验

各级政府高度重视下，采取因地制宜方式进行顶层设计，基地建设推进措施务实有效，探索了新型生物医药产业支撑资源枯竭型城市发展的新模式，开辟了老工业基地产业升级换代的新途径。

5. 泰州医药高新技术产业开发区

（1）总体情况

吸引新药成果 120 个，获得 1 类新药证书并落地生产 2 项，获得再注册生产批文成果 15 个，获得新药受理通知书成果 16 个，引进生产批文成果 7 个，获得临床批件成果 2 个，获得临批受理通知书成果 11 个，引进临床批件的成果 8 个，其他临床前成果 59 个。其中比较突出的品种有海姆泊芬取得 1 类新药证书，预计年底可上市；1 类新药替曲朵辛获得 Ⅱ、Ⅲ 期临床批件，目前完成了 Ⅱ 期临床；1 类新药琥珀八氢氨吖啶片 Ⅱ 期临床进展良好，预备年底申报 Ⅲ 期临床；1 类新药注射用重组

（酵母分泌型）人血清白蛋白-人粒细胞集落刺激因子（Ⅰ）融合蛋白获临床批文并开展临床研究；1 类新药醋酸棉酚片、重组抗 VEGF 人源化单克隆抗体注射液完成了所有临床前试验，获得临床受理通知书。建成了政府主导、企业运作、专业支撑、具有一定的新药研发能力和较强的产业聚集能力的生物医药园区。

（2）公共服务平台建设情况

已建成了疫苗研发与工程技术平台、核酸检测平台、新药研发信息与策略平台以及综合配套平台等数个新药研发技术服务平台，总建筑面积 8 万多平方米，开展了有效公共技术服务。引进和吸引了一批高层次领军人才，其中"千人计划"10 余名，形成了多个优秀的创新团队。

疫苗产业是园区的特色产业，为聚集疫苗企业，加速疫苗成果落地，园区投资 2.1 亿元人民币新建疫苗平台，总面积约为 4.6 万平方米。2011 年初建成运营，目前运营团队 19 人，其中博士 3 人，硕士 15 人，本科 1 人，引进疫苗平台总负责人，聘请有关专家担任疫苗平台日常管理负责人。平台已被江苏省科技厅和发改委批准为省级工程中心，现正申请科技部国家级工程中心和国家实验室认证（CNAS）。疫苗平台与江苏省疾病预防控制中心、中国医学科学院医学生物学研究所、江苏省食品药品检验所合作，实现了疫苗临床前和大型临床实验全过程覆盖，可开展菌毒种选择、实验室研究、中试工艺优化、中试生产、临床样品的制备、疫苗临床评价等服务。

（3）产业促进情况

不断吸引医药研发和生产企业入园，汇聚了一批创新骨干企业，入驻企业取得了较好的经济和社会效益。中国医药城创新药物产业化基地建设已初具规模，搭建了生物医药产业化综合技术体系。2012 年，基地实现销售收入 237 亿元，利税 34 亿元，吸纳就业人员 5000 多人。

（4）组织实施经验

各级政府和领导高度重视，围绕产业发展的需求，制定了成果引进与转化、金融、人才等一系列支持政策和管理措施，促进了园区与企业的共同发展。

6. 重庆高新技术产业开发区

（1）总体情况

获得新药证书 14 个、临床批件 40 个、注册批件 61 个；76 个候选药物完成临床前评价；113 个左右候选药物进入研发、孵化程序。申报省部级以上奖励 27 项，获奖 6 项（国家科技进步一等奖 1 项，省部级二等奖以上 5 项）；获得发明专利 152 项，其中，国际发明专利 10 项；制订发布技术标准 40 项，其中，国家标准 28 项；发表论文 638 篇，其中，SCI 收录 265 篇。突破新药研发与产业化关键技术 51 项，重点推广应用 15 项共性关键技术，完成 26 个大品种技术改造，相关成果应用产生直接经济效益 47 亿元，间接经济效益 172 亿元。孵化 45 家创新型生物医药中小企业；新上市生物医药企业 3 家；培育年产值 10 亿元以上的企业 18 家；2012 年，基地科工贸产值达到 1050 亿元。

（2）公共服务平台建设情况

已形成较为完备的新药研发技术服务平台体系，现建成国家级及省部级新药研发平台 92 个；其中，新建国家平台 7 个，省部级平台 25 个。形成了近 6000 人结构合理的新药研发队伍。引进高层次海外人才 125 名，其中，"千人计划" 7 名，归国博士 89 名；引进 "长江学者" 2 名；培育新药研发创新团队 16 个，其中，国家级创新团队 1 个。

（3）产业促进情况

聚集了一批骨干和创新型企业，入住企业取得较好的经济和社会效益。

（4）组织实施经验

各级政府和领导高度重视，出台了《重庆市医药产业振兴发展中长期规划（2012—2020）》、《重庆市人民政府关于加快医药产业发展的意见》等一系列生物医药产业发展政策措施。探索了 "目标管理、阶段评估、滚动支持、不达标淘汰" 等项目管理模式，建立了从新药研发到产业化的完整链条。依托基地组建了重庆新药创制产业技术创新战略联盟及重庆中药产业技术创新战略联盟，构建了 "政、产、学、研、临、资" 技术创新协同体系。

7. 天津滨海高新技术产业开发区

（1）总体情况

申请 2 项新药证书；共申请临床批件 11 项，其中获得批件 4 项；共申请 7 项生产批件，其中获得批件 4 项；进行 3 项药物大品种技术升级改造，形成 3 个名优产品。

（2）公共服务平台建设情况

园区已搭建 12 个公共技术服务平台，技术服务能力显著提高；突破 11 项药物研发和产业化关键技术；培育、孵化了 172 家创新型科技企业；引进了 58 个研发团队，其中国家"千人计划"人才 13 名；聚集数百家相关医药企业；依托园区建立了相对完善的生物医药科技创新和技术服务体系；为园区产业发展提供了科技支撑。

（3）产业促进情况

孵化创新企业 172 家，带动了创新园内生物医药产业集群发展。2012 年，国家生物医药国际创新园已经聚集了 500 余家生物医药企业，产业规模达到 667 亿元，年均增长率达到 30% 以上。

（4）组织实施经验

创新探索了园区运行和管理机制，并积累相关经验；在重大新药品种研发、关键技术突破、大品种技术改造等方面取得阶段性成果，促进了园区内生物医药企业的发展，为区域医药产业发展提供了有力支撑。